工业烟气脱硫副产焦亚硫酸钠技术及应用

徐海涛　徐延忠　李明波　等 编著

Technology and Application
of Sodium Metabisulfite as By-product
of Industrial Flue Gas Desulfurization

化学工业出版社

·北京·

内 容 简 介

本书以工业烟气脱硫副产焦亚硫酸钠工艺系统为主线，主要介绍了各工序系统组成、工作原理、主要设备和运行维护等内容，融入了工业烟气治理的新趋势和污染物资源化利用的新技术，尤其是从工程实施和应用角度进行了针对性介绍和讲解，对工业烟气治理和焦亚硫酸钠生产行业具有一定的指导和借鉴作用。

本书理论结合实际，符合当前我国工业烟气治理从污染减排为主向资源与环保兼顾的发展趋势，对促进工业烟气治理、推动焦亚硫酸钠产业健康发展和保障硫资源战略安全具有积极意义，是一部较系统面向工业烟气副产焦亚硫酸钠产业工程技术人员、生产操作人员及管理人员的指导性书籍，也可作为参考教材供高等学校环境、化工、冶金等专业学生，以及教学科研相关人员参阅。

图书在版编目（CIP）数据

工业烟气脱硫副产焦亚硫酸钠技术及应用/徐海涛等编著.—北京：化学工业出版社，2023.11
ISBN 978-7-122-43731-0

Ⅰ.①工… Ⅱ.①徐… Ⅲ.①工业废气-烟气脱硫-制备-焦亚硫酸钠 Ⅳ.①X701②O614.112

中国国家版本馆CIP数据核字（2023）第119814号

责任编辑：卢萌萌 　　　　　　　　文字编辑：郭丽芹　陈小滔
责任校对：王　静 　　　　　　　　装帧设计：史利平

出版发行：化学工业出版社（北京市东城区青年湖南街13号　邮政编码100011）
印　　装：北京科印技术咨询服务有限公司数码印刷分部
787mm×1092mm　1/16　印张19¼　字数451千字　2024年5月北京第1版第1次印刷

购书咨询：010-64518888 　　　　　　售后服务：010-64518899
网　　址：http://www.cip.com.cn
凡购买本书，如有缺损质量问题，本社销售中心负责调换。

定　　价：158.00元

前言

SO₂是引发酸性降水和大气环境质量恶化的重要污染物之一，烟气脱硫是其主要的控制手段，经过多年发展，我国烟气脱硫技术已从污染物减排逐渐向资源化利用方向转变。焦亚硫酸钠是重要的化工产品，传统生产工艺通常采用硫黄、硫铁矿等天然矿物原料，通过煅烧得到含SO_2原料气，而后与Na_2CO_3反应制得。我国硫资源相对短缺，近年来硫黄进口量约为1200万吨/年，对外依存度高达60%。工业烟气中含有数量可观的硫资源，然而现有工业烟气治理中含硫污染物转化生成的副产物资源化利用尤其是高价值利用不足，一定程度上制约了脱硫产业的健康发展。

工业烟气脱硫副产焦亚硫酸钠符合循环经济和可持续发展理念，近年来我国陆续实施了一批烟气SO_2资源化利用项目，其中利用烟气SO_2制焦亚硫酸钠是一个重要方向，也为相关行业烟气SO_2治理提供了更具竞争力的解决方案。但在实际应用中仍面临诸多问题，如烟气杂质影响SO_2制焦亚硫酸钠的适应性问题、传统技术移植过程中的匹配性问题、新技术的二次完善问题等，亟须对相关工作进行系统梳理，总结推广有益经验，以推动产业技术进步和行业健康发展。

本书以工业烟气制备焦亚硫酸钠工艺系统为主线，分工序进行阐述，全书共9章。其中第1章为概论；第2章至第7章依次为原料气净化输送系统、吸收反应系统、结晶系统、分离系统、干燥系统、包装储存系统，涵盖相关系统的工作原理、设备构成、运行维护和常见问题分析；第8章为清洁生产与安全防护；第9章为工程案例；附录为相关规程、标准和术语等参考性资料。全书对工业烟气脱硫副产焦亚硫酸钠的相关技术进行了较为系统的梳理和总结，融入了工业烟气治理的新技术和污染物资源化利用的新趋势，涵盖了工业烟气治理情况和发展趋势、脱硫副产焦亚硫酸钠工艺及相关系统与设备，尤其是从工程实施和应用角度进行了针对性介绍和讲解，理论结合实际，对工业烟气治理和焦亚硫酸钠生产行业具有一定的指导和借鉴作用。

本书由徐海涛、徐延忠、李明波等编著，刘大华、宋静、张凤丽、于游、叶垚、徐梦、郑叶玲承担了本书部分内容的整理工作。书中介绍的工程实例多来自作者所在单位的工程实践，同时参考了书后所列的文献，其他相关政策法规资料等难以一一列举，谨在此一并表示衷心的感谢。

限于专业水平及编写时间，书中不足和疏漏之处在所难免，敬请广大读者批评指正。

编著者

目 录

第3章
吸收反应系统   66

第4章
结晶系统   82

第 7 章
包装储存系统 152

第 8 章
清洁生产与安全防护   188

第9章
工程案例 _____ **214**

附录 _____ **266**

第 1 章

概 论

1.1 工业烟气二氧化硫治理背景

1.1.1 工业烟气简介

迄今为止我国仍是最大的一次能源消费国家，《世界能源统计年鉴 2022》显示，2021 年我国能源消费量同比增长 7.1%，居全球首位，占全球总消费量的 26.5%。煤炭消费方面，2021 年全球煤炭消费量为 160.1 艾焦（$1EJ=10^{18}J$），同比增长 6.3%，我国煤炭消费量为 86.17 艾焦，同比增长 4.9%，占全球消费总量的 53.8%。

据国家统计局发布的《2021 年国民经济和社会发展统计公报》，我国全年能源消费总量 52.4 亿吨标准煤，比上年增长 5.2%；中国煤炭工业协会发布的《2021 煤炭行业发展年度报告》数据显示，2021 年我国原煤产量再创历史新高，全年产量 41.3 亿吨，煤炭消费量占能源消耗总量的 56%。

工业烟气所含的污染物主要来源于燃烧等各种物质利用、转化过程，主要包括颗粒物、二氧化硫（SO_2）、氮氧化物（NO_x）以及其他污染物，其中 SO_2 长期以来一直是我国最主要的污染物之一。按标准《国民经济行业分类》（GB/T 4754—2017），近 20 年来国家调查统计的 41 个工业大类中，SO_2 排放量位居前三位的行业依次为：①电力、热力生产和供应业，简称"电力热力业"；②非金属矿物制品业，简称"非金属矿物业"；③黑色金属冶炼和压延加工业，简称"黑色金属业"。SO_2 排放量位居第四、第五位的工业行业为化学原料和化学制品制造业、有色金属冶炼和压延加工业，这两个行业的 SO_2 排放量共占工业排放总量的 10% 左右。

电力规划设计总院发布的《中国能源发展报告 2020》数据显示，我国能源消费总量从 2015 年的 43.4 亿吨标准煤，增加至 2020 年的 49.8 亿吨标准煤，年均增速为 2.8%。其中煤炭消费量从 40 亿吨增至 40.4 亿吨，年均增速为 0.2%。按照煤炭平均含硫量 1% 估算，则燃烧 1t 煤排放 16kg SO_2，因此 2020 年因煤炭消耗产生的 SO_2 约为 6464 万吨。

自 2013 年 9 月国务院发布《大气污染防治行动计划》，到 2018 年 7 月国务院印发《打赢蓝天保卫战三年行动计划》，我国在 SO_2 减排方面取得了巨大的成就。生态环境部发布的《2020 年中国生态环境统计年报》显示，2020 年全国废气中二氧化硫排放量下降至 318.2 万吨，其中，工业源废气中 SO_2 排放量为 253.2 万吨，生活源废气中 SO_2 排放量为 64.8 万吨，集中式污染治理设施废气中 SO_2 排放量为 0.3 万吨。具体见表 1-1。

表 1-1 2020 年全国废气及分源二氧化硫排放情况

项目	合计	工业源	生活源	集中式污染治理设施
排放量/万吨	318.2	253.2	64.8	0.3
占比/%	—	79.5	20.4	0.1

注：集中式污染治理设施废气污染物包括生活垃圾处理场（厂）和危险废物（医疗废物）集中处理厂焚烧废气中排放的污染物。

1.1.2 工业烟气二氧化硫危害

硫氧化物是含硫氧化物的总称，在大气污染中常见的是 SO_2 和 SO_3，其混合物用 SO_x 表示。大气中的硫氧化物大部分来自煤和石油的燃烧，其余来自自然界中的火山喷发、有机物腐化等。硫氧化物是全球硫循环中的重要化学物质。它与水滴、粉尘并存于大气中，由于颗粒物（包括液态的与固态的）中铁、锰等起催化氧化作用，而形成硫酸雾，严重时会发生煤烟型烟雾事件，如伦敦烟雾事件，或造成酸性降雨。SO_x 是大气污染、环境酸化的主要污染物，化石燃料的燃烧和工业废气的排放物中均含有大量 SO_x。

硫氧化物对人体的危害主要是刺激人的呼吸系统，吸入后，首先刺激上呼吸道黏膜表层的迷走神经末梢，引起支气管反射性收缩和痉挛，导致咳嗽和呼吸道阻力增加，接着诱发慢性呼吸道疾病，甚至引起肺水肿和肺心病。如果大气中同时有颗粒物质存在，颗粒物质可以吸附高浓度硫氧化物，随着呼吸进入肺的深部。因此，当大气中同时存在硫氧化物和颗粒物质时其危害程度可增加 3～4 倍。

1.1.3 工业烟气二氧化硫相关管理政策

2020 年各工业行业 SO_2 排放情况如图 1-1 所示。在调查统计的 41 个工业行业中，二氧化硫排放量位于前 3 位的电力热力业、非金属矿物业、黑色金属业共排放二氧化硫 173.0 万吨，占重点调查工业企业二氧化硫排放总量的 68.3%。以下为电力和重要非电行业二氧化硫相关管理政策情况。

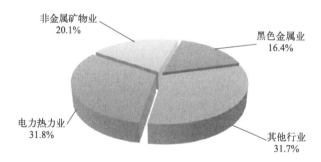

非金属矿物业 20.1%
黑色金属业 16.4%
电力热力业 31.8%
其他行业 31.7%

图 1-1 2020 年工业行业二氧化硫排放情况

1.1.3.1 电力行业排放政策

据中国电力企业联合会公布的数据，2021 年全国发电量累计值为 81121.8 亿千瓦时，相比 2020 年增长了 6951.4 亿千瓦时。电力行业是燃煤消耗的主体，煤燃烧产生的 SO_2 等仍然是我国大气环境的主要污染物。我国火电厂大气污染物排放标准限值的演变经历了以下七个阶段（详见表 1-2），不同阶段制定和修订的火电厂大气污染物排放标准与当时的经济发展水平、污染治理技术水平以及人们对环境空气质量的要求等密切相关。

表 1-2　火电厂大气污染物排放标准或要求发展历程

阶段	标准名称(编号)	燃煤机组最严格的浓度限值要求/(mg/m³)		
		烟尘	SO_2	NO_x
第一阶段	无标准阶段	—	—	—
第二阶段	《工业"三废"排放试行标准》(GBJ 4—1973)	无要求	无要求	不涉及
第三阶段	《燃煤电厂大气污染物排放标准》(GB 13223—1991)	600	无要求	不涉及
第四阶段	《火电厂大气污染物排放标准》(GB 13223—1996)	200	1200	650
第五阶段	《火电厂大气污染物排放标准》(GB 13223—2003)	50	400	450
第六阶段	《火电厂大气污染物排放标准》(GB 13223—2011)	30/20	100/50	100
第七阶段	《煤电节能减排升级与改造行动计划(2014—2020 年)》	10/5	35	50

第一阶段为 1882—1972 年。在此阶段我国经济落后，电力装机容量小，处于无标准阶段。

第二阶段以 1973 年颁布《工业"三废"排放试行标准》（GBJ 4—1973）为标志。在此阶段火电厂大气污染物排放指标仅涉及烟尘和 SO_2，对排放速率和烟囱高度有要求，但对排放浓度无要求。

第三阶段以 1991 年颁布《燃煤电厂大气污染物排放标准》（GB 13223—1991）为标志。在此阶段首次对烟尘排放浓度提出限值要求，针对不同类型的除尘设施和相应燃煤灰分制定不同的排放标准限值。

第四阶段以 1996 年颁布《火电厂大气污染物排放标准》（GB 13223—1996）为标志。在此阶段首次增加 NO_x 为主要污染物，要求新建锅炉采取低氮燃烧措施。烟尘排放标准加严，新建、扩建和改建中高硫煤电厂要求增加脱硫设施。

第五阶段以 2003 年颁布《火电厂大气污染物排放标准》（GB 13223—2003）为标志。在此阶段污染物排放浓度限值进一步加严。随着 GB 13223—2003 标准的修订出台，各时段建设的燃煤机组全面纳入 SO_2 浓度限值控制，从此，我国火电行业烟气脱硫进入了快速发展阶段，石灰石-石膏湿法脱硫技术快速发展并得到普及。

第六阶段以 2011 年颁布《火电厂大气污染物排放标准》（GB 13223—2011）为标志。此标准被称为我国史上最严标准，严于美、欧等发达国家和地区。不仅要求燃煤电厂进行烟气脱硫，还要进行烟气脱硝；对重点地区的电厂制定了更加严格的特别排放限值；并首次增加 Hg 及其化合物为主要污染物。该阶段火电行业通过提高脱硫技术水平和运行管理水平，综合脱硫效能不断提升。

第七阶段为 2014—2020 年的超低排放阶段。2014 年 6 月国务院办公厅首次发文要求新建燃煤发电机组大气污染物排放水平应接近燃气机组排放水平，由此拉开了我国燃煤电厂超低排放的序幕。2014 年 9 月，国家发改委、环境保护部、国家能源局联合发布《煤电节能减排升级与改造行动计划（2014—2020 年）》；2015 年 12 月，三部委又联合印发了《全面实施燃煤电厂超低排放和节能改造工作方案》，要求将东部地区超低排放改造任务总体完成时间提至 2017 年前，中部地区力争在 2018 年前基本完成，西部地区在 2020

年前完成。2018 年 7 月，国务院印发《打赢蓝天保卫战三年行动计划》，明确了大气污染防治工作的总体思路、基本目标、主要任务和保障措施及计划进程，提出：到 2020 年，二氧化硫、氮氧化物排放总量分别比 2015 年下降 15% 以上；未达标地级及以上城市，$PM_{2.5}$ 浓度比 2015 年下降 18% 以上；地级及以上城市空气质量优良天数比例达到 80%，重度及以上污染天数比例比 2015 年下降 25% 以上。

随着发改能源〔2014〕2093 号文及相关超低排放要求的相继出台，脱硫技术的发展步入了超低排放阶段，国内在引进消化吸收及自主创新的基础上形成了多种新型高效脱硫工艺，如石灰石-石膏法的传统空塔喷淋提效技术、复合塔技术（包括旋汇耦合、沸腾泡沫、旋流鼓泡、双托盘、湍流管栅等）和 pH 值分区技术（包括单塔双 pH 值、双塔双 pH 值、单塔双区等）。随着中国火电厂 SO_2 排放标准日益趋严，火电行业脱硫技术也在不断发展，具体情况如图 1-2 所示。

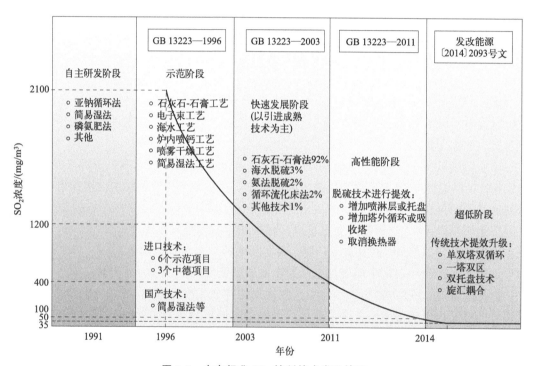

图 1-2　火电行业 SO_2 控制技术发展情况

1.1.3.2　非电行业排放政策

非电行业所涉及的钢铁、有色金属、水泥、建材、混凝土等行业排放的大量颗粒物、SO_2 及其他污染物，是造成酸雨、光化学烟雾等环境问题的重要污染源。

以平板玻璃行业为例，截至 2017 年底我国平板玻璃行业资产总额达 750 亿元，约为同期钢铁行业的 11.4%，水泥行业的 41.6%，其 SO_2 排放总量占钢铁行业的 9.3%，水泥行业的 38.9%。虽体量较小，但排放总量可观。2013 年 1 月 1 日起实施的《玻璃工业大气污染物排放标准》（GB 26453—2022），要求各污染物浓度：玻璃制品制造行业 NO_x 排放限值为 500mg/m³，其他玻璃工业 NO_x 排放限值为 400mg/m³，SO_2 排放限值为 200mg/m³，颗粒物排放限值为 30mg/m³。2017 年 6 月 13 日环境保护部发布《关于征求

〈钢铁烧结、球团工业大气污染物排放标准〉等 20 项国家污染物排放标准修改单（征求意见稿）意见的函》（环办大气函〔2017〕924 号），对平板玻璃等行业大气污染物排放标准增加了排放特别限值，其中平板玻璃主要污染物排放限值：颗粒物由 50mg/m^3 降至 20mg/m^3，SO_2 由 400mg/m^3 降至 100mg/m^3，NO_x 由 700mg/m^3 降至 400mg/m^3。

目前，钢铁企业的 SO_2 排放量位居全国 SO_2 总排放量的第二位，占 11%，排放量 150 万～180 万吨/年，仅次于煤炭发电。长流程钢铁生产包括炼焦、烧结、炼铁、炼钢、轧钢等工序。钢铁生产企业 SO_2 排放主要来源于烧结、炼焦和动力生产：烧结过程原料矿和配用燃料煤中的硫分氧化成 SO_2，存在于烧结烟气中；炼焦过程焦煤中的硫分生成 H_2S，存在于焦炉煤气中，焦炉煤气燃烧后生成 SO_2；动力生产燃料煤中的硫分燃烧直接生成 SO_2。

烧结工序外排 SO_2 占钢铁生产总排放量的 60% 以上，是钢铁生产过程中 SO_2 的主要排放环节。烧结原料中的硫分主要来源于铁矿石和燃料煤，含硫量因产地的不同变化幅度较大。适当选择、配入低硫的原料，可有效减少 SO_2 排放量。2018 年 12 月 29 日中华人民共和国国家发展和改革委员会、中华人民共和国生态环境部、中华人民共和国工业和信息化部公告（2018 年 第 17 号）《钢铁行业（烧结、球团）清洁生产评价指标体系》，规定了钢铁行业（烧结、球团工序）企业清洁生产的一般要求。

当前工业炉窑相关行业污染物排放标准情况见表 1-3。

表 1-3　工业炉窑相关行业污染物排放标准

行业	标准名称	标准编号	SO_2 排放标准/(mg/m^3)
钢铁	钢铁烧结、球团工业大气污染物排放标准	GB 28662—2012	200① 180②
	炼铁工业大气污染物排放标准	GB 28663—2012	100① 100②
	炼钢工业大气污染物排放标准	GB 28664—2012	—
	轧钢工业大气污染物排放标准	GB 28665—2012	150① 150②
	铁合金工业污染物排放标准	GB 28666—2012	—
焦化	炼焦化学工业污染物排放标准	GB 16171—2012	100/200③ 50/100①
有色	铝工业污染物排放标准及修改单	GB 25465—2010	400①
	铅、锌工业污染物排放标准及修改单	GB 25466—2010	960③ 400①
	铜、镍、钴工业污染物排放标准及修改单	GB 25467—2010	860/960③ 400①
	镁、钛工业污染物排放标准及修改单	GB 25468—2010	300/800③ 400①
	稀土工业污染物排放标准及修改单	GB 26451—2011	500③ 300①
	钒工业污染物排放标准及修改单	GB 26452—2011	700③ 400①
	锡、锑、汞工业污染物排放标准及修改单	GB 30770—2014	750/960③ 400①
	再生铜、铝、铅、锌工业污染物排放标准	GB 31574—2015	150 100②

续表

行业	标准名称	标准编号	SO$_2$ 排放标准/(mg/m^3)
建材	水泥工业大气污染物排放标准	GB 4915—2013	200/600 100/400②
	玻璃工业大气污染物排放标准	GB 26453—2022	200
	陶瓷工业污染物排放标准	GB 25464—2010	500/300③ 300/100①
	砖瓦工业大气污染物排放标准及修改单	GB 29620—2013	850/400③ 300①
石化	石油炼制工业污染物排放标准	GB 31570—2015	100/400 50/100②
	石油化学工业污染物排放标准	GB 31571—2015	100 50②
	合成树脂工业污染物排放标准	GB 31572—2015	100 50②
	烧碱、聚氯乙烯工业污染物排放标准	GB 15581—2016	100 50②
化工	无机化学工业污染物排放标准及修改单	GB 31573—2015	400/100 100②
其他	工业炉窑大气污染物排放标准	GB 9078—1996	SO$_2$ 除执行本标准外，还应执行总量控制标准
	铸造工业大气污染物排放标准	GB 39726—2020	200
	矿物棉工业大气污染物排放标准	GB 41617—2022	200
尚未发布（征求意见）	日用玻璃工业污染物排放标准（征求意见稿）	生态环境部 2018 年7月发文（环办标征函〔2018〕27 号）	400～200 200～100
	玻璃纤维及制品工业污染物排放标准（征求意见稿）		150 100

① 新建企业大气污染物排放限值；

② 大气污染物特别排放限值；

③ 现有企业大气污染物排放限值。

1.2 工业烟气二氧化硫治理现状

1.2.1 硫氧化物控制技术简述

我国能源结构中煤炭、石油、天然气等化石燃料占据重要地位，化石燃料的大量使用导致大气污染形势严峻，根据生态环境部发布的《2020 年中国生态环境统计年报》，全国废气中 SO$_2$ 排放量 318.2 万吨，燃煤电厂、钢铁冶金等重工业是主要的 SO$_2$ 排放污染源。控制 SO$_2$ 的排放已成为社会和经济可持续发展的迫切要求。

生态环境部等五部委 2019 年 5 月 5 日联合印发《关于推进实施钢铁行业超低排放的

意见》。意见提出，推动现有钢铁企业超低排放改造，到 2020 年底前，重点区域钢铁企业超低排放改造取得明显进展，力争 60％左右产能完成改造；到 2025 年底前，重点区域钢铁企业超低排放改造基本完成，全国力争 80％以上产能完成改造。根据这份意见，钢铁企业超低排放是指对所有生产环节实施升级改造，大气污染物有组织排放、无组织排放以及运输过程满足以下要求：烧结机机头、球团焙烧烟气二氧化硫排放浓度小时均值不高于 $35mg/m^3$。在燃煤电站烟气减排 SO_2 空间有限的情况下，加强钢铁行业 SO_2 排放总量控制迫在眉睫。2020 年 5 月 7 日，生态环境部颁布了《钢铁烧结、球团工业大气污染物排放标准》（GB 28662—2012）修改单（征求意见稿），规定新建企业烟气 SO_2 的排放限值为 $200mg/m^3$，其中京津冀、长江三角洲和珠江三角洲等大气污染物特别排放限值地域，执行更加严格的标准，烧结烟气 SO_2 的排放限值为 $180mg/m^3$。

SO_2 排放控制主要有原料控制、过程控制和烟气脱硫三种方法。其中烟气脱硫被认为是控制 SO_2 污染最实际可行的方式。我国烟气治理可追溯到 20 世纪 50 年代，当时包头钢铁（集团）有限责任公司从苏联引进喷淋塔除氟脱硫工艺，在脱氟的同时附带脱除 30％的 SO_2。但真正意义上的脱硫始于 2005 年。我国烟气脱硫发展速度惊人，据中国电力企业联合会统计，截至 2020 年底，达到超低排放限值的煤电机组约 9.5 亿千瓦，约占全国煤电总装机容量 88％。

不同来源烟气其特点不同，控制要求和技术特点也有所区别。燃煤电厂烟气具有排放量稳定、成分稳定、温度稳定的特点。而其他来源烟气，如烧结烟气，其是烧结混合料点火后，在高温下烧结成型过程中产生的含尘废气，具有成分复杂、气量波动大、温度波动大、含水量大、含氧量高的特点。由于上述特点，使得在燃煤电厂中能够稳定运行的脱硫技术，在部分工业烟气治理应用中遇到了一系列新问题，腐蚀、堵塞、塌床、氨逃逸高等问题多发。

《工业炉窑大气污染物排放标准》（GB 9078—1996）中规定，实测的工业炉窑的烟（粉）尘、有害污染物排放浓度，应换算为规定的掺风系数或过量空气系数时的数值，其中铁矿烧结炉按实测浓度计。实际应用中，有时按照掺风系数为 2.5，基准氧含量为 12％。《火电厂大气污染物排放标准》（GB 13223—2011）中规定了燃煤锅炉的基准氧含量为 6％。从基准氧含量也可见燃煤锅炉烟气与烧结烟气的区别。随着国家环保政策的不断推进落实，将有更多的钢铁等非电行业企业实施更加严格的烟气治理，开发适合我国国情的、性价比更高的脱硫等烟气治理技术是迫切需要解决的问题。

1.2.2　烟气脱硫技术简述

烟气脱硫（flue gas desulfurization，FGD）作为目前世界上大规模应用的主流脱硫方式，发展至今已有逾 200 种脱硫技术。按脱硫过程是否加水和脱硫产物的干湿形态，烟气脱硫基本可以分成湿法、半干法和干法三类。部分典型技术如图 1-3 所示。

日本在烟气脱硫技术方面居世界领先地位。20 世纪 70 年代日本建设的大型烧结厂先后采用了烟气脱硫技术，方式为湿式吸收法，主要有石灰石-石膏法、氨法、镁法等。由于湿法烟气脱硫工艺无法解决烟气中二噁英含量过高的问题，也不能高效脱除 SO_3、HCl、HF 等酸性物质和重金属污染成分，1989 年以后，活性炭吸附工艺渐渐占领日本烟

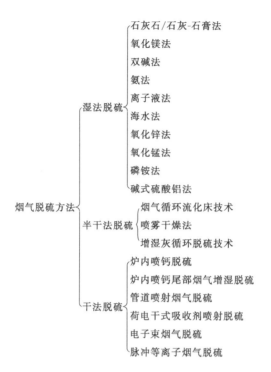

图1-3 烟气脱硫技术分类

气脱硫领域。2000年日本政府提出执行二噁英排放浓度标准后，日本钢铁公司新建烧结烟气处理工艺全部采用活性炭/焦吸附工艺，在脱除 SO_2 的同时脱除二噁英。但是活性炭/焦工艺复杂，解吸过程能耗大，系统投资、运行费用高。日本钢铁公司共有烧结机25台，建有烧结烟气脱硫装置的烧结机17台，其中9台采用活性炭/焦吸附工艺，8台是湿法工艺（1989年前建成投运），其余8台烧结机因使用原料、燃料含硫量极低，且采取其他办法治理二噁英，因此未建脱硫装置。

欧美国家早期烟气治理主要集中在粉尘和二噁英（PCDD/PCDF）上，很少有专门用于烟气脱硫的装置，主要是因为原来使用的铁矿及焦炭等原料、燃料含硫量低，烟气中 SO_2 浓度符合排放标准。目前，欧美国家采用的烟气脱硫技术主要有以下几种：a. 德国杜伊斯堡钢厂烧结机建有旋转喷雾（SDA）干法脱硫工艺；b. 法国阿尔斯通研发的增湿灰法循环脱硫技术（NID）法脱硫工艺，并在法国某烧结机上实施；c. 奥钢联研发 MEROS 干法脱硫工艺，并在 LINZ 钢厂实施；d. 德国迪林根烟气处理采用循环流化床（CFB）干法脱硫工艺。

从日本和欧美钢铁公司烟气脱硫工艺的选择和应用可见，国外烟气脱硫工艺的选择趋势是由"湿"到"干"。

目前，国内钢铁企业采用的烟气脱硫技术应用石灰石-石膏法的主要有宝钢集团有限公司（简称"宝钢"）、上海梅山钢铁股份有限公司（简称"梅钢"）、湘潭钢铁集团有限公司（简称"湘钢"）等，应用氨法的主要有广西柳州钢铁集团有限公司（简称"柳钢"）、邢台钢铁有限责任公司（简称"邢钢"）、南京钢铁股份有限公司（简称"南钢"）、日照钢铁控股集团有限公司（简称"日钢"）、昆明钢铁控股有限公司（简称"昆钢"）等，应用CFB法的主要有福建省三钢（集团）有限责任公司（简称"三钢"）、梅钢、邯郸钢铁集团有限责任公司（简称"邯钢"）等，应用 SDA 法的主要有江苏沙钢集团有限公司（简称"沙钢"）、济钢集团有限公司（简称"济钢"）、鞍钢集团有限公司（简称"鞍钢"）、山东泰山钢铁集团有限公司（简称"泰钢"）等，应用 NID 法的有武汉钢铁（集团）公司（简称"武钢"）等，应用有机胺法的有莱芜钢铁集团有限公司（简称"莱钢"），应用离子液法的有攀钢集团有限公司（简称"攀钢"），双碱法有广州广钢股份有限公司（简称"广钢"）等。我国采用的脱硫技术多，烟气脱硫设施的运行效果也不尽相同。对于企业来说，烟气脱硫的技术成熟度、投资及脱硫后对企业产生的影响是重点考察的目标，包括：脱硫工艺技术必须成熟可靠；脱硫副产物易于处理、综合利用，避免造成二次污染；投资和运行成本要适宜等。

1.2.2.1 湿法烟气脱硫技术

湿法烟气脱硫（WFGD）技术是指采用碱性物质的水溶液或浆液吸收烟气中 SO_2 的技术，目前已经商业化的湿法脱硫工艺有石灰石-石膏法、氧化镁法、双碱法、氨吸收法、催化转化法、海水脱硫法。湿法工艺经过科技人员不断改进，技术上日趋成熟。其主要优点为脱硫剂的利用率高、反应速率快、机组容量大、煤种适应性强。但湿法烟气脱硫工艺投资成本高、脱硫设备较复杂、占地面积大、水耗大，部分脱硫副产品附加值不高，脱硫产生的废水存在二次污染现象，尚需进一步处理后才能达标排放，脱硫过程中存在结垢、腐蚀、堵塞等问题。

（1）石灰石/石灰-石膏湿法技术

石灰石/石灰-石膏湿法是目前应用最广泛的一种烟气脱硫技术，原理是采用石灰石粉/石灰粉制成浆液作为脱硫吸收剂，进入吸收塔与烟气接触混合，浆液中的碳酸钙（$CaCO_3$）与烟气中的 SO_2 以及鼓入的氧化空气进行化学反应，最后生成石膏。脱硫后的烟气经过除雾器除去雾滴，再经过加热器加热升温后（有时不需要），由引风机（脱硫增压风机）经烟囱排入大气。吸收液通过喷嘴雾化喷入吸收塔，分散成细小的液滴并覆盖吸收塔的整个断面。这些液滴与塔内烟气逆流接触，发生传质与吸收反应，烟气中的 SO_2、SO_3 及 HCl、HF 被吸收。SO_2 吸收产物的氧化和中和反应在吸收塔底部的氧化区完成并最终形成石膏。为了维持吸收液恒定的 pH 值并减少石灰石耗量，石灰石被连续加入吸收塔，同时吸收塔内的吸收剂浆液被搅拌机、氧化空气和吸收塔循环泵不停地搅动，以加快石灰石在浆液中的均布和溶解。在吸收塔内吸收剂经循环泵反复循环与烟气接触，吸收剂利用率很高，钙硫比（Ca/S）（摩尔比）较低，一般不超过 1.05，脱硫效率超过 95%。

以石灰石-石膏湿法烟气脱硫为例，化学原理如下：

① SO_2 的吸收

$$SO_2 + H_2O \longrightarrow H_2SO_3 \tag{1-1}$$

$$H_2SO_3 \Longrightarrow HSO_3^- + H^+ \Longrightarrow SO_3^{2-} + 2H^+ \tag{1-2}$$

② 石灰石的溶解

$$CaCO_3 \Longrightarrow Ca^{2+} + CO_3^{2-} \tag{1-3}$$

③ 中和反应

$$2H^+ + Ca^{2+} + CO_3^{2-} + SO_3^{2-} \longrightarrow CaSO_3 + H_2O + CO_2 \tag{1-4}$$

④ 氧化反应

$$CaSO_3 + 1/2O_2 \longrightarrow CaSO_4 \qquad (1\text{-}5)$$

⑤ 亚硫酸钙和硫酸钙结晶

$$CaSO_3 + 2H_2O \longrightarrow CaSO_3 \cdot 2H_2O \qquad (1\text{-}6)$$

$$CaSO_4 + 2H_2O \longrightarrow CaSO_4 \cdot 2H_2O \qquad (1\text{-}7)$$

由于吸收剂循环量大和氧化空气的送入，吸收塔下部浆池中的 HSO_3^- 或亚硫酸盐几乎全部被氧化为硫酸根或硫酸盐，最后在 $CaSO_4$ 达到一定过饱和度后结晶形成石膏 $CaSO_4 \cdot 2H_2O$。

石灰石/石灰-石膏法烟气脱硫典型工艺流程如图 1-4 所示。该工艺已经非常成熟，其主要优点是其吸收剂来源丰富且廉价易得、运行可靠、脱硫效率高、适合煤种多、能耗低，且可以回收/抛弃产物中的石膏。

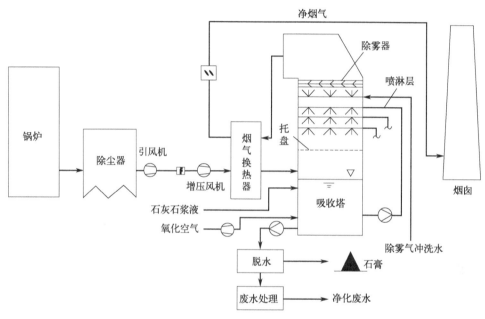

图 1-4　石灰石/石灰-石膏法烟气脱硫典型工艺流程

（2）氧化镁法

氧化镁法是以 MgO 为 SO_2 吸收剂，其具体过程为：先将 MgO 制成 Mg（OH）$_2$ 浆液，后送入主吸收塔洗涤气体，在洗涤气体过程中 Mg（OH）$_2$ 浆液吸收气体中 SO_2 后生成 $MgSO_3$，然后少量 $MgSO_3$ 被氧化成 $MgSO_4$，最后得到的脱硫产物（$MgSO_3$ 和 $MgSO_4$）通过干燥、高温煅烧方式分解成氧化镁原料（其可以循环使用）和 SO_2。上述反应历程如下：

在塔内 SO_2 与吸收剂的反应：

$$Mg(OH)_2 + SO_2 \longrightarrow MgSO_3 + H_2O \qquad (1\text{-}8)$$

$$MgSO_3 + SO_2 + H_2O \longrightarrow Mg(HSO_3)_2 \qquad (1\text{-}9)$$

其中 Mg（HSO$_3$）$_2$ 继续与 Mg（OH）$_2$ 反应：

$$Mg(HSO_3)_2 + Mg(OH)_2 \longrightarrow 2MgSO_3 + 2H_2O \qquad (1\text{-}10)$$

氧化镁法烟气脱硫典型工艺流程如图 1-5 所示。氧化镁工艺具有工艺简单、反应活性

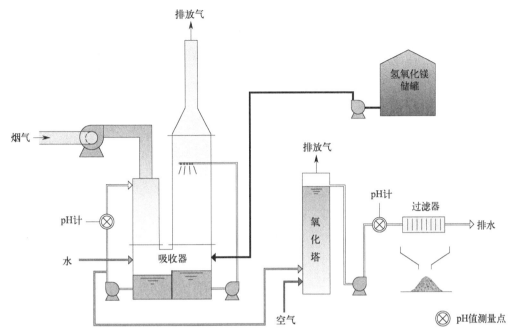

图 1-5　氧化镁法烟气脱硫典型工艺流程

高、吸收 SO_2 效率高、吸收剂用量少、系统规模小、用水量少、运行稳定可靠、不易堵塞、腐蚀性小等显著优点。同时，由于我国 MgO 储量和产量均居世界第一，因此此种方法中的原料 MgO 具有廉价易得的优点。但从实际应用的能耗上看，由于后期脱硫产物煅烧时所需能耗较大，所以目前吸收后的产物主要采用抛弃法并加以填埋，造成镁资源的浪费。

（3）双碱法脱硫技术

双碱法种类较多，有钠钙双碱法、氨-石膏法和碱性硫酸铝-石膏法等。其中，最常用的是钠钙双碱法。它采用碱性清液吸收 SO_2，生成含有 $CaSO_3$ 和 $CaSO_4$ 的少量沉淀物，吸收液用石灰进行再生，再生后的溶液可重复使用。在双碱法中，常用于去除 SO_2 的吸收剂为 Na_2CO_3 或 NaOH 溶液。

$$Na_2CO_3 + SO_2 \longrightarrow Na_2SO_3 + CO_2 \tag{1-11}$$

$$2NaOH + SO_2 \longrightarrow Na_2SO_3 + H_2O \tag{1-12}$$

第二种碱液可以用石灰，反应如下：

$$Ca(OH)_2 + Na_2SO_3 + H_2O \longrightarrow 2NaOH + CaSO_3 \cdot H_2O \tag{1-13}$$

同时发生以下副产物的反应：

$$Ca(OH)_2 + Na_2SO_3 + 1/2O_2 + H_2O \longrightarrow 2NaOH + CaSO_4 \cdot H_2O \tag{1-14}$$

典型钠钙双碱法烟气脱硫工艺流程如图 1-6 所示。

双碱法的固体脱硫产物在塔外产生，不会对塔造成堵塞和磨损，降低运行成本，同时具有较高的脱硫效率。

（4）氨法脱硫技术

氨法脱硫技术是采用液氨或者氨水作为吸收剂对 SO_2 进行吸收捕集的方法，氨与

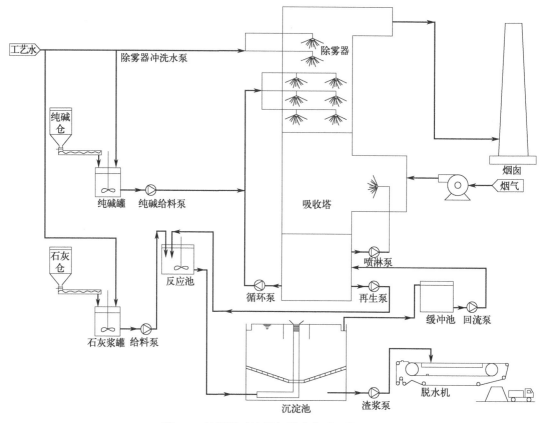

图 1-6　钠钙双碱法烟气脱硫典型工艺流程

SO_2 反应生成亚硫酸铵和亚硫酸氢铵，在有氧气存在的情况下，发生氧化反应生成硫酸铵。

反应如下：

$$2NH_4OH + SO_2 \longrightarrow (NH_4)_2SO_3 + H_2O \qquad (1\text{-}15)$$

$$(NH_4)_2SO_3 + SO_2 + H_2O \longrightarrow 2NH_4HSO_3 \qquad (1\text{-}16)$$

实际生产中，氨水的蒸气压大会造成氨的损失；因此，氨法中实际使用的吸收剂通常为 $(NH_4)_2SO_3 \longrightarrow NH_4HSO_3$ 循环水溶液，其反应方程式为：

$$NH_4HSO_3 + NH_3 \longrightarrow (NH_4)_2SO_3 \qquad (1\text{-}17)$$

氨法烟气脱硫典型工艺流程如图 1-7 所示。氨法脱硫工艺吸收剂利用率高、反应速度快、工艺流程相对简单、占地面积小、脱硫效率高（＞90％）、无结垢、其产物为高附加值的硫酸铵化肥，避免脱硫产物对环境造成二次污染，但该方法氨的挥发会影响脱硫剂利用率，且氨的逸出会使脱硫尾气中含有亚硫酸铵，对环境造成二次污染，此外该法还存在腐蚀等问题。

（5）离子液脱硫技术

离子液体（IL）是一种由特定的有机正离子和无机负离子构成的、在室温或者近室温下呈液态的熔盐体系（一般低于 100℃），人们将之称为室温离子液或室温熔融盐。自从第一个离子液体——乙胺硝酸盐在 1914 年被发现以来，此种熔盐体系就因其独特的物

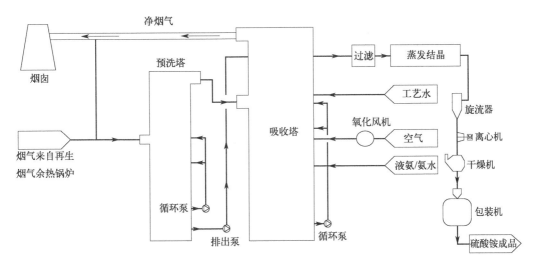

图 1-7　氨法烟气脱硫典型工艺流程

理化学性质（如蒸气压极低、导电性良好、溶解能力强、化学稳定性和热稳定性高）而受到人们的广泛关注。经过 30 多年的研究，1948 年人们逐渐将其发展成为"第一代离子液体"——氯铝酸盐类离子液体，并应用于电化学方面；1992 年，由 1-乙基-3-甲基咪唑四氟硼酸盐（[EMIm][BF$_4$]）的合成开始涌现出对水和空气稳定的"第二代离子液体"；1998 年以后，人们发现离子液体的物化性质可通过改变结构进行调节，结合这一规律各种功能化离子液体被合成出来，并应用于不同领域，随即出现了"第三代离子液体"，从而为解决能源和环境问题带来了一种全新的技术和工艺。离子液体由于其独特的物理化学性质，广泛应用于气体吸收、分离、萃取、生物合成和能源技术等方向。离子液体的独特性质如下：

① 可设计性强，通过改变阳离子和阴离子，可以设计出具有特定密度、黏度、溶解度等性质的任务专用离子液体。其中，阳离子的结构会明显影响到熔点，阴离子的体积会影响其密度。一般情况下，离子液体的密度比水大，在 $1.1\sim1.6g/cm^3$ 之间。通过不同的阴阳离子组合，可形成数量众多种密度、黏度、热容量等性质各不同的离子液，应用于各个行业，被称为设计者溶剂。

② 离子液体具有良好的物理和化学稳定性，呈现较高的热稳定性，但是黏度高于常规溶剂。由于离子液体黏度较高，因此会用负载的方式将其固载在多孔介质上，从而达到吸附的目的。

③ 熔点低，液程宽。显现液态的温度区间大，可达 300℃。由于离子液体的熔点处于室温附近，所以可以利用离子液体在低温下吸收 SO_2，在高温下释放 SO_2 气体。

④ 离子液体物理稳定较好，有着较低的蒸气压，不易蒸发，低毒，对环境比较友好，可作为传统挥发性有机溶剂的绿色替代品。

⑤ 离子液体是优良溶剂，在大多的有机物和无机物中的溶解度都很大。而且阴阳离子的结构组成会影响到对其他物质的溶解度。

离子液体由于其优良的性质而广泛地应用于有机合成、生物催化、萃取分离、分析科学和纳米材料制备等领域。在分离过程中，离子液体对 SO_2、多种有机物以及气体具有选择性溶解能力，故可利用离子液体脱除燃料油中的硫、天然高分子物质的溶解再生，以及酸性气体的脱除（CO_2、H_2S、NO_x、SO_2）等。在合成领域，离子液体在聚合反应、氧化还原反应、催化加氢反应、烷基化反应和胺化反应等方面也得到了广泛应用。

根据阳离子的不同，离子液体可以分为胍盐类、季铵盐类、季鳞盐类、咪唑类、吡啶类、噻唑类、三氮唑类、吡咯啉类等。其中，吡啶类、季铵盐类、咪唑类离子液体合成路线复杂、条件严格、原料和操作成本高；醇胺类离子液体具有成本低、容易获得、脱硫效率高、容易解吸等特点。

在气体吸附方面，离子液体根据其作用机理可以分为常规离子液和功能性离子液。常规离子液对 SO_2 只有物理吸附作用，功能性离子液对 SO_2 的作用既有物理吸附，也有化学吸附。物理吸附是指离子液由于其结构特性，能够提供多个相互作用位点来吸引 SO_2，物理吸附作用遵循亨利定律。物理吸附一般由阴离子的极性、碱度和电荷强度决定，而不是阴离子的大小。化学吸附往往是由酸性气体与碱性吸附剂之间的相互作用产生的，如具有 N—H 键的醇胺离子液往往能和 SO_2 发生强相互作用，化学吸附量遵循化学平衡。形成离子液的有机酸的解离常数 pK_a 在离子液吸收 SO_2 过程中起着重要作用，因此可以用来区分普通离子液和功能性离子液。当某酸的 pK_a 大于亚硫酸的 pK_a 时，由该酸作为阴离子合成的离子液为功能性离子液，具有较大的吸附能力，可对 SO_2 进行物理吸附和化学吸附。

离子液体由于其大的吸收容量、解吸容易、循环性好等优点而在近年来被认为是一种极具应用前景的新型功能材料，被广泛用于对酸性气体的吸收和采集中，特别是其中的胍类离子液体、胺类离子液体和咪唑类离子液体被广泛用于烟气脱硫领域。

(6) 海水脱硫技术

海水通常呈碱性，pH 值介于 7.5～8.3，可用于吸收烟气中的 SO_2。该技术以天然海水为吸收剂，节省吸收剂制备系统，无脱硫渣生成，工艺简单，运行费用低，但有区域局限性，对海水碱度有一定要求，而且只适用于中、低硫煤种，对海洋环境系统有潜在影响。

1.2.2.2 干法烟气脱硫技术

干法烟气脱硫（DFGD）技术是指在无液相介入的干燥状态下，对烟气中的硫进行吸收和处理的工艺。常见的有干法喷钙烟气脱硫技术、荷电干吸附剂喷射脱硫法、脉冲放电等离子体烟气脱硫技术、微生物法烟气脱硫技术、活性炭吸附法等。DFGD 具有工艺简单、投资成本和操作费用低、设备腐蚀小、不排废酸及废水、净化后烟气温度高有利于排空等优点。但该技术也有一定的不足，如反应速率较慢，脱硫率相对较低，设备庞大、占地面积大等。

(1) 干法喷钙脱硫技术

干法喷钙脱硫工艺以石灰石作为吸收剂，将石灰石直接喷入锅炉炉膛内的高温区（烟气温度为 850～1250℃），碳酸钙在高温下受热分解形成氧化钙，烟气中的 SO_2 与氧化钙发生反应生成 $CaSO_4$，其反应过程见下式。

$$CaO + SO_2 + 1/2O_2 \longrightarrow CaSO_4 \tag{1-18}$$

$$CaO + SO_3 \longrightarrow CaSO_4 \tag{1-19}$$

干法喷钙脱硫系统投资费用小，技术较为成熟，适合现有运行电厂的改造。其缺点是有引起炉内结焦、受热面磨损的潜在威胁。典型干法喷钙脱硫工艺流程如图 1-8 所示。

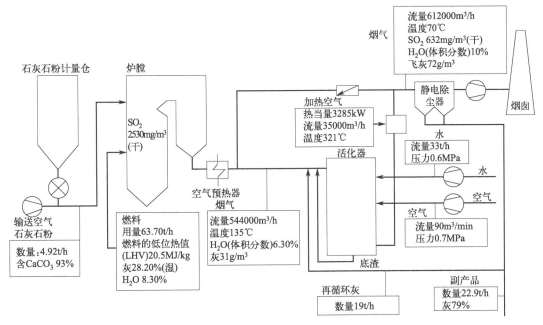

图 1-8 干法喷钙脱硫工艺流程

为了进一步提高干法喷钙脱硫工艺的脱硫率，可在原先工艺末端增设活化器，其原理如下：在活化器内，通过水雾喷湿方式，部分尚未反应的 CaO 进一步转化为具有较高反应活性的 Ca（OH）$_2$ 乳液，然后该乳液与烟气中的 SO$_2$ 继续发生化合反应，从而实现脱硫。

$$CaO + H_2O \longrightarrow Ca(OH)_2 \tag{1-20}$$

$$Ca(OH)_2 + SO_2 + 1/2O_2 \longrightarrow CaSO_4 + H_2O \tag{1-21}$$

（2）等离子体烟气脱硫技术

等离子体脱硫技术是将烟气中的气体分子电离分解，利用生成的高活性小分子与 SO$_2$ 反应从而实现脱硫的目的。目前，人们对电子束照射法（EBA）、脉冲电晕放电法、直流电晕放电法等技术进行了一定的研究，这些技术是一类有发展前景的烟气净化技术。

（3）活性焦（炭）吸附法

活性焦（炭）是由煤或其他含有机碳的物质经炭化、活化后生成的产物，具有很大的比表面和复杂的孔结构。活性焦（炭）广泛用于化工、制药、食品、冶金、环保等领域，特别是随着环境保护意识的不断增强，活性焦（炭）被越来越广泛地用于污水处理、气体净化等环保领域。活性炭吸附法可同时脱除 SO$_2$、NO$_x$、多环芳烃（PAHs）、重金属及其他一些毒性物质。1987 年世界首套活性炭移动层式干法脱硫装置在新日铁名古屋工厂 3 号烧结机上使用，此后该技术迅速得到推广应用。2000 年日本政府提出执行二噁英排放浓度（标准状况）标准为 0.1ng/m^3，日本钢铁公司新建烧结烟气处理工艺全部采用活性炭/焦吸附工艺，在脱除 SO$_2$ 的同时脱除二噁英。

该方法同时脱除多种污染物是物理作用和化学作用协同的结果，当烟气含有充足的 H$_2$O 与 O$_2$ 时，首先发生物理吸附，然后在碳基表面发生一系列化学作用。活性炭（焦）

脱除 SO_2 的原理为：活性炭（焦）通过物理吸附、化学吸附吸附烟气中 SO_2，活性炭（焦）表面含有对 SO_2 与氧气的反应具有催化作用的活性位，催化反应发生并生成硫酸。吸附 SO_2 的活性炭（焦），由于其外表覆盖着一定厚度的稀硫酸，吸附能力会大大下降，可通过再生（洗涤再生和加热再生等方法）恢复其吸附量。典型活性焦/炭联合脱硫脱硝工艺流程如图 1-9 所示。

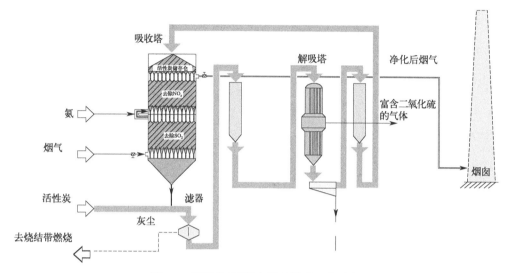

图 1-9　活性焦/炭联合脱硫脱硝工艺流程

由于活性焦（炭）具有广谱的吸附性质，因此该技术在脱除 SO_2 的同时能去除烟气中多种有害物质（无机物，如烟尘粒子、汞等重金属；有机物，如二噁英等）。

1）活性焦（炭）的结构及表面化学性质

按照国际纯化学与应用化学联合会（IUPAC）的规定，活性炭的孔隙按孔径大小可以分为 3 类：微孔（<2nm）、中孔（2～50nm）和大孔（>50nm）。

活性焦（炭）具有各种孔隙，不同的孔隙能够发挥不同的功能。大孔是吸附发生时吸附质的通道，其比表面积一般很小，本身无吸附作用，但当活性焦炭用于催化领域时，较大的孔隙作为催化剂沉积的场所是十分重要的。中孔首先能用于负载催化剂及各种化学药品，随着所负载化学药品的不同，使焦（炭）具有催化剂性能或其他特殊吸附性能；其次，中孔可以作为吸附质进入微孔的通道，微孔具有很大的比表面积，呈现出很强的吸附作用。

活性焦（炭）的吸附及催化性能不仅取决于它的孔隙结构，而且还取决于其表面化学性质，表面化学性质决定了活性焦（炭）的化学吸附。化学性质主要由表面的化学官能团、表面杂原子和化合物决定，不同的官能团、杂原子和化合物对不同吸附质的吸附有明显差别。活性焦（炭）表面主要存在含氧官能团和含氮官能团。含氧官能团一般是原料炭化不完全或在活化过程中活化剂与炭化料表面化学反应所造成的。含氧官能团主要有羧基、酚烃基、羰基、内酯基及环式过氧基等。含氮官能团一般是利用含氮原料制备产生的或后期表面改性产生的，含氮官能团主要有酰氨基、酰亚氨基、类吡咯基等。

活性焦（炭）含氧官能团使活性炭表现出酸碱特性，含氧基团的种类及含量直接对活性焦炭表面的酸碱性、吸附性能和催化性能产生重要影响。

活性焦具有非极性、疏水性、较高的化学稳定性和热稳定性，可进行活化和改性，其催化作用、负载性能、还原性能、独特的孔隙结构和表面化学特性都保证了其良好的烟气污染控制特性。活性焦干法烟气净化技术包括活性焦干法烟气脱硫、脱硝、脱重金属（如 Hg）、除尘、脱二噁英、脱卤化氢等。

活性焦脱硫工艺是一种干法脱硫技术，具有水耗少、效率高、强度大以及成本低等特点。活性焦脱硫工艺主要是通过物理吸附和化学吸附去除 SO_2。脱硫过程中，烟气中的 SO_2、H_2O 和 O_2 首先吸附在活性焦表面，再在孔隙中的活性位点上催化氧化形成硫酸和硫酸盐，从而实现 SO_2 的脱除。

活性焦干法烟气脱硫技术是指在存在氧气和水蒸气的条件下，吸收装置内的活性焦吸附烟气中的 SO_2、O_2 及水蒸气，SO_2 吸附在活性焦的活性点位上，被含氧基团、碱性基团等催化氧化，生成硫酸或水合硫酸，贮存在活性焦的微孔内，吸附饱和的活性焦进入脱附塔经过高温加热解吸出高浓度的 SO_2 气体，可用于进一步制备焦亚硫酸钠、硫酸等产品，而再生的活性焦进入吸收塔进行循环使用。当喷入 NH_3 时，在活性焦（炭）的催化作用下，NO_x 与 NH_3 发生选择性催化还原反应，生成 N_2 和水，NO_x 被脱除。此外，活性焦具有发达的孔隙结构，可对重金属离子、类金属离子、粉尘、二噁英和卤化氢等污染物有完全或一定协同脱除的作用。

活性焦干法烟气脱硫系统主要包括吸附反应、解吸再生、副产品回收 3 个子系统；主要设备包括吸附塔、解吸塔、增压风机、活性焦送料机、活性焦储罐、热风炉、筛分机及硫酸制备系统等。

2）活性焦干法烟气净化技术特点

① 宽谱净化　活性焦干法烟气脱硫效率高达 95%～99%，喷氨后脱硝效率可达 20%～80%，脱汞效率可达到 90% 以上。采用活性焦干法烟气净化技术，粉尘排放浓度可低至 $10mg/m^3$（干基，6% O_2）以下，可避免石灰石-石膏湿法脱硫过程中烟气携带浆液造成的不利影响。该技术的宽谱净化能力，对于日益严格的污染物排放标准适应性更强，可减少 SCR 系统的投资；无需进行额外脱汞改造，减少因在电除尘器（ESP）或袋式除尘器（FF）上游增加活性炭喷射脱汞设施对飞灰品质和商品价值的不利影响；在粉尘排放要求严格的情况下，同石灰石-石膏湿法脱硫相比，烟气脱硫系统出口可不必增设湿式静电除尘器。

② 节水性能　活性焦干法烟气净化过程几乎不消耗工艺水，不产生脱硫废水，无需脱硫废水处理设施，不造成二次污染，尤其适用于水资源缺乏和对水污染特别敏感的区域。富 SO_2 气体（SRG）制硫酸等资源化利用工艺中，烟气预洗涤净化过程会产生一定量的酸性废水，需进行处理。日本矶子电厂单台 600MW 机组活性焦干法脱硫 SRG 制酸过程废水产生量约为 5t/h。

③ 高排烟温度　活性焦吸附塔能耐受高温烟气，出口排烟温度高，净烟气温度不低于 120℃，无需烟气换热设备（GGH），避免了因 GGH 堵塞造成的脱硫系统故障，且脱硫系统设备腐蚀较轻，节省烟囱防腐投资。

④ 硫回收　活性焦干法烟气脱硫技术能在污染减排的同时，回收硫资源制备硫酸、硫黄、盐等的工业品，实现资源化利用，经济价值较高。山西太原钢铁（集团）有限公司 $450m^2$ 和 $660m^2$ 烧结机烟气采用活性焦干法脱硫技术，优等品浓硫酸产量分别为 26t/d 和 38t/d，直接回用于钢厂酸洗工艺。河北邢台某钢厂通过烟气脱硫副产焦亚硫酸钠，以烧结烟气为原料生产特色明显、附加值高的化工产品——焦亚硫酸钠，产品达到优等品要

求，年产焦亚硫酸钠 1.2 万吨，实现污染物 SO_2 高效资源化循环利用。

（4）SDS 干法脱硫

SDS 干法脱硫是 20 世纪 80 年代比利时索尔维公司发明的，当时主要是为垃圾焚烧行业开发的 HCl 脱除干法系统，由此产生的副产物成分为氯化钠（NaCl），可被回收作为原料再用于生产纯碱。之后 SDS 技术在欧洲得到迅速发展，开发了喷射系统、研磨系统、特种产品，以及基本系统设计、参数的优化等。目前欧洲市场主要为垃圾焚烧炉尾气脱酸，应用在其他行业包括焦化、玻璃制造、燃煤电厂、危险废物焚烧炉、柴油发电、生物质发电、水泥等也取得了很好的净化效果。同期，SDS 干法脱酸技术在美国首先被应用在医疗废物焚烧炉和火力发电厂。

SDS 干法脱硫工艺中，高效脱硫剂（粒径为 $20\sim25\mu m$）通过 SDS 干法脱酸喷射及均布装置被喷入烟道并在烟道内被加热激活，其比表面积迅速增大并与烟气充分接触后发生物理、化学反应，烟气中的 SO_2 等酸性物质被吸收净化。

主要化学反应为：

$$2NaHCO_3 + SO_2 + 1/2O_2 \longrightarrow Na_2SO_4 + 2CO_2 + H_2O \tag{1-22}$$

$$2NaHCO_3 + SO_3 \longrightarrow Na_2SO_4 + 2CO_2 + H_2O \tag{1-23}$$

与其他酸性物质（如 SO_3 等）的反应：

$$NaHCO_3 + HCl \longrightarrow NaCl + CO_2 + H_2O \tag{1-24}$$

$$NaHCO_3 + HF \longrightarrow NaF + CO_2 + H_2O \tag{1-25}$$

SDS 干法脱硫的脱硫剂选用高效复合脱硫剂。由于 SDS 工艺过喷量很小，因此与其他脱硫方法相比，该工艺脱硫副产物很少。副产物中 Na_2SO_4 所占比例很高，便于综合利用。副产物为干态粉状料，其中，Na_2SO_4 质量占总质量的 $80\%\sim90\%$，Na_2CO_3 质量占总质量的 $10\%\sim20\%$。

典型 SDS 法脱硫工艺流程如图 1-10 所示。SDS 脱硫工艺具有良好的、适宜的调节特性，脱硫装置运行及停运不影响焦炉的连续运行，脱硫系统的负荷范围与电厂负荷范围相协调，保证脱硫系统可靠和稳定地连续运行。

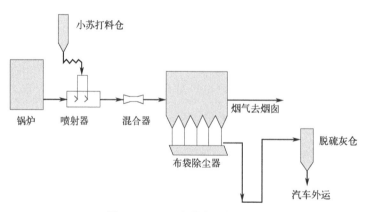

图 1-10　SDS 法脱硫工艺流程

1.2.2.3　半干法烟气脱硫技术

半干法（SD）烟气脱硫技术是指脱硫剂在湿状态下脱硫、在干状态下处理脱硫产物

（如喷雾干燥法），或者在干燥状态下脱硫、在湿状态下再生（如水洗活性炭再生工艺）的烟气脱硫技术。常见的半干法有喷雾干燥吸附（SDA）烟气脱硫技术、循环流化床（CFB）烟气脱硫技术、气体悬浮吸收法（GSA）烟气脱硫技术、炉内喷钙增湿活化法技术和增湿灰法循环脱硫技术（NID）。

（1）喷雾干燥吸附烟气脱硫技术

喷雾干燥吸附（spray drying adsorption，SDA）是丹麦 Niro 公司开发的一种烟气脱硫工艺。20 世纪 70 年代中，Niro 公司开始尝试使用喷雾干燥吸收（SDA）技术脱除烟气中的酸性物质，并获成功。1980 年 Niro 公司的第一套 SDA 装置投入电厂运行，1998 年德国杜伊斯堡钢厂烧结机成功应用旋转喷雾干燥脱硫装置，经过 20 多年的发展，SDA 现已成为世界上最为成熟的半干法烟气脱硫技术之一。

喷雾干燥烟气脱硫技术是利用喷雾干燥的原理，一般以石灰作为吸收剂，消化好的熟石灰浆在吸收塔顶部经高速旋转的雾化器雾化成直径小于 $100\mu m$ 并具有很大表面积的雾粒，烟气通过气体分布器被导入吸收室内，两者接触混合后发生强烈的热交换和烟气脱硫的化学反应，烟气中的酸性成分快速被碱性液滴吸收，并迅速将大部分水分蒸发，浆滴被加热干燥成粉末，包括飞灰和反应产物的部分干燥物落入吸收室底排出，细小颗粒随处理后的烟气进入除尘器被收集，处理后的洁净烟气通过烟囱排放。SDA 干燥吸收发生的基本反应如下：

$$Ca(OH)_2 + SO_2 \longrightarrow CaSO_3 + H_2O \tag{1-26}$$

$$Ca(OH)_2 + SO_2 + 0.5O_2 \longrightarrow CaSO_4 + H_2O \tag{1-27}$$

$$Ca(OH)_2 + 2HCl \longrightarrow CaCl_2 + 2H_2O \tag{1-28}$$

$$Ca(OH)_2 + 2HF \longrightarrow CaF_2 + 2H_2O \tag{1-29}$$

SDA 法脱硫工艺流程如图 1-11 所示。

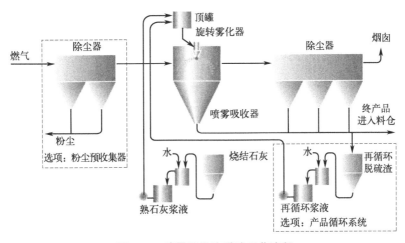

图 1-11 喷雾干燥法脱硫工艺流程

主抽风机后烟道引出的原烟气，经挡板切换由烟道引入烟气分配器进入脱硫塔，原烟气与塔内经雾化的石灰浆雾滴在脱硫塔内充分接触反应，反应产物被烟气干燥，在脱硫塔内主要完成化学反应，达到吸收 SO_2 的目的。经吸收 SO_2 并干燥的含粉料烟气出脱硫塔进入布袋除尘器进行气固分离，实现脱硫灰收集及出口粉尘浓度达标排放。布袋除尘器入口烟道上添加活性炭可进一步脱除二噁英、Hg等有害物，经布袋除尘器处理的净烟气由增压风机增压，克服脱硫系统阻力，由烟囱排入大气。SDA系统还可以采用部分脱硫产物再循环制浆来提高吸收剂的利用率。

该法系统简单，投资较少，系统耗能较低，比较适合中/小型企业。但其吸收剂消耗大，利用率低，脱硫效率相对较低，脱硫灰渣（不能循环使用）采用抛弃的方式，而且还存在塔内固体贴壁、管道堵塞、喷雾器易磨损和破裂等诸多问题。

(2) 循环流化床烟气脱硫技术

循环流化床（CFB）烟气脱硫技术是20世纪80年代德国鲁奇（Lurgi）公司开发的一种半干法脱硫工艺，基于循环流化床原理，通过吸收剂的多次再循环，延长吸收剂与烟气的接触时间，大大提高了吸收剂的利用率，在钙硫比为1.1～1.2的情况下脱硫效率可达90%。最大特点是水耗低，基本不需要考虑防腐问题，同时可以预留添加活性炭去除二噁英的接口。

CFB烟气脱硫一般采用干态的消石灰粉作为吸收剂，将石灰粉按一定的比例加入烟气中，使石灰粉在烟气中处于流态化，反复反应生成亚硫酸钙。脱硫过程发生的基本反应如下。

生石灰与水发生的水合反应：

$$CaO + H_2O \longrightarrow Ca(OH)_2 \tag{1-30}$$

SO_2被水滴吸收的反应：

$$SO_2 + H_2O \longrightarrow H_2SO_3 \tag{1-31}$$

酸碱离子反应：

$$Ca(OH)_2 + H_2SO_3 \longrightarrow CaSO_3 \cdot 1/2H_2O + 3/2H_2O \tag{1-32}$$

脱硫产物的部分氧化反应：

$$CaSO_3 \cdot 1/2H_2O + 1/2O_2 + 3/2H_2O \longrightarrow CaSO_4 \cdot 2H_2O \tag{1-33}$$

其他反应：

$$Ca(OH)_2 + 2HCl \longrightarrow CaCl_2 + 2H_2O \tag{1-34}$$

一个典型的适合烧结烟气脱硫的CFB-FGD系统由吸收剂供应系统、脱硫塔、物料再循环、工艺水系统、脱硫后除尘器及仪表控制系统等组成，其工艺流程如图1-12所示。

烟气从吸收塔底部进入，经吸收塔底部的文丘里结构加速后与加入的吸收剂、吸附剂、循环灰及水发生反应，除去烟气中的SO_2、HCl、HF等气体。物料颗粒在通过吸收塔底部的文丘里管时，受到气流的加速而悬浮起来，形成激烈的湍动状态，使颗粒与烟气之间具有很大的相对滑落速度，颗粒反应界面不断摩擦、碰撞更新，从而极大地强化了气固间的传热、传质。为了达到最佳的反应温度，通过向吸收塔内喷水，使烟气温度冷却到露点温度以上20℃左右。携带大量吸收剂、吸附剂和反应产物的烟气从吸收塔顶部侧向下行进入布袋除尘器，进行气固分离，经气固分离后的烟气含尘量（标准状况）不超过30mg/m³。另外，烟气中的吸收剂和吸附剂在滤袋表面沉降形成滤饼，延长吸收剂与酸性气体、吸附剂与有机污染物的接触时间，增加酸性气体、二噁英脱除率。

循环流化床烟气脱硫装置应用了流化床原理、喷雾干燥原理、气固两相分离理论及化学反应原理，是一种两级惯性分离、内外双重循环的循环流化床烟气悬浮脱硫装置，烟气通过文丘里流化装置时将脱硫剂颗粒流态化，并在悬浮状态下进行脱硫反应。高倍率的循

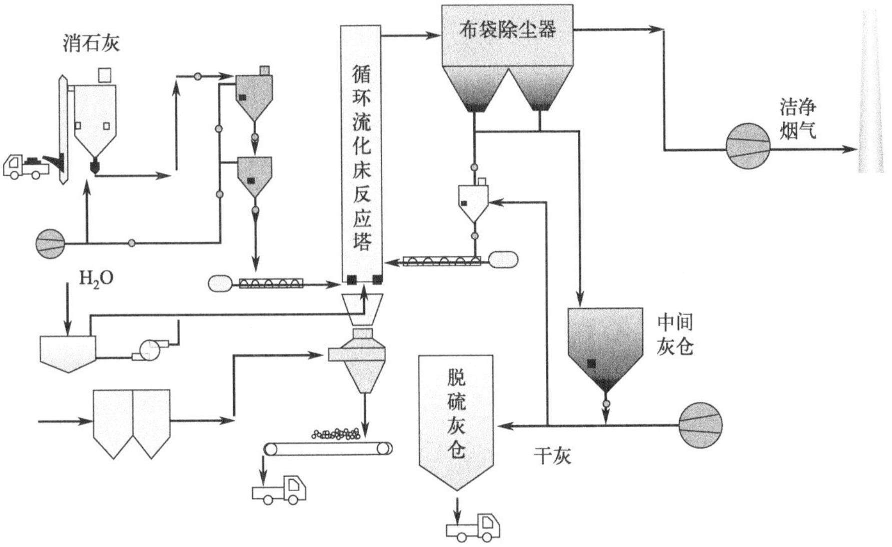

图 1-12　CFB-FGD 工艺流程示意图

环和增强内循环的结构增大了脱硫塔内的物料浓度，提高了脱硫剂的利用率；同时，脱硫塔中心区域的喷浆形成湿反应区，利用快速的液相反应，保证了较高的脱硫效率。

此工艺的主要优点是系统简单，工程投资少；能适应各种煤种，脱硫剂利用率高，各种含硫分的煤（高、中、低硫煤）均可处理；此外对重金属（尤其是汞）有一定的脱除作用。不足之处为脱硫系统在干态下运行，磨损较为严重，特别是流速较高部分；反应塔出口烟尘浓度过高，系统阻力相对较大；脱硫产物成分复杂，利用价值低。

(3) 新型一体化脱硫技术

新型一体化脱硫（novel integrated desulfurization，NID）技术是阿尔斯通公司在干法（半干法）烟气脱硫的基础上发展的具有创造性的新一代干法烟气脱硫工艺，广泛应用于燃煤/燃油电厂、钢铁烧结机、工业炉窑、垃圾焚烧炉等的烟气脱硫及其他有害气体的处理，是一种适于多组分废气治理和烟气脱硫的先进工艺。它克服了传统干法（半干法）烟气脱硫技术使用吸收剂制浆工艺或反应吸收塔内喷水工艺而带来的弊端，具有运行简单可靠、设备紧凑、烟气负荷适应性强等特点。

NID 技术的脱硫原理是利用生石灰（CaO）或熟石灰［$Ca(OH)_2$］作为吸收剂来吸收烟气中的 SO_2 和其他酸性气体。其反应式如下。

$$CaO + H_2O \longrightarrow Ca(OH)_2 \tag{1-35}$$

$$SO_2 + Ca(OH)_2 \longrightarrow CaSO_3 \cdot 1/2H_2O(s) + 1/2H_2O \tag{1-36}$$

$$CaSO_3 \cdot 1/2H_2O(s) + 1/2O_2 + 3/2H_2O \longrightarrow CaSO_4 \cdot 2H_2O(s) \tag{1-37}$$

$$SO_3 + Ca(OH)_2 \longrightarrow CaSO_4 + H_2O \tag{1-38}$$

$$CO_2 + Ca(OH)_2 \longrightarrow CaCO_3 + H_2O \tag{1-39}$$

$$2HCl + Ca(OH)_2 \longrightarrow CaCl_2 + 2H_2O \tag{1-40}$$

NID 法烟气脱硫工艺流程如图 1-13 所示。

原烟气经反应器弯头进入反应器，在反应器混合段和含有大量吸收剂的增湿循环灰粒子接触，通过循环灰粒子表面附着水膜的蒸发，烟气温度瞬间降低且相对湿度大大增加，

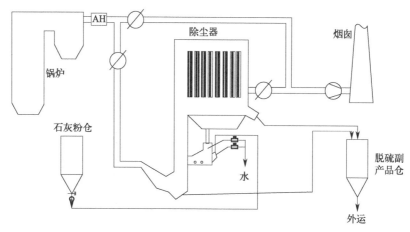

图 1-13 烟气 NID 法脱硫工艺流程图

形成很好的脱硫反应条件。在反应段中快速完成物理变化和化学反应，烟气中的 SO_2 与吸收剂反应生成 $CaSO_3$ 和 $CaSO_4$。反应后的烟气携带大量干燥后的固体颗粒进入其后的高效布袋除尘器，固体颗粒被布袋除尘器捕集，从烟气中分离出来，经过灰循环系统，补充新鲜的脱硫吸收剂，并对其进行再次增湿混合，送入反应器。如此循环多次，达到高效脱硫及提高吸收剂利用率的目的。脱硫除尘后的洁净烟气在水露点温度 20℃ 以上，无需加热，经过增压风机排入烟囱。

NID 工艺将水在混合器内通过喷雾方式均匀分配到循环灰粒子表面，使循环灰的水分从 1% 左右增加到 5% 以内。增湿后的循环灰以流化风为辅助动力通过溢流方式进入矩形截面的脱硫反应器。含水率小于 5% 的循环灰具有极好的流动性，且因蒸发传热、传质面积大可瞬间将水蒸发，克服了传统的干法（半干法）烟气循环流化床脱硫工艺中经常出现的黏壁或糊袋腐蚀等问题。控制系统通过调节加入混合器的水量使脱硫系统的运行温度维持在设定值。同时对进出口 SO_2 浓度及烟气量进行连续监测，这些参数决定了系统吸收剂的加入量。脱硫循环灰在布袋除尘器灰斗下部的流化底仓中得到收集，当高于流化底仓高料位时排出系统。排出的脱硫灰含水率小于 2%，流动性好，采用气力输送装置送至灰库。

NID 技术特点为占地小、投资小、运行成本较低；脱硫灰循环倍率达 30～50，脱硫剂利用高达 90% 以上，大幅降低运行成本；脱硫效率高。当 Ca/S 值为 1.1～1.3 时，脱硫效率可达 90%～99%；采用外置式增湿消化器增湿后，灰的湿度较为均匀，无黏结、堵塞问题。

脱硫效率的高低并不是评价脱硫方法好坏的唯一标准，除了脱硫效率外，还应充分考虑该方法的综合技术经济情况。典型脱硫工艺综合技术经济评价见表 1-4。

表 1-4 典型脱硫工艺综合技术经济评价

项目	石灰石/石灰-石膏法	半干法	炉内喷钙尾部增湿活化法	海水脱硫法	电子束法
技术成熟程度	成熟	成熟	成熟	成熟	工业试验
适用硫含量	不限	中低含量	中低含量	低含量	中高含量
单机应用的经济性规模	≥200MW	≤300MW	≤300MW	不限	不限

续表

项目	石灰石/石灰-石膏法	半干法	炉内喷钙尾部增湿活化法	海水脱硫法	电子束法
脱硫率/%	＞95	＞85	＞80	＞90	90
吸收剂	石灰石/石灰	石灰	石灰石	海水	液氨
副产物	石膏	亚硫酸钙	亚硫酸钙		硫铵/硝铵
废水	有	无	无		无
市场占有率	高（＞80%）	一般（5%～8%）	较少	较少	少
工程造价	较高	中等	较低	中等	较高
运行维护工作量	较大	中等	中等	较少	较少

1.2.3 工业烟气脱硫发展趋势

烟气脱硫（FGD）是控制 SO_2 排放的重要技术手段，其中石灰石/石灰-石膏湿法装置占烟气脱硫装置总量的 80% 以上，烟气循环流化床半干法、喷雾干燥法、氧化镁法、氨法，以及炉内喷钙炉后增湿活化等工艺也各有一定的市场。世界各国根据自身的资源和环境特点，在脱硫副产物的回收与否方面各有不同：美国天然石膏和硫黄资源丰富、地域辽阔，脱硫工艺以抛弃法为主；德国和日本以回收法为主，其中日本国内每年消耗的石膏全部取自脱硫装置尚有剩余；而我国人均土地资源有限，是一个天然石膏丰富而硫黄缺乏的国家，不同地区环境和资源分布差异较大。据统计，我国每创造 1 美元国民生产总值，消耗掉的煤、电等能源是美国的 4.3 倍、德国和法国的 7.7 倍、日本的 11.5 倍。当前我国工业烟气脱硫重减排而轻资源化利用，资源浪费问题较为突出，因此，我国应因地制宜发展符合我国国情的脱硫相关技术。

我国经济在一定时期内有望继续保持高速发展势头，对能源需求旺盛，以煤为主能源结构，各地区、行业发展水平的不平衡的状况在相当一个时期内还会普遍存在。由于历史原因和客观条件的限制，我国烟气治理重减排、轻资源化利用的问题较为突出，强调污染物的削减指标，大量的污染物未实现资源化利用，副产品无效、低效利用问题比较普遍，甚至又引发了新的污染和问题。以二氧化硫治理为例，我国目前建成的烟气脱硫设施以石灰石-石膏湿法工艺为主，年副产脱硫石膏约 8000 万吨，但相当部分脱硫石膏为闲置、填埋或低效利用，易引发二次污染。而我国硫资源相对短缺、对外依存度达 60%，年进口硫黄约 1200 万吨，一方面长期大量进口硫黄，一方面烟气 SO_2 低效处置又造成了大量硫资源浪费。因此，污染物资源化利用需求非常迫切，当前重 SO_2 脱除、轻硫高值化利用的困境亟待突破。

从中长期来看，工业烟气脱硫将呈现出进一步深化发展的趋势，在提升治污能力、治理效率、精准调控、降低成本等方向上进一步发展。工业烟气脱硫技术不断从"通用技术"向"难、特、协同"技术转型，脱硫副产高价值产品的资源化利用技术、脱硫协同多污染物控制技术、（超）高硫煤烟气超低排放技术、高效低成本脱硫技术等是重要的发展方向。除了发展脱硫石膏的回收，还应发展以硫黄、硫酸盐、硫酸、二氧化硫等为脱硫副产品的烟气脱硫技术，实现硫资源高效回收利用，不断降本增效。本书围绕工业烟气脱硫副产焦亚硫酸钠展开论述，吸收了相关产业部分最新应用成果，以期对推动脱硫产业和经济社会可持续发展起到一定的推动作用。

1.3　焦亚硫酸钠发展及生产系统概况

1.3.1　焦亚硫酸钠发展概况

焦亚硫酸钠产业上游行业主要为一般化工基础原料，主要包括纯碱与硫黄；焦亚硫酸钠产品分为食品级及工业级两大类型，目前被广泛应用于食品、混凝土添加剂、印染、污水处理、医药等国民经济的诸领域。焦亚硫酸钠产品与国民经济诸多产业发展密切相关，国民经济各领域的快速发展，都将推动中国焦亚硫酸钠产业不断发展。焦亚硫酸钠产业链构成情况如图 1-14 所示。

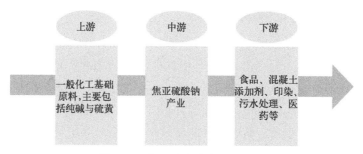

图 1-14　焦亚硫酸钠产业链构成

目前中国焦亚硫酸钠产品主要分为工业级焦亚硫酸钠、食品级焦亚硫酸钠。其中工业级焦亚硫酸钠是目前国内主流市场。焦亚硫酸钠细分产品应用领域及用途如图 1-15 所示。

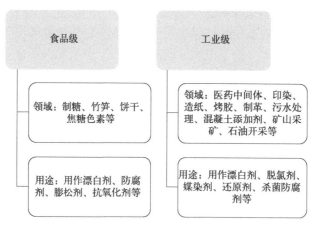

图 1-15　焦亚硫酸钠细分产品应用领域及用途

工业级焦亚硫酸钠用途广泛。医药工业用于生产氯仿、苯丙砜和苯甲醛的净化；橡胶工业用作凝固剂；印染工业用作棉布漂白后的脱氯剂、棉布煮炼助剂和印染的媒染剂；制革工业用于皮革处理，能使皮革柔软、丰满、坚韧，具有防水、抗折、耐磨等性能；化学工业用于生产羟基香草醛、盐酸羟胺等；感光工业用作显影剂等；用于钴、锌冶炼等。食品级焦亚硫酸钠可作为饼干和蛋糕等食品的漂白和膨松剂、蔬菜脱水的养分保持剂、贮存水果的保鲜剂、酿造和饮料的杀菌防腐剂等。

近年来焦亚硫酸钠产量、需求量和市场规模均保持较快增长。2019 年中国焦亚硫酸

钠产量为 162.2 万吨，2014 年产量为 88.5 万吨，2014 年以来产量复合增长率为
10.62％；2019 年中国焦亚硫酸钠需求量为 144.1 万吨，2014 年需求量为 79.5 万吨，
2014 年以来需求量复合增长率为 10.42％。2019 年中国焦亚硫酸钠市场规模 27.20 亿元，
2014 年市场规模为 13.98 亿元，2014 年以来市场规模复合增长率为 11.76％。焦亚硫酸
钠行业产能利用率基本维持在 74％～83％之间，2019 年中国焦亚硫酸钠产能约为 196 万
吨，同期国内产量为 162.2 万吨。

中国焦亚硫酸钠生产企业主要集中在以山东为代表的华东地区，以及两湖为主的华中
地区，具体见表 1-5。

表 1-5　中国部分焦亚硫酸钠生产企业所在区域分析

企业	地区
上海嘉定马陆化工厂有限公司	上海（华东）
昌邑宏达化工有限公司	山东（华东）
潍坊天创化工股份有限公司	山东（华东）
潍坊邦华化工有限公司	山东（华东）
长沙湘岳化工	湖南（华中）
长沙浩林化工有限公司	湖南（华中）
湖南兴发化工有限公司	湖南（华中）
湖南谊诚科技有限公司	湖南（华中）
湖南省银桥科技有限公司	湖南（华中）
湖南岳阳三湘化工	湖南（华中）
黄冈融锦化工股份有限公司	湖北（华中）
湖北广达化工科技股份有限公司	湖北（华中）
唐山惠中化学有限公司	河北（华北）
广东中成化工股份有限公司	广东（华南）
中盐安徽红四方股份有限公司	安徽（华东）

中国是焦亚硫酸钠最大的生产和消费国，但从产品工艺、产品附加值方面来看，中国
焦亚硫酸钠行业与国外发达经济体仍有较大差距，未来中国焦亚硫酸钠行业内企业仍将着
力提高产品性能，争取早日成为焦亚硫酸钠产业强国。

近年来，中国加快了精细化工行业的改革速度，为推动行业发展，国务院及有关政府
部门先后颁布了一系列产业政策，为行业发展建立了优良的政策环境，将在较长时期内为
行业发展带来促进作用，有利于焦亚硫酸钠产业的发展。

1.3.2　焦亚硫酸钠系统概述

1.3.2.1　焦亚硫酸钠生产工艺

焦亚硫酸钠的生产工艺路线有干法和湿法两种。

(1) 干法

将纯碱和水按一定摩尔比搅拌均匀，待生成 $Na_2CO_3 \cdot nH_2O$ 呈块状时，放入反应器
内，块与块之间保持一定的空隙，然后通入 SO_2，直至反应终了，取出块状物，经粉碎
得成品。

(2) 湿法

于亚硫酸氢钠溶液内加入一定量的纯碱，使其生成亚硫酸钠的悬浮液，再通入 SO_2，

即生成焦亚硫酸钠结晶，经离心分离、干燥而得成品。

焦亚硫酸钠工艺系统初次运行时，首次配碱用纯水配制，纯碱溶液与 SO_2 烟气反应，反应方程式如下：

$$Na_2CO_3(l)+2SO_2(g)+H_2O(l)\longrightarrow 2NaHSO_3(l)+CO_2\uparrow(g)+Q \qquad (1-41)$$

反应式(1-41)为放热反应，放热量 $Q=99.4kJ/mol$，反应过程中伴有二氧化碳气体放出，反应最后生成饱和亚硫酸氢钠溶液。

焦亚硫酸钠工艺系统运行正常后，由离心机分离出来的溶液为饱和亚硫酸氢钠溶液，作为母液用于配碱，与纯碱反应，反应化学方程式如下：

$$Na_2CO_3(s)+2NaHSO_3(l)\longrightarrow 2Na_2SO_3(l)+CO_2\uparrow(g)+H_2O(l)+Q \qquad (1-42)$$

反应式(1-42)为放热反应，放热量 $Q=39.23kJ/mol$，反应过程中伴有二氧化碳气体放出，此酸碱中和反应完成后，形成过饱和亚硫酸钠溶液，溶液中有亚硫酸钠晶体析出，在溶液中形成悬浮液。

亚硫酸钠悬浮液与 SO_2 气体反应，生成亚硫酸氢钠溶液，在持续不断的反应过程中，亚硫酸氢钠在溶液中逐渐达到饱和，反应化学方程式如下：

$$Na_2SO_3(l)+SO_2(g)+H_2O(l)\longrightarrow 2NaHSO_3(l)+Q \qquad (1-43)$$

反应式(1-43)为放热反应，放热量 $Q=32.8kJ/mol$，亚硫酸氢钠在溶液逐渐饱和，同时溶液颜色由白变黄。

亚硫酸氢钠饱和溶液不再吸收 SO_2 气体，但溶液中的亚硫酸钠可继续与 SO_2 气体反应，并生成焦亚硫酸钠结晶，直到溶液中所有的亚硫酸钠全部转变为焦亚硫酸钠为止，反应化学方程式如下：

$$Na_2SO_3(s)+SO_2(g)\longrightarrow Na_2S_2O_5(s)+Q \qquad (1-44)$$

反应式(1-44)为放热反应，放热量 $Q=61.0kJ/mol$，反应达到终点时，同时溶液颜色由黄变白。此时反应完成液经离心机进行固液分离，分离出的液体为饱和的亚硫酸氢钠溶液，作为母液使用，分离出的固体为焦亚硫酸钠湿料，经干燥即可得到焦亚硫酸钠产品。

湿法、干法工艺对照情况见表 1-6。可见焦亚硫酸钠的湿法生产工艺总体优于干法，因此，目前在国内都采用湿法生产。

表 1-6　湿法、干法工艺对照表

项目	湿法	干法
生产工艺	机械化程度较高	工艺笨重
产品质量	纯度高	纯度低（约 60%）
原材料消耗	较低	较高

1.3.2.2　工业烟气脱硫副产焦亚硫酸钠

可实现烟气中 SO_2 脱除、富集的技术主要有活性焦（炭）脱硫、碳基催化剂脱硫、有机胺脱硫和离子液脱硫技术等。

活性焦（炭）和碳基催化剂脱硫原理相同，脱出的富集气中 SO_2 的体积分数 $\varphi(SO_2)$ 可达 30%，不同的是碳基催化剂不仅可以脱硫还可脱硝。有机胺和离子液脱硫原理基本一致，这两种脱硫技术处理的烟气含尘不宜过高，其脱出的富集气 SO_2 纯度较高，$\varphi(SO_2)$ 可达 95%。

目前我国制焦亚硫酸钠多以硫黄、硫铁矿等矿物为原料，先通过焚烧制得 SO_2 原料气，再进一步生产焦亚硫酸钠（见第 9 章相关案例）。这种方式制得的原料气 $\varphi(SO_2)$ 约为 $10\%\sim13\%$，气体中含有一定量的氧气，生产过程易产生升华硫（升华硫容易造成堵塞管道设备），同时氧气会造成反应釜内发生副反应，生成硫酸盐，控制不当会影响焦亚硫酸钠产品品质。

烟气脱硫制焦亚硫酸钠工艺以工业烟气中含有的 SO_2 为原料，通过与活性焦（炭）脱硫等有机结合，利用活性焦（炭）脱硫富集气的 SO_2 制备焦亚硫酸钠，该脱硫富集气中 SO_2 含量较高，湿基 $\varphi(SO_2)$ 可达 25% 左右，同时烟气中氧气含量低甚至不含氧气。SO_2 气浓高，总气量相对较小，设备总投资减少，反应时间缩短。通过烟气脱硫副产焦亚硫酸钠工艺可实现污染物 SO_2 的高效资源化利用，为烟气脱硫提供了有益解决方案。

1.3.2.3　工业烟气脱硫副产焦亚硫酸钠系统

工业烟气脱硫副产焦亚硫酸钠工艺流程如图 1-16 所示，主系统包括气体净化输送，合成（吸收反应、结晶），分离、干燥和包装贮存，辅助系统包括配碱和尾气处理等清洁生产系统。

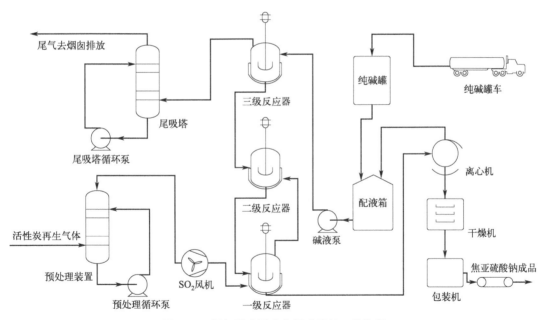

图 1-16　烟气脱硫副产焦亚硫酸钠工艺流程

（1）净化输送工序

脱硫富集气送入净化工序，由动力波洗涤塔绝热增湿降温洗涤除尘后，进入填料冷却塔降温洗涤，使富集气中水蒸气及 SO_3 气体充分冷凝，出填料冷却塔富集气温度控制在 $25℃$ 左右，冷却后的富集气送入除雾器，在此进一步除尘除去水雾。出除雾器的富集气由鼓风机送入合成工序。

（2）合成工序

来自净化工序的 SO_2 富集气依次进入一级反应器、二级反应器、三级反应器，经过 3 台串联反应器吸收反应后，SO_2 基本吸收完全，SO_2 吸收率达到 99.9%。合成工序的尾气送入尾气处理工序。SO_2 富集气在一级反应器内与亚硫酸钠浆液反应生成焦亚硫酸钠结晶，反应完成后，关闭进气阀，放出部分结晶浆液到缓冲罐内，以待放入离心机进行固液分离。由二级反应器放出部分浆液将一级反应器液位补充到正常液位，同样三级反应器排放液补充二级反应器，三级反应器由配碱罐补充，各个反应器液位正常后，再次打开进气阀恢复生产，这样一个生产循环历时约 45min。

（3）分离、干燥和包装工序

缓冲罐内浆液放入离心机进行固液分离，分离出液体为亚硫酸氢钠饱和溶液，送入配碱工序作为配碱母液使用。分离出水的质量分数 $w(H_2O)$ 约 5% 的湿焦亚硫酸钠，通过螺杆输送到干燥器内，用 150℃ 左右的热风进行干燥，干燥后的焦亚硫酸钠成品称重包装，送入仓库堆放储存。

（4）配碱工序

由离心机分离出的液体亚硫酸氢钠溶液送入配碱罐内，根据溶液量加入适量固体纯碱，通过搅拌使酸碱中和反应完全。根据配制的浆液黏稠度、pH 值和相对密度等参数，适当加入部分纯水进行调配，配好的碱液根据合成工序的需要，适时补充到三级反应器。装置首次开车运行时，没有亚硫酸氢钠母液可以用，直接用纯水和固体纯碱配制碱液，多次循环母液形成亚硫酸氢钠饱和溶液后，即可正常生产。

（5）尾气处理工序

合成工序尾气送入尾气洗涤塔，在尾气洗涤塔上部喷入碱液，碱液与尾气在塔内逆向接触反应吸收 SO_2 气体，出尾气洗涤塔烟气达标排放。下塔碱液 pH 值小于或等于 7 时，需在碱液加入纯碱调配，当循环吸收碱液相对密度大于 1.45 时，将部分碱液送入配碱工序作为配碱母液使用。

第 2 章

原料气净化输送系统

2.1 系统概述

本章主要讲述含 SO_2 原料气的净化及输送。硫黄燃烧炉、硫铁矿焙烧炉或冶炼炉、石膏煅烧窑、活性焦（炭）脱硫再生设备等来的原料气，除含有二氧化硫（SO_2）外，通常还有氮气（N_2）、氧气（O_2）和部分杂质。杂质中气态成分通常有氟化物、三氧化二砷（As_2O_3）、二氧化硒（SeO_2）、三氧化硫（SO_3）、水蒸气（H_2O），还可能含有二氧化碳（CO_2）、一氧化碳（CO）和有色金属氧化物——氧化锌（ZnO）、氧化铜（CuO）、氧化铝（Al_2O_3）、氧化镍（NiO）、氧化镉（CdO）等，以及汞的化合物或这些金属的硫酸盐；固态杂质有氧化铁（Fe_2O_3）、四氧化三铁（Fe_3O_4）及脉石粉粒等。原料气净化的目的就是除去原料气中可能含有的有害杂质，输送的目的是保证其正常流动和系统正常运行。

对于烟气中的不同污染物，应选择与其相适应的净化方式。根据烟气净化的原理，烟气净化可分为以下几类：

① 利用烟气通过液体层或用液体来喷洒气体，使烟气中的杂质得到分离，称为液体洗涤法或湿法气体净化。

② 利用烟气通过多孔的物质，把烟气中的悬浮杂质截留分离，称为过滤法气体净化。

③ 利用机械力（如重力和离心力）的作用，使烟气中的悬浮杂质沉降分离，称为机械法气体净化。

④ 利用烟气通过高压电场，使悬浮杂质荷电并移向沉淀极而沉降分离，称为电净制法气体净化。

2.1.1 基本概念

① 烟气净化系统：对烟气进行净化处理所采用的各种处理设施所组成的系统。

② 污染物：由污染源排放的、对环境有一定危害的产物的总称，分为一次污染物和二次污染物。一次污染物是由污染源排放的污染物，其物理化学性质尚未发生变化；二次污染物是在大气中一次污染物之间或与大气正常的成分之间发生化学作用的生成物。

③ 原料气：作为原料供生产使用的气体，称为原料气。一般原料气需经净化等处理，以便加以利用。

④ 脱硫再生气：工业烟气脱硫过程中二氧化硫先被活性焦/离子液等吸附/吸收脱除，再通过加热、减压等方式从活性焦/离子液中释放出富含二氧化硫气体并加以资源化利用，诸如制酸、制液体二氧化硫、制硫黄及制焦亚硫酸钠等，该重新释放出来的气体即为脱硫再生气。

2.1.2 系统组成、功能

活性焦法脱硫、有机胺离子液法脱硫、柠檬酸离子液法脱硫等脱硫技术能副产出较高浓度的 SO_2 再生气，可作为制备硫酸、亚硫酸盐、液态 SO_2 等产品的原料气，实现 SO_2 资源化利用。

(1) 活性焦脱硫再生气净化系统组成及功能

活性焦脱硫再生气具有温度高（400~500℃）、流量小，蒸汽、SO_2、Cl^- 和粉尘含量高等特点。

某典型活性焦脱硫再生气成分如表 2-1 所列。

表 2-1 活性焦脱硫再生气成分表

项目	数值	项目	数值
$\varphi(SO_2)/\%$	13~20	$\varphi(CO)/\%$	0.6~1.3
$\varphi(SO_3)/\%$	0.17~0.30	$\varphi(CO_2)/\%$	3.5~5.0
$\varphi(NH_3)/\%$	约2.3	$\varphi(N_2)/\%$	38~47
$\varphi(HCl)/\%$	0.7~1.0	$\varphi(H_2O)/\%$	32~40
$\varphi(HF)/\%$	0.1~0.4		

再生塔出口烟气温度 380~420℃，再生塔出口压力为 500Pa，烟气粉尘质量浓度约 2g/m³，主要为活性焦粉，约占总尘量85%，金属 Hg 质量浓度约为 51mg/m³。

再生气净化工艺可采用"动力波洗涤器＋冷却塔＋动力波洗涤器（或洗涤塔）＋二级电除雾器"三级洗涤、二级除雾流程。其具体流程见图 2-1。

对于温度及含尘量较高的再生烟气可以采用四级洗涤，预设增湿塔，先行降温除尘，再进入后续洗涤设备。温度为 380~420℃的再生烟气进入动力波洗涤器进行绝热增湿降温，温度降至 80~82℃，再进入第二级填料冷却塔进一步降温除杂质。通过稀酸板式换热器移热，烟气温度降至 40℃以下，然后进入第三级洗涤塔（或动力波洗涤器）再进一步洗涤除杂质，将超细粉尘颗粒物及液滴凝结成雾核，经一级、二级电除雾器除雾，最后经配气后进入干燥塔。

在再生气净化设计中，第一级采用动力波洗涤器，再生气中大部分粉尘、氯、氟、氨等被洗涤除去。为确保杂质脱除效率，采用由后向前进行串酸，并适当补充一次水，在低温、低浓度的条件下增加杂质在循环液中溶解度。

再生烟气中有害杂质经过净化工序三级洗涤、二级除雾后，烟气中尘质量浓度≤2mg/m³、氟质量浓度≤2mg/m³、硫酸雾质量浓度≤5m/m³、$\varphi(HCl)$≤0.01%、$\varphi(NH_3)$≤0.01%。

净化后的再生气与经过空气过滤器过滤后的空气配气后进入干燥塔，用 $w(H_2SO_4)$

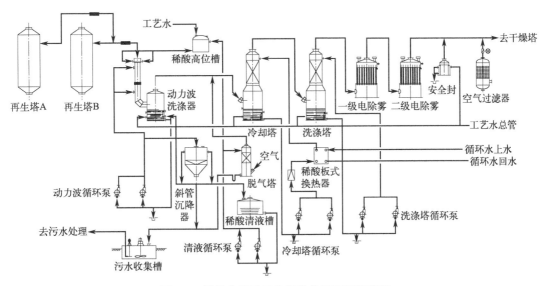

图 2-1　活性焦脱硫再生气净化工序工艺流程

为 93%硫酸喷淋吸收烟气中水分,使烟气中的水分降至 0.1g/m³ 以下,经金属丝网除沫后由 SO₂ 鼓风机将烟气增压送至转化工序。

活性焦脱硫再生气经净化后一般可用于制酸、制盐、制硫黄等资源化利用。南京电力自动化设备总厂、北京煤科院等在贵州宏福实业开发有限总公司自备电厂建立了烟气处理量 2×10^5 m³/h 的活性焦烟气脱硫装置,烟气经活性焦吸附后解吸再生,再生气中主要含 SO₂（35%~38%）、CO₂（16.5%~19%）、H₂O（10%~12%）,再生气 SO₂ 接入硫酸生产系统,用于生产硫酸,实现了燃煤烟气中 SO₂ 的脱除和资源化利用;南京工业大学、江苏德义通环保科技有限公司等开发了工业烟气脱硫副产焦亚硫酸钠工艺,涉及气体高效预处理、气液两相连续反应结晶、低阻高效反应器等关键技术,可以烧结烟气脱硫脱硝活性炭再生气等含 SO₂ 气体为原料,生产特色明显、附加值高的焦亚硫酸钠等化工产品,实现污染物 SO₂ 高效资源化循环利用,已成功在多个工业项目上实现规模化工程应用。

（2）离子液脱硫再生气净化系统组成和功能

富含 SO₂ 的离子液经过离子液再生塔,经蒸汽加热,温度为 110~120℃,解吸出高浓度 SO₂,SO₂ 被蒸汽流一同带上塔顶,从再生塔顶排出。副产品为 99%干基的 SO₂,可作为液体 SO₂、硫酸、硫黄或其他硫化工产品的原料。

某离子液脱硫前的烟气成分如表 2-2 所列。

表 2-2　离子液脱硫前烟气成分表

烟气来源	烟气量 /(m³/h)	烟气温度/℃		组成					
		夏季	冬季	$\rho(SO_2)$ /(mg/m³)	$\rho(F)$ /(mg/m³)	$\rho(SO_3)$ /(mg/m³)	$\rho(CO_2)$ /(g/m³)	$\rho(Hg)$ /(mg/m³)	$\rho_{(尘)}$ /(mg/m³)
A	2.0×10^5	90	70	1500	0.09	12.4	5.118	5.32×10^{-4}	160
B	2.4×10^5	85	58	3000	0.06	60.0	13.389	5.32×10^{-4}	16
C	2.2×10^5	65	45	1200	0.01	10.7	0.636	5.32×10^{-4}	120

离子液脱硫再生气成分见表 2-3。

表 2-3　离子液脱硫再生气成分表

项目	参数	备注
SO_2 产量/(t/h)	1.347	
$\varphi(SO_2)/\%$	94.3	干基 $\varphi(SO_2)$99%
$\varphi(H_2O)/\%$	5.7	
温度/℃	40～45	
压力/kPa	30～50	

　　整个离子液脱硫及再生气产生的工艺流程如图 2-2 所示。

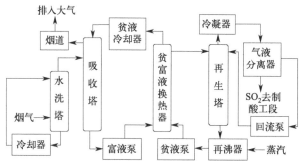

图 2-2　离子液循环吸收脱硫工艺流程

　　离子液脱硫及再生气产生具体过程：待处理尾气进入吸收塔，尾气中的二氧化硫被离子液溶剂吸收，脱硫后尾气从塔顶放空。吸收二氧化硫后的富液由塔底经泵进入贫富液转换器，回收热量后进入再生塔上部，解吸出的二氧化硫连同水蒸气经冷凝器冷却后，经气液分离器除去水分。得到纯度为 99.5% 的二氧化硫气体，去制酸工段制酸。

　　离子液循环吸收法在脱除烟气中 SO_2 的同时副产高纯 SO_2，可用于生产硫酸、硫黄、液体 SO_2、化肥等含硫化工产品，实现硫资源回收。

　　山西太原钢铁（集团）有限公司的烧结机烟气采用活性炭脱硫，烧结烟气经活性炭吸附塔将烟气浓缩后再解吸，解吸出来的烟气俗称再生气，含有大量有害成分，其具体成分见表 2-4。

表 2-4　太钢烧结机解吸再生气成分表

项目		平均数值	最大值
Q(湿)/(m³/h)		2752	3143
Q(干)/(m³/h)		1933	2100
温度/℃		≈400	≈450
SO_x 流量/(m³/h)		391	498
组成物的浓度 φ/%	SO_2(干)	20.2	23.7
	SO_3(干)	0.2	0.25
	NH_3(干)	3.1	3.4
	HCl(干)	1.6	1.5
	HF(干)	0.1	0.1
	CO_2(干)	4.9	6.2
	N_2(干)	69.9	64.9
	H_2O(湿)	29.8	33.2
灰尘浓度(干)/(g/m³)		2.0	2.5

为保证再生气净化效果，净化工序设置有玻璃钢喷淋塔、一级高效洗涤器、气体冷却塔、二级高效洗涤器、两级电除雾器、干燥塔等设备对再生气净化。经过烟气净化工序洗涤净化后，出口烟气温度约为 40℃，烟气成分如表 2-5 所列。

表 2-5 再生气净化工序出口成分表

项目	SO_2	N_2	O_2	CO	CO_2	H_2O	合计
体积流量/(m^3/h)	390	1504	41	9	95	189	2228
质量流量/$(kmol/h)$	17.4	67.1	1.8	0.4	4.2	8.4	99.5
含量/%	17.5	67.5	1.8	0.4	4.3	8.5	100.0

净化后的气体可用作原料气制备含硫化工产品，实现 SO_2 的资源化利用。

2.2 净化工艺

工业烟气二氧化硫副产焦亚硫酸钠的烟气来源多样，烟气成分通常较为复杂，常含有粉尘、酸性气体（HF、HCl）、氮氧化物（NO_x）、VOCs 和重金属等，要对其中的 SO_2 进行资源化利用，需对烟气进行相应的预处理。

2.2.1 洗涤净化工艺

洗涤的目的是通过洗涤液对烟气进行强化洗涤，把烟气夹带的气相水溶性杂质和颗粒物从烟气中脱除。

烟气洗涤是指采用洗涤液对工业烟气进行洗涤，将工业烟气中污染物捕获至洗涤液中，除去烟气中的颗粒物、酸性气体等有害物质，调节烟气温度，从而控制烟气中杂质含量，同时减轻环境污染。洗涤液通过适当处理可循环使用。

常用的烟气洗涤净化工艺主要有动力波、塔式、液柱塔、文丘里式等型式，部分型式的原理和特点如下。

2.2.1.1 动力波洗涤

(1) 动力波洗涤工艺原理

动力波洗涤是将洗涤液喷入气流，使洗涤液和气体的动量达到平衡，从而在气体的必经之路上产生一个泡沫区，该区为强烈的湍动区域，液体表面积大而且迅速更新，以达到有效脱除颗粒与清除气态污染物的目的。动力波洗涤器利用的是泡沫洗涤技术，且创造性地利用了流体力学的相关理论，采用全新的、更为简单可靠的方法产生更为稳定有效的泡沫层。

其工作原理如下：

应用泡沫洗涤技术，利用泡沫层表面积极大、气液界面更新速度极快的特点，进行高效的传质传热过程。

在气液两相流动体系中，流体的流型取决于气液两相的相对质量流速，在一定条件下能够形成稳定的泡沫层。

泡沫层是气液两相在交界处相互作用形成的，其交界面的位置取决于气液两相的动量平衡关系。在动量平衡的条件下，其交界面将稳定在一个位置，而当气液相对动量发生变化时，其交界面将向动量增加的流体方向移动，直至达到新的平衡。

烟气通常由风机输送，经缓冲罐后从洗涤筒的顶部进入，循环液贮槽中的水由泵经喷头从洗涤筒的底部喷入，在洗涤筒内进行吸收，吸收后的洁净气体经由出口排出。

（2）动力波洗涤特点

① 净化效率高。由于粒子的捕集率与粒度的关系较其他洗涤器平坦，可以有效地进行分级洗涤，以较低的能量获得较高的效率。

② 操作弹性较大，有较宽范围的气量适应能力，可以适应 50％～100％的气量变化而不降低洗涤效率。

③ 设备小巧、制作简单，材料易解决，与传统净化流程相比，投资低，占地面积少，安装时间短。配置方便灵活，适应范围广。

④ 设备结构简单，操作维护方便。设备内无活动部件，气体通道顺畅，操作可行性高，维修简单，使用周期长。

动力波洗涤液体喷入气体是由一个大孔非节流型的液体喷嘴进行，循环液可以较高的含固量运行而不堵塞。循环液含固量较高，可使液体排放量减少，减轻了液体处理装置的负荷和规模。

2.2.1.2　塔式洗涤

（1）塔式洗涤工艺原理

根据烟气的成分利用洗涤喷淋溶液与气体中的烟气分子发生气-液接触，使气相中成分转移至液相，并借洗涤液与烟气成分中和、氧化或其他化学反应净化烟气，然后将清洁烟气与被污染液体分离。工业烟气从洗涤塔下部进入，塔内设有一定高度的填料层，烟气自下而上穿过填料层，同时在塔顶部设有喷淋系统，液体从塔顶向下以雾状喷洒而下，烟气中的有害物质不断被吸收或反应掉，再经过除雾段处理后排入大气。塔式洗涤工艺可冷却废气、调理气体及去除有害杂质，效果良好。

（2）塔式洗涤的特点

① 适用于连续和间歇排放废气的治理；
② 工艺简单，管理、操作及维修方便简洁；
③ 适用范围广，可同时净化多种污染物；
④ 压降较低，操作弹性大，且具有很好的除雾性能；
⑤ 塔体可根据实际情况采用 FRP/PP/PVC 等材料制作；
⑥ 可去除气体中的异味、有害物质等。

2.2.1.3　液柱塔洗涤

（1）液柱塔洗涤工艺原理

气体由设备下部进入，净化后气体经除沫器后由顶部出口排出。与喷淋塔的区别在于洗涤液由塔下部的喷嘴自下而上喷射进入设备，喷射液柱在到达最高点后，自然散开，形成无数液滴做重力式沉降，与上升的气流产生高效的气液接触，起到洗涤的作用。

（2）液柱塔洗涤特点

① 气液传质交换充分，效率高。

② 反应塔内不易产生结垢和堵塞，由于喷嘴的特殊设计，使得喷嘴处比喷雾塔和喷淋塔产生堵塞和结垢的可能性要小得多。

③ 采用除雾器对烟气进行高效除雾，有效缓解下游引风机、烟囱或气气换热器的积水或结垢现象。

2.2.1.4　文丘里式洗涤

(1) 文丘里式洗涤工艺原理

文丘里管包括收缩段、喉管和扩散段。含尘气体进入收缩段后，流速增大，进入喉管时达到最大值。洗涤液从收缩段或喉管加入，气液两相间相对流速很大，液滴在高速气流下雾化，气体湿度达到饱和，尘粒被水湿润。尘粒与液滴或尘粒之间发生激烈碰撞和凝聚。在扩散段，气液速度减小，压力回升，以尘粒为凝结核的凝聚作用加快，凝聚成直径较大的含尘液滴，进而在除雾器内被捕集。

(2) 文丘里式洗涤特点

① 结构简单紧凑、体积小、占地少、价格低。

② 既可用于高温烟气降温，高温、高湿和易燃气体的净化，也可净化含有微米和亚微米粉尘及易于被洗涤液吸收的有毒有害气体如二氧化硫、氯化氢等。

2.2.2　除尘净化工艺

粉尘是工业烟气的常见杂质之一，部分烟气含尘量较大，粉尘浓度（标准状况）可达$10g/m^3$，平均粒径 $13 \sim 35 \mu m$。原料气中的粉尘主要由金属、金属氧化物，或不完全燃烧物、各种碱金属盐的悬浮微粒等组成。经过多年发展，除尘技术不断革新，种类繁多，本部分着重介绍电除尘、湿式电除尘、布袋除尘、电袋除尘和新型除尘等几种除尘方式。其中电除尘、布袋除尘、电袋除尘等为干式除尘，湿式电除尘、新型除尘中的冷雾除尘等属于湿式除尘。

2.2.2.1　电除尘

电除尘按国际通用习惯也可称为静电除尘，电除尘器是我国除尘设备的重要成员。

(1) 电除尘的原理

电除尘机理如图 2-3 所示。电除尘器的放电极（又称电晕极或阴极）和收尘极（又称集尘极或阳极、除尘极）接于高压直流电源，维持一个足以使气体电离的静电场。工作的过程涉及电晕放电和气体电离、粒子荷电、荷电粒子的迁移和捕集、清灰等过程。其中，粒子荷电、荷电粒子的迁移和捕集、清灰是四个基本过程。

1) 电晕放电和气体电离

通常气体电离只含有极其微量的自由电子和离子，可视为绝缘体。而当气体进入非均匀场强的电场中时，会发生改变。非均匀电场距离电极表面越近，电场强度越大。当非均匀电场的电位差增大到一定值时，气体中的自由电子有了足够的能量，与气体中性分子发生碰撞使之离子化，结果又产生了大量电子和正离子，失去能量的电子与其他中性气体分子结合成负离子，这就是气体的电离。由于该过程在极短时间内产生大量的自由电子和正负离子，通常也称其为雪崩过程，此时可看见淡蓝色的光点和光环，也能听见轻微的气体爆裂声，这一现象称为电晕放电现象。开始发生电晕放电时的电压称为起晕电压。电晕放

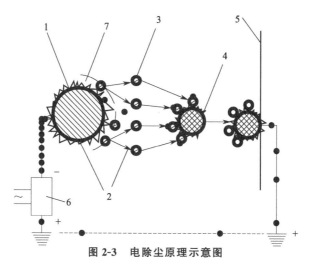

图 2-3 电除尘原理示意图

1—电晕极；2—电子；3—离子；4—尘粒；5—集尘极；6—供电装置；7—电晕区

电现象首先发生在放电极，所以放电极也称为电晕极。出现电晕后，在电场内形成两个不同的区域，围绕放电极为 2~3mm 的小区域称为电晕区，而电场内其他广大区域称为电晕外区。

气体电离时，大量自由电子和正负离子向异极移动，因此在电晕外区空间充满了自由电子和正负离子。

2）粒子荷电

粒子荷电是电除尘过程的第一步，粒子的荷电量越大越容易被捕集。通过电场空间的气体溶胶粒子与自由电子、气体正负离子碰撞附着，便实现了粒子荷电。粒子获得的电荷随粒子大小而异，一般直径为 $1\mu m$ 的粒子大约获得 30000 个电子的电量。在电晕电场中存在着两种截然不同的粉尘荷电机理：一种是气体离子在静电力作用下做定向运动，与粉尘离子碰撞而使粉尘荷电，称为电场荷电或碰撞荷电；另一种是由气体离子做不规则热运动时与粉尘离子碰撞而导致的粉尘荷电过程，称为扩散荷电。

3）荷电粒子的迁移和捕集

荷电粒子在电场和空气曳力的共同作用下，向集尘板运动，其所达到的终末电力沉降速度称为粒子驱进速度。荷电粉尘的捕集是使其通过延续的电晕电场或光滑的不放电电极之间的纯静电场而实现。前者称为单区电除尘器，后者因粉尘荷电和捕集在不同区域完成而被称为双区电除尘器。

4）清灰

电晕极和集尘极上都有粉尘沉积，粉尘层的厚度为几毫米甚至几十毫米。粉尘沉积在电晕极上会影响电晕放电，集尘极上粉尘过多会影响荷电粒子的驱进速度，对于高比电阻的粉尘还会引起反电晕。集尘极表面上粉尘沉积到一定厚度，用机械打或水膜等适当方式清除电极上沉积的粉尘。

（2）电除尘的性能特点

1）能耗低、压力损失小

利用库仑力捕集粉尘，电机仅负担烟气的运载，气流阻力小，为 200~500MPa。另外，虽然除尘器本身的运行电压很高，但电流非常小，故除尘器所消耗的电功率很小。

2）除尘性能优

电除尘几乎可以捕集一切细微粉尘及雾状液滴，除尘效率可高达 99％以上，能分离粒径 1μm 左右的细小粒子。从经济方面考虑，一般控制除尘效率为 95％～99％。另外设备磨损小，只要设计合理，制造安装正确，维护保养及时，电除尘器一般能长期高效运行，可以做到 10 年一大修。

3）使用范围广

电除尘器可以在低温低压至高温高压的较宽范围内使用，尤其能耐高达 500℃的温度。处理烟气量大，可达 $1\times10^5\sim1\times10^6\,\mathrm{m^3/h}$。当烟气中的各项指标在一定范围内变化时，电除尘器的除尘性能基本保持不变。

4）维护保养简单

只要电除尘器种类规格选择得当，设备的安装质量良好，运行严格执行操作规程，日常的维护保养工作量很少。

(3) 电除尘的除尘效率

荷电尘粒在电场内的运动速度称为驱进速度 ω，对于电除尘器，驱进速度与粒子半径、电场强度平方成正比，与气体黏度成反比，其方向指向集尘电极，与气流方向垂直。驱进速度计算公式如下：

$$\omega=\frac{DE_\mathrm{R}E_\mathrm{P}}{6\pi\mu}\times r \tag{2-1}$$

式中　ω——驱进速度，cm/s；

E_P——沉淀极电场强度，V/cm；

E_R——电晕极电场强度，V/cm；

r——粒子半径，cm；

μ——含尘气体黏度，Pa·s；

D——与粉尘介电常数有关的常数。

$$D=1+2\times\frac{\varepsilon-1}{\varepsilon+2} \tag{2-2}$$

式中　ε——粉尘介电常数。

气体，$\varepsilon=1$；石英、硫黄、粉煤灰、水泥，$\varepsilon=4$；石膏，$\varepsilon=5$；金属氧化物，$\varepsilon=12\sim18$；金属，$\varepsilon\to\infty$。

在一般电除尘中，E_P、E_R 相近，即 $E_\mathrm{P}\approx E_\mathrm{R}=E$，当 D 取 2 时，驱进速度的简单计算见下式：

$$\omega=\frac{0.11E^2}{\mu}\times r \tag{2-3}$$

但由于忽略了重力、二次扬尘、气流分布质量、电场结构等影响，计算值比实际驱进速度高。

在较为理想的状态，驱进速度的确定有着非常重要的作用，除尘效率依照多依奇公式计算：

$$\eta=1-\mathrm{e}^{\frac{\omega L}{bv}}=1-\mathrm{e}^{\frac{A}{Q}\omega}=1-\mathrm{e}^{-f\omega} \tag{2-4}$$

式中　η——除尘效率，％；

L——除尘器电场长度，m；

b——除尘器异极距，m；

v——烟气流速，m/s；

A——收尘面积，m^2；

Q——烟气流量，m^3/s；

f——比集尘面积或比收尘面积，$m^2/(m^3 \cdot s)$，其中 $f = -A/Q$。

（4）电除尘器典型故障、原因分析及处理

电除尘器的各类故障通常是在运行或通电试验情况下反映出来的，电除尘器设备是机、电高度一体化设备，同一种现象，有可能是机械部分故障，也可能是电气部分故障。在分析问题时应从机、电一体综合分析，还应结合系统操作工艺。常见电除尘器故障原因分析及处理方法见表 2-6。

表 2-6 电除尘典型故障、原因分析及处理方法

序号	故障现象	原因分析	处理方法
1	二次工作电流大，二次电压升不高，甚至接近于零	（1）阳极板与阴极板之间短路； （2）支撑绝缘子内壁结露； （3）绝缘瓷件对地短路； （4）高压电缆或电缆终端接头击穿短路； （5）灰斗内积灰过多，粉尘堆积至电晕极框架； （6）阴极线断线，线头靠近阳极； （7）支撑绝缘子受潮爬电； （8）反电晕	（1）清除短路杂物或剪去折断阴极线； （2）擦拭绝缘子，提高披屋温度； （3）修复或更换绝缘瓷件； （4）更换损坏的电缆或电缆接头； （5）清除灰斗积灰； （6）剪断阴极线； （7）提高披屋温度； （8）加强振打，进行烟气调质
2	电源开关合不上，合上就跳闸	（1）高压瓷件破损； （2）电场短路； （3）灰斗满灰短路	（1）更换破损高压件； （2）清除两极间异物，校正极板、极线； （3）排除输灰系统及卸灰阀故障清除积灰
3	收尘效率低	（1）控制系统不良； （2）漏风率超过标准值； （3）烟气参数不符合要求； （4）振打力不够或过大； （5）振打装置发生故障	（1）检查及更换损坏和性能明显下降的元器件； （2）找出漏风原因并消除； （3）改善烟气工况； （4）调整振打周期及强度； （5）修复及排除故障
4	运行几小时爆快熔	（1）环境温度过高，器件质量不稳； （2）出发环节线路有接触不良； （3）可控硅本身质量差； （4）电网不稳引起过零漂移	（1）改善环境温度，更换器件； （2）旋紧螺栓； （3）更换可控硅； （4）改善电网质量
5	二次电压偏高，二次电流显著降低	（1）收尘极或电晕极的振打装置未开或失灵； （2）电晕线肥大或放电不良； （3）烟气中粉尘浓度过高	（1）检测并修复振打装置； （2）分析肥大原因，采取必要措施； （3）改进工艺流程降低粉尘含量
6	二次电流不稳定，表针急剧摆动	（1）阴极线断，残留段受风吹摆动； （2）烟气湿度过大，造成粉尘比电阻下降； （3）支撑绝缘子对地产生沿面放电	（1）剪去残留段； （2）进行适当的系统工艺处理； （3）处理放电部位

2.2.2.2 湿式电除尘

（1）湿式电除尘原理

湿式电除尘器的工作原理和干式电除尘类似，都是高压电晕放电使粉尘或水雾荷电，荷电的粒子在电场力的作用下到达集尘板，但在粉尘的清除方式上，干式电除尘器采用的是机械振打，而湿式电除尘器采用冲刷液冲洗电极，将集尘板上捕获的粉尘冲刷下来排出。

（2）湿式电除尘的性能特点

1）本体结构

湿式电除尘器主要由进出口烟道、除尘器壳体、导流板、整流格栅、阳极收尘板、阳极集尘板、绝缘箱、冲洗水系统、电源及控制系统组成。结构类型上一般分为板式和管式两类，板式的集尘极为平板状，极板间均布电晕线，主体类似于干式电除尘器，能处理水平或垂直流动的烟气；管式的集尘极为多根并列圆形或多边形管，中间分布电晕线，只能处理垂直流动的烟气。湿式电除尘器外部构件采用普通碳素钢，内表面加涂层以防腐蚀，安装时要注意控制内表面的破损，特别是焊接点、构件连接处等。总体来看，管式集尘极要比板式的效率高、便于布置且占用空间少。

2）清灰方式

干式电除尘器是通过振打的方式，将集尘极上的积灰振落到灰斗，而湿式电除尘器是将冲刷液喷淋至集尘板上形成连续的液膜，随着冲刷液的流动将粉尘冲刷到灰斗中随之排出。若集尘极上的粉尘不能及时冲刷下来，会产生运行电压下降、电晕封闭和局部腐蚀等问题。常见的清灰方式包括自冲刷、喷雾冲刷和液膜冲刷。不管哪类冲刷方式，冲刷液中含有的大量悬浮颗粒物以及酸性物质，直接排放会造成二次污染和水资源的浪费，因此需要解决灰水循环和水耗问题。

（3）湿式电除尘的除尘效率

湿式电除尘器的除尘效率主要取决于所有达到液滴表面或者进入并穿过液滴，或者黏附在液滴表面的尘粒数量。而湿式电除尘器内的气流分布均匀性对液滴与粉尘颗粒接触有重要影响，湿式电除尘器对颗粒物的脱除效率为 $56.1\%\sim86.4\%$，对浆液滴的脱除效率为 $59.9\%\sim87.7\%$，对 SO_3 的脱除效率为 $60.0\%\sim78.7\%$。

（4）湿式电除尘器常见故障分析及处理方法

为保证湿式电除尘器长期稳定高效运行，需重视设备的运行和维护。湿式电除尘常见问题包括本体、电气、绝缘子热风吹扫系统、水冲洗系统的故障。具体原因分析和处理方法见表 2-7。

表 2-7　湿电除尘典型故障、原因分析及处理方法

序号	故障现象	原因分析	处理方法
1	二次电流大，且二次电压偏低并无火花	(1)高压电源与终端头严重漏电； (2)高压部分可能被异物接触	(1)检查电场或绝缘子室无异物； (2)检查高压回路，更换元器件
2	二次电流正常或偏大，二次电压偏低	(1)绝缘子室污染严重； (2)阴阳极积灰； (3)极距安装偏差大； (4)极板极线晃动，产生低电压下严重闪络； (5)接地不良导致的其他部位电压降低	(1)检查热风系统； (2)清洁绝缘子； (3)调整极距，固定极板极线； (4)检修高频电源； (5)检修系统回路
3	火花率高	(1)绝缘子脏； (2)变压器内部二次侧接触不良； (3)气流分布不均匀； (4)极距变小； (5)阻尼电阻断裂放电	(1)清洗绝缘子； (2)检查变压器二次侧； (3)更换气流均布板； (4)调整异极距； (5)更换阻尼电阻

序号	故障现象	原因分析	处理方法
4	二次电流周期性变动	(1)阴极线下端脱开或断裂,残余部分晃动; (2)工况变化大	(1)换去断线; (2)安装检查、消缺
5	二次电流不规则变动	电极积灰,极距变小产生火花放电	停运电场,必要时停机修复
6	控制回路及主回路工作不正常	(1)安全连锁未到位闭合; (2)合闸线圈及回路断线; (3)辅助开关接触不良	(1)检测安全连锁柜; (2)更换线圈,检查连线; (3)检修开关

2.2.2.3 布袋除尘

(1) 布袋除尘原理

气体进入布袋除尘器后流动速度减慢,部分大颗粒粉尘沉降进入灰斗,气体流经滤袋被过滤净化,粉尘被截留于滤袋表面,净化后的气体则通过出风口排出。滤袋表面持续积累粉尘,会使进口和出口的压力差升高。在阻力上升至设定值以后,系统自动开始清灰。具体过程为电磁阀在接收到信号之后开始工作,排出压缩空气,因小膜片两端实际受力有所改变,所以排气通道将被打开,压缩空气从这一通道排出,促使大膜片的两端也出现受力变化,使其发生动作,打开输出口,压缩空气先后经过输出管与喷吹管,最后进入到袋中,完成清灰。待信号停止以后,控制电磁阀关闭,且大、小膜片都回到初始位置,完成喷吹。

(2) 布袋除尘的性能特点

① 使用灵活,处理风量可由每小时数百立方米到数十万立方米甚至更高。

② 结构简单,工作稳定,便于回收干料,没有污泥处理等问题。

③ 应用范围受到滤料耐温、耐腐蚀性能的限制。涤纶滤料适用于120～130℃;玻璃纤维可耐250℃;含尘气体温度更高时,采用造价更高的材料,或者采取降温措施。

④ 不适应黏结性强及吸湿性强的粉尘,特别是含尘气体温度低于露点时会产生结露。

⑤ 作为布袋除尘器中的重要部件,滤料需定期更换,日常运行维护对滤料性能和寿命有重要影响。

⑥ 除尘效率高,特别是对微细粉尘也有较高的除尘效率,一般可达99%。如果在设计和维护管理时措施得当,除尘效率可达99.9%以上。

⑦ 适应性强,可以捕集不同性质的粉尘。对于高比电阻粉尘,采用布袋除尘比电除尘更优越。

(3) 布袋滤料的选用

布袋是布袋除尘器的关键部分,除尘布袋滤料的选用至关重要,直接影响除尘效果。除尘布袋滤料的材质一般根据含尘气体的理化性质、粉尘的性质及除尘器的清灰方式来决定。

1) 根据含尘气体的理化性质

含尘气体的理化性质包括温度、湿度、耐腐蚀性、可燃性和爆炸性等。

① 气体温度。含尘气体的温度是滤料选用的重要因素,通常把小于130℃的含尘气体称为常温气体,高于130℃的含尘气体称为高温气体,故将滤料分为两类:低于130℃的常温滤料和高于130℃的高温滤料。

② 气体湿度。含尘气体按相对湿度分为 3 种状态，相对湿度在 30％ 以下为干燥气体，相对湿度在 30％～80％ 为一般状态，相对湿度高于 80％ 为高湿气体。高湿气体冷却会产生结露现象，导致粉尘板结在管道中或布袋上，当粉尘气体中含有 SO_3 时会腐蚀除尘布袋，造成布袋损坏。因此，高湿气体应选用棉纶或玻璃纤维等表面滑爽、长纤维、易清灰的滤料。含湿气体在除尘滤袋设计时宜采用圆形滤袋，不宜采用形状复杂、结构紧凑的扁滤袋。

③ 含尘气体的化学性质。各种炉窑烟气和化工废气中常含有酸、碱、氧化剂等，而且受温度、湿度的交叉影响，因此，选用布袋的滤料要综合考虑。

2）根据粉尘的性质选择

① 粉尘的湿润性和黏着性。对于湿润性和潮解性的粉尘在选用滤料时应注意滤料要光滑、不起绒。对于黏着性强的粉尘建议选用长丝不起绒的织物滤料。综合考虑棉纶、玻璃纤维优于其他滤料。

② 粉尘的流动性和摩擦性。粉尘的流动性和摩擦性较强，会直接磨损布袋，降低使用寿命。表面粗糙、菱形不规则的粒子比表面光滑、球形粒子磨损性大，粒度越大，磨损性越大。因此，对于磨损性粉尘宜选用耐磨性好的滤料。

③ 按除尘器的清灰方式。布袋除尘器的清灰方式是选择滤料品质的另外一个重要因素，常见的清灰方式有机械振打、分室脉冲和回转反吹 3 种。

a. 机械振打除尘器。机械振打除尘器的布袋为内滤式。清灰时利用机械装置使滤袋产生摇摆或振动来抖落黏附在布袋内表面的灰尘，鉴于这种清灰方式宜选用薄而光滑、质地柔软的滤料，有利于传递振动波，能够在过滤表面上形成足够的振击力，这种滤袋的材料推荐选用纤缎纹或斜纹织物。

b. 分室脉冲除尘。脉冲滤袋分室除尘器是采用分室清灰的。清灰时，逐箱隔离，轮流进行。各箱室的脉冲和清灰周期由清灰程序控制器（PLC）按事先设定的程序自动连续进行，从而保证了压缩空气清灰的效果。

c. 回转反吹除尘器。回转反吹类布袋除尘器是利用鼓风机做反吹清灰动力，在过滤时，通过移动吹嘴依次对滤袋喷吹，形成强烈反向气流。用过滤袋清灰的布袋除尘器属于中等动能清灰类型。此类除尘器要求选用比较柔软、结构稳定、耐磨性好的滤料，优先选用中等厚度针刺毡滤料，单位面积质量为 350～500g/m²。

（4）布袋除尘的除尘效率

布袋除尘器过滤效率公式：

$$\eta = 1 - \frac{C_0}{C_i} \tag{2-5}$$

式中　C_0——通过过滤器后的洁净气体含尘浓度，kg/m³；

　　　C_i——含尘气体的浓度，kg/m³。

过滤除尘器的除尘效率关系式有两种：一种是经理论推导的除尘效率与孤立粉尘捕集体综合捕集效率的计算式；另一种是根据实验数据而建立的半理论半经验的关系式。

1）理论公式

当过滤除尘器内所填充的为圆球形捕尘体（颗粒滤料）时，过滤除尘器的除尘效率与单个球形捕尘体的综合捕尘效率关系式为：

$$\eta = 1 - \exp\left[\frac{1.5(\varepsilon - 1)\delta}{d_D\varepsilon} \times \eta_\Sigma\right] \qquad (2\text{-}6)$$

式中 　η——颗粒过滤除尘器的除尘效率；

　　　d_D——圆球形捕尘体（颗粒滤料）的直径，m；

　　　η_Σ——单一圆球尘体的综合捕尘效率；

　　　ε——过滤层空隙率；

　　　δ——过滤层厚度，m。

当过滤除尘器内所填充的为圆柱形纤维捕尘体时，纤维层过滤除尘器的除尘效率与单一纤维捕尘体的综合捕尘效率关系式为：

$$\eta = 1 - \exp\left[\frac{4(\varepsilon - 1)\delta}{\pi d_D\varepsilon} \times \eta_\Sigma\right] \qquad (2\text{-}7)$$

式中 　d_D——纤维直径，m；

　　　η_Σ——单根纤维的综合捕尘效率；

　　　ε——过滤层空隙率；

　　　δ——过滤层厚度，m。

2）半经验公式

兰格缪尔提出的颗粒层过滤器半经验效率计算式为：

$$\eta = 1 - \exp\left[\frac{K(\varepsilon - 1)\delta\eta_\Sigma}{d_D}\right] \qquad (2\text{-}8)$$

式中 　K——斯密特常数，通常取 3.75。

（5）布袋除尘典型故障、原因分析及处理

布袋除尘典型故障、原因分析及处理方法如表 2-8 所列。

表 2-8　布袋除尘典型故障、原因分析及处理方法

序号	故障现象	故障原因	处理方法
1	滤袋堵塞	(1)漏风或烟气温度低造成结露、管道漏水,湿袋导致粉尘黏结； (2)过滤速度过大、粉尘过细或过粗,粉尘具有黏性、滤袋清洗不良； (3)喷吹清洗时间及周期过短； (4)喷吹压力过小,喷吹无力	(1)除尘器保温或加热、防雨、防漏风； (2)预收尘喷吹前,降低过滤速度及控制降温喷水量； (3)观察压差,调整喷吹时间及周期； (4)调整喷吹压力
2	滤袋烧毁	(1)随烟气流入的高温颗粒物或荷电粉尘放电火花,将滤袋烧成小孔或树枝状条缝导致漏尘； (2)除尘器死角或灰斗中积尘自燃,造成局部或整箱滤袋烧毁	(1)设置消焰装置,防止明火径直进入除尘器； (2)减少除尘器内死角并及时放灰,定期清除除尘器内死角积灰,留一部分灰密封,防止漏风
3	滤袋腐蚀	受酸或碱等其他化学物质腐蚀损伤,表现为局部或整体变脆,强度下降或溃烂	检测控制烟气成分变化
4	滤袋机械损伤	(1)框架表面粗糙及锋利焊迹的摩擦、刺伤； (2)贮运及安装不当； (3)喷吹压力过大,磨损布袋	(1)注意框架的保养,保持其表面光滑； (2)妥善包装,贮运过程中避免受压和折曲,要防水、防暴晒,安装时轻拿轻放,防止碰伤,严禁在地面上拉动； (3)调整喷吹压力

序号	故障现象	故障原因	处理方法
5	脉冲阀喷吹无力	(1)膜片节流孔过大或膜片上有沙眼,排气孔部分堵塞; (2)气源压力过低; (3)清灰喷嘴不对中或堵塞	(1)更换膜片,疏通排气孔; (2)提高气源压力; (3)检查清灰喷嘴管是否堵塞及位置对中
6	阻力增大超过正常值,清灰操作后仍不能降低阻力	(1)产生糊袋现象; (2)清灰装置出现故障,无清灰效果; (3)清灰效果不佳; (4)过滤速度太大	(1)处理糊袋滤袋,或预先在滤袋与粉尘接触表面喷涂或覆盖一层超薄PTFE微孔膜,或用专用处理粉剂喷涂滤袋表面,使之表面形成极薄的滤饼,使孔隙度比较均匀、细小;对滤布表面进行压光或烧结等特殊工艺处理,也可以达到同样的目的,也可用防油、防静电、防水滤布,采用保温措施以免结露而造成糊袋; (2)检修清灰装置,处理故障; (3)降低清灰周期,增加喷吹时间,增加喷吹压力; (4)查找原因,进行处理,检查漏风,进行堵漏

2.2.2.4　电袋除尘

电袋复合除尘是基于电除尘和布袋除尘两种理论提出的新型除尘技术,结合了电除尘器和布袋除尘器的优点,是烟气治理的发展方向之一。

(1) 电袋除尘的原理

电袋复合式除尘器是将电除尘器与布袋除尘器在箱体结构上实现连接、组合,把两者的除尘机理有机结合、融为一体,粉尘通过电场、布袋的两次净化,然后排入大气。一般采用嵌入式和串联式两种方式实现电除尘和布袋除尘的结合。

嵌入式结构是整个除尘器的电场和布袋交叉布置,实现粉尘的净化、过滤,排入大气,但适用性差,维护困难且费用较高。

串联式结构使整个除尘器分为前、后两部分,前段是电场除尘,后段是布袋除尘。高温烟气首先进入电场进行初级除尘和降温,使粉尘浓度下降,其余粉尘荷电进入布袋区域进行净化、过滤,粉尘比电阻不利于电场净化的粉尘也进入该区域进行净化、过滤,最后粉尘汇集到灰斗,净化的空气排入烟囱。

(2) 电袋除尘的性能特点

① 吸收电除尘及布袋除尘的优点,粉尘捕集更高效。电袋复合除尘器充分吸收两种除尘的优点,电除尘区收集90%以上的大部分粉尘,余下的10%则由布袋除尘过滤收集,同时由于粉尘带有同种电荷,带电粉尘相互排斥,迅速扩散,形成均匀分布的气溶胶悬浮状态,使经过布袋除尘的粉尘浓度和速度更为均匀、有序,有效地增加了粉尘捕集效率。

② 运行可靠,环保节能。相比布袋除尘器,电袋复合除尘器运行更加可靠、维护费用低,同时,电袋复合式除尘器的性能不受粉尘性状影响,尤其是对细微颗粒和超细颗粒的捕集更加高效,排放浓度更加稳定。相比电除尘器,电袋复合除尘器由于配套电源数量

少，清灰周期长、压缩空气消耗量小等使其综合能耗更优。

③ 运行阻力低。电袋复合除尘器由于其电除尘区发挥了高效除尘与荷电作用，从而使得从电除尘区域进入布袋除尘区域的粉尘均匀带电。于是预荷电粉尘颗粒在电荷效应的作用下，均匀有序地排布在滤袋表层，在滤袋表层形成的粉尘层能有效降低气流阻力，更易于清灰，并且在运行过程中，除尘器可以持续保持较低运行阻力。

④ 滤袋使用寿命长、维护费用低。由于电袋复合除尘器前部电除尘已经将大部分较大的粉尘颗粒吸收，大大降低了袋除尘区的粉尘浓度，降低了粉尘颗粒对滤袋的磨损；由于滤袋运行阻力低，布袋单位面积承受拉伸力较小，使其疲劳破损减小；由于清灰频率降低，延缓了滤袋受清灰气流冲刷引起应力破损。因此，电袋复合除尘器的维护周期更久，滤袋使用寿命更长，维护费用和布袋费用更低。

⑤ 结构紧凑，占地面积小。电袋复合除尘器在同一箱体内紧凑安装了电区和滤袋区，有机结合两种除尘器的结构特点，在达到相同排放标准的前提下比电除尘器的占地面积更小。

⑥ 相对于其他改造方案，电袋复合除尘器改造简单、工期短、经济性高。旧有除尘器改电袋复合除尘仅需根据现有烟气量、入口浓度等烟气工况，改造时保留或增加前级一或二个电场，后设布袋滤袋区，整体结构流畅，工程改造量少，施工工期短，技术经济性好。

(3) 电袋除尘的除尘效率

电袋复合除尘器包括静电除尘区和布袋除尘区两个部分，除尘效率的高低反映了整个电袋复合除尘器的运行状况。常用于计算除尘效率的方法有称重法、浓度法等。采用称重法计算除尘效率的步骤如下：称量试验前粉尘总质量 m、静电除尘区收集的粉尘总质量 m_E、布袋除尘区收集的粉尘总质量 m_F、烟道出口收集的粉尘总质量 m_{out}，然后依据式 (2-9)～式(2-11) 可以计算得到静电除尘区的除尘效率 α、布袋除尘区的除尘效率 β、电袋除尘的总除尘效率 η。

$$\alpha = \frac{m_E}{m} \tag{2-9}$$

$$\beta = \frac{m_F}{m - m_E} \tag{2-10}$$

$$\eta = \frac{m - m_{out}}{m} \tag{2-11}$$

式中　m_E——静电除尘区收集的粉尘总质量，kg；

$\quad\quad m_F$——布袋除尘区收集的粉尘总质量，kg；

$\quad\quad m_{out}$——烟道出口收集的粉尘总质量，kg；

$\quad\quad m$——除尘前总粉尘量，kg。

为了使称重更准确，每次收集粉尘时，要振打集尘板、灰斗、气流分布板、布袋，以便收集黏附在壁面的粉尘。

(4) 电袋除尘的典型故障、原因分析及处理方法

电袋除尘典型故障、原因分析及处理方法如表 2-9 所列。

表 2-9　电袋除尘典型故障、原因分析及处理方法

序号	故障现象	故障原因	处理方法
1	极板变形造成电场短路拉弧,运行参数下降	(1)烟气温度过高; (2)壳体漏风	(1)膨胀间隙的大小在设计时充分考虑现场可能出现的情况; (2)安装过程中注意焊接质量
2	振打清灰效果差,高压运行参数异常,除尘效率低	(1)振打锤在热态时没有打在砧子中心; (2)粉尘比电阻高,黏性强,不易清灰	(1)空载调试时,调整好阴阳极振打,保证振打系统长期稳定运行; (2)缩短振打周期或改变振打方式
3	提升阀动作异常	(1)气缸电磁阀损坏; (2)气压不够	(1)更换电磁阀; (2)检查气路,调整三联体,增大给气缸供气气压

2.2.2.5　其他除尘

其他除尘有以下几种:

(1)冷雾除尘

冷雾除尘具有除尘效果好、安装简单、维护简单、可应用于全场除尘等多种优点。

除尘原理:冷雾除尘设备采用高压造雾技术,将水进行加压处理(常用压力为7MPa),然后通过管路输送到喷嘴,在喷嘴处完成雾化反应。从喷头喷出的微米级的细小雾粒表面张力近乎零,在高空自然坠落的过程之中与空气之中的粉尘发生碰撞、拦截和吸附这一系列的过程,从而凝聚成团,在重力作用下下降,进而完成除尘。

(2)陶瓷纤维管除尘

陶瓷纤维管除尘主要是过滤材料采用耐高温、耐腐蚀的微孔陶瓷,这种材料已经应用在了发达国家的高温烟气净化方面,而且我国也已成功研制出了这种材料。因此陶瓷纤维管除尘与其他除尘有所不同,主要表现在除尘器的制造、结构、安装和密封等方面。为了使陶瓷滤管除尘器耐高温,用耐热钢制成壳体和结构件。用不锈钢制作关键部件,用陶瓷纤维制品制成密封件。

陶瓷纤维管除尘与布袋除尘原理基本相同。为了避免粉尘堵塞滤管上的微孔,滤管迎尘面表层的空隙直径很小,而深层的孔径则较大,使得进入微孔的粉尘可以顺利排出,在温度不超过260℃的条件下,还可以在迎尘面黏附PTFE微孔薄膜,既可避免粉尘堵塞滤管又可提高除尘效率。

陶瓷纤维管除尘具有耐高温、耐腐蚀、耐磨损、除尘效率高(>99.99%)、使用寿命长、运行和维护简单等优点。主要技术参数如下:

过滤风速:1~1.5m/min。

压力损失:2800~4700Pa。

起始含尘浓度:<20g/m³。

耐温范围:<550℃。

(3)旋风除尘

旋风除尘器工作原理:进入旋风除尘器的含尘气流沿筒体内壁边旋转边下降,同时有少量气体沿径向运动到中心区域中,当旋转气流的大部分到达锥体底部附近时,则开始转为向上运动,中心区域边旋转边上升,最后由出口管排出,同时也存在着离心的径向运

动。含尘气流做旋转运动，借助于离心力将尘粒从气流中分离并捕集于器壁，再借助重力作用使尘粒落入灰斗。

旋风除尘器的特点：

① 旋风除尘器结构简单，器身无运动部件，不需要特殊的附属设备，占地的面积小，制造、安装投资较少。

② 旋风除尘器操作、维护简便，压力损失中等，动力消耗不大，运转、维护费用较低，对于大于 $10\mu m$ 的粉尘有较高的分离效率。

③ 旋风除尘器操作弹性较大，性能稳定，不受含尘气体的浓度、温度限制。对于粉尘无特殊要求，同时可根据生产工艺的不同要求，选用不同材料制作，或内衬各种不同的耐磨、耐热材料，以提高使用寿命。

④ 旋风除尘器集灰斗卸灰口禁止漏风。旋风除尘器漏风时，特别是通过除尘器下部的灰斗和卸灰阀时，其效率将急剧下降。当漏风率为 5％时，净化效率将由 90％降到 50％；漏风率达 15％时，效率将下降为 0％。

2.3　净化系统设备

2.3.1　洗涤设备

洗涤设备主要是洗涤塔、洗涤器等，一般包括动力波、塔式、液柱式、文丘里式等型式。

2.3.1.1　动力波洗涤器

动力波洗涤器是一种高效的洗涤设备，其常见结构如图 2-4 所示。

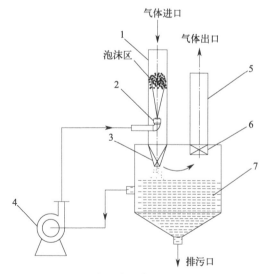

图 2-4　动力波洗涤器结构示意图

1—洗涤管；2—喷嘴；3—混合元件；4—循环泵；5—气体出口管；6—液沫分离器；7—洗涤液储罐

该设备可在泡沫区的下部适当位置增设顺流混合元件，使气液两相流再次进行湍流混合，起到强化洗涤的作用。

2.3.1.2　洗涤塔

　　喷淋洗涤塔是一种常用洗涤设备,其结构简单、阻力小,在工业生产中,作为环保设备得到广泛应用。其常见结构如图 2-5 所示。

　　其中,喷淋塔的喷嘴布置和喷嘴选择是喷淋洗涤塔设计的关键。洗涤液通过喷嘴雾化成细小液滴均匀向下喷淋,气体由喷淋塔底部进入,两者逆流接触碰撞,相互凝聚或团聚,在重力作用下沉降。净化后的气体从气体出口排出。

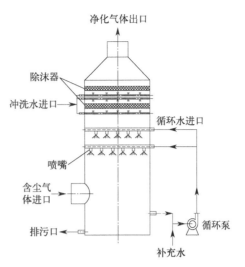

图 2-5　喷淋洗涤塔结构示意图

2.3.1.3　液柱塔

　　液柱塔是在喷淋塔基础上发展而来的一种洗涤设备,有单塔和双塔两种类型。从经济性考虑比较常用的是单塔,高硫煤可考虑双塔,具体情况根据烟气含硫量和脱硫率决定。液柱塔主要由以下几个部分组成:氧化反应池、烟气进口、喷淋区、除雾器。其高度由吸收塔各个部分尺寸叠加而定。单塔液柱塔内部结构及组合式液柱塔如图 2-6 所示。

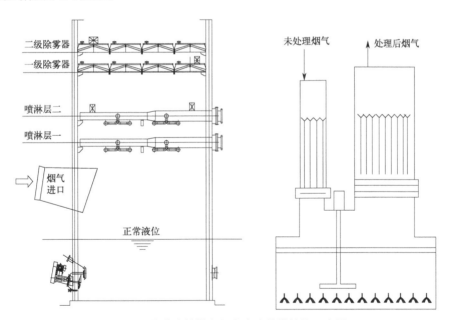

图 2-6　单塔液柱塔和组合式液柱塔结构示意图

2.3.1.4　文丘里洗涤器

　　文丘里洗涤器包括收缩段、喉管和扩散段。其结构如图 2-7 所示。

　　含尘气体进入收缩段,气速逐渐增加,进入喉管时流速达到最大值。加入的水在高速气流冲击下被高度雾化,尘粒与水滴或尘粒之间发生激烈的碰撞和凝聚。进入扩散管后,气流速度降低,静压回升,以尘粒为凝结核的凝聚作用加快。凝结有水分的颗粒继续凝聚碰撞,小颗粒凝结成大颗粒,并很容易被脱水器捕集分离,使气体得以净化。

影响净化效率的因素包括喉管长度、扩散角、收缩角等。

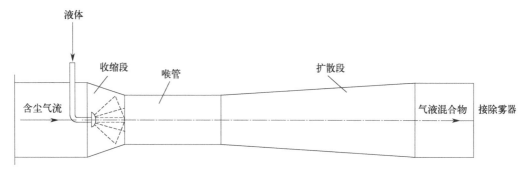

图 2-7 文丘里洗涤器结构图

2.3.2 除尘器

2.3.2.1 电除尘器

电除尘器主要由除尘器本体、供电装置和附属设施组成。除尘器本体包括电晕极、集尘极、清灰装置、气流分布装置和灰斗等。其结构如图 2-8 所示。

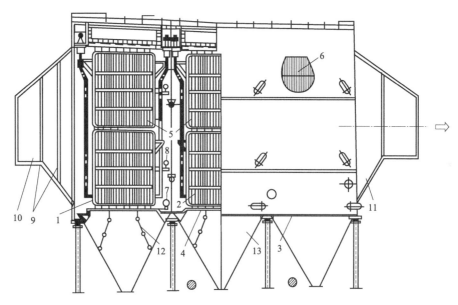

图 2-8 电除尘器结构图

1—第一电场；2—第二电场；3—第三电场；4—收尘极板；5—芒刺型放电极；6—星型放电极；
7、8—收尘极振打装置；9—进口气流分布板；10—进口喇叭管；11—出口喇叭管；12—阻流板；13—储灰斗

电除尘器的主要构成及作用如下：

（1）电晕电极

电晕电极是由电晕线、电晕极框架吊杆及支撑套管、电晕极振打部件构成。电晕线是电晕电极的主要部件，直接影响除尘器的性能。

（2）集尘极

集尘极的作用是使粉尘沉降堆积于其上，直接影响设备的除尘效率。集尘极的金属消

耗量占总消耗量的 40%～50%，对除尘器造价有很大影响。

（3）气流分布板

电除尘器内气流散布装置的作用是减少涡流，保证气流分布的合理均匀，对除尘效率有很关键的影响。

（4）振打装置

振打装置也叫清灰装置，只有保持电除尘器的集尘电极与电晕电极的洁净才能保证除尘效率，因此要经常通过振打将板极、极线上的积灰清除干净。常用的振打方式有电动机械式、气动式和电磁式。

（5）外壳

除尘器外壳材料，要根据处理烟气的性质和操作温度来选择。外壳需敷设保温层。

（6）电除尘器支承

电除尘器支承是除尘器立柱和根底的连接件，除支承电除尘器本身的质量外，还要求能适应电除尘器工作过程中由于温度影响、壳体热胀冷缩的位移要求。

（7）高压供电设备

高压供电设备的作用是将低压交流电换成直流高压。供电设备包括升压变压器、高压整流器和控制设备三个部分。它提供粒子荷电和捕集所需要的场强和电晕电流。

2.3.2.2　湿式电除尘器

湿式电除尘器（WESP）是一种用来处理含湿气体的高压静电除尘设备，主要用来除去含湿气体中的尘、酸雾、水滴、气溶胶、$PM_{2.5}$ 细颗粒等有害物质，与常规的干式电除尘器（ESP）结构接近，由电晕线（阴极）、沉淀极（阳极）、绝缘箱和供电电源组成，在湿式电除器的阳极板（筒）和阴极线之间施加数万伏直流高压电，在强电场的作用下，阴阳两极间的气体发生充分电离，使得湿式电除尘器空间充满带正、负电荷的离子；随气流进入湿式电除尘器内的尘（雾）粒子与这些正、负离子相碰撞而荷电，带电尘（雾）粒子由于受到高压静电场库仑力的作用，分别向阴、阳极运动；到达两极后，将各自所带的电荷释放掉，尘（雾）粒本身则由于其固有的黏性而附着在阳极板（筒）和阴极线上，然后通过流体冲洗的方法清除。所不同的是 ESP 是在干态工作，WESP 是在湿态工作。

湿式静电除尘器在工业烟气治理方面已经应用多年，可满足严格的环保要求。湿式静电除尘器按结构不同可分为管式和板式，管式湿电除尘器的烟气流竖直经过电场，而板式湿电除尘器的烟气流大部分水平经过电场；按布置方式不同又分为立式和卧式，分别如图 2-9、图 2-10 所示。

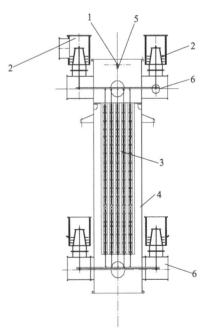

图 2-9　湿式电除尘器结构图（立式）

1—喷淋管；2—绝缘箱；
3—阴极线；4—壳体；
5—喷嘴；6—活动接管

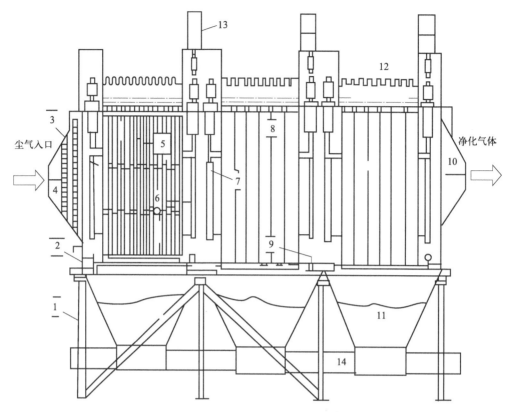

图 2-10 湿式电除尘器结构图（卧式）

1—设备支架；2—壳体；3—过风口；4—分均口；5—放电极；6—放电机振打装置；7—放电极悬挂框架；8—沉淀极；
9—沉淀极振打及传动装置；10—出气口；11—灰斗；12—防雨板；13—放电极振打传动装置；14—清灰过滤机

目前，国内外工程应用的湿式电除尘器主要有金属收尘极湿式电除尘器、导电玻璃钢收尘极湿式电除尘器和柔性收尘极湿式电除尘器三类，主要技术特点如表 2-10 所列。

表 2-10 常见湿式电除尘技术特点一览表

内容项目	金属收尘极湿式电除尘器	导电玻璃钢收尘极湿式电除尘器	柔性收尘极湿式电除尘器
技术原理	在美国、日本、欧洲和我国均有电厂应用案例。美国巴威公司，日本三菱公司、日立公司,欧洲阿尔斯通公司等都拥有该类技术。国内应用较多	最早应用于化工、冶金行业，称为电除雾器,用于制硫酸工艺中三氧化硫的去除。近年来应用于电力行业后又称湿式电除尘器。国内应用较多	最早由美国俄亥俄大学于 1998 年提出，后将该技术转让给美国南方环保有限公司，到目前有 Smurfit-Stone Container Corp 电厂锅炉应用案例，国内应用较少
结构特点	(1)阳极板采用平行悬挂的金属极板，极板材质为 SUS316L（或 2205）不锈钢。 (2)运行时金属极板表面形成连续喷淋的水膜覆盖，实现清灰。 (3)配置喷淋和水循环系统，喷淋水经过收集、加碱中和、过滤后，可部分循环使用	(1)收尘极为管束组成的蜂窝形式,烟气沿孔道流过。截面有圆形、方形和正六边形等，其中以正六边形为主。阳极采用导电玻璃钢材料，阴极线材料采用钛合金或铅锑合金(或超级双向不锈钢)。 (2)配置水喷淋清洗系统，间断喷淋，收尘极液体直接进入脱硫浆液系统。 (3)无水循环系统，节水	(1)收尘极布置成方形孔道，烟气沿孔道流过。阳极采用有机合成纤维柔性织物材料，通过湿烟气润湿使其导电，柔性收尘极四周配有金属框架和张紧装置，框架材料采用 2205、2507 不锈钢。阴极线材料采用铅锑合金。 (2)配套水清洗系统，电场采用定期间断清洗方式。 (3)无水循环系统

续表

内容项目	金属收尘极湿式电除尘器	导电玻璃钢收尘极湿式电除尘器	柔性收尘极湿式电除尘器
特性对比	(1)金属极板,机械强度高,刚性好,不易变形,极间距有保证,电场稳定性好,运行电压高。 (2)设计烟气流速较高(>3m/s)。 (3)为保护金属极板,需采用连续水膜冲洗,要保证水膜分布均匀。运行耗水量大,对喷嘴性能要求高。 (4)需设置专用的水处理系统,收集酸液稀释加碱中和,碱消耗量大。 (5)除尘器比集尘面积偏小,约10m²/(m³/s)	(1)极板机械强度较高,介于金属极板和柔性极板之间,极间距易保证,电场稳定性好,运行电压较高。 (2)设计烟气流速较低(<2.5m/s左右)。 (3)导电玻璃钢耐腐蚀性能好,定期间歇冲洗,水耗较小。 (4)无专用水处理系统,系统相对简单。无碱消耗。 (5)除尘器比集尘面积>25m²/(m³/s)	(1)极板机械强度较低,在高速烟气流冲刷下,极间距不易保证,电场稳定性一般,运行电压低。 (2)设计烟气流速低(2.5m/s左右)。 (3)有机合成纤维柔性织物材料耐腐蚀性能好,水耗小。 (4)无专用水处理系统,系统相对简单。无碱消耗。 (5)除尘器比集尘面积>20m²/(m³/s)
烟气流向	水平进气,水平出气。电场内部存在烟气窜流,末电场存在水雾携带问题	垂直,又分为上进下出和下进上出	垂直,又分为上进下出和下进上出
布置方式	单独布置	既可以单独布置,也可以和脱硫塔一体化布置	既可以单独布置,也可以和脱硫塔一体化布置
烟尘排放	5mg/m³	5mg/m³	5mg/m³
系统阻力	300Pa	300Pa	300Pa
成熟度	成熟	成熟	一般

2.3.2.3　布袋除尘器

清灰方式的特征是布袋除尘器分类的主要依据,不同的清灰方式决定了不同的布袋除尘器结构。

(1) 脉冲喷吹布袋除尘器

该类型除尘器的代表是长袋低压脉冲布袋除尘器,其基本特征为淹没式脉冲阀、低压喷吹(<0.25MPa),袋长可达 6～8m 以上,是目前在工业领域应用的主流设备。其结构如图 2-11 所示。

该类除尘器由上箱体、中箱体、灰斗等部分组成,采用外滤式结构,滤袋内装有袋笼,含尘气体经中箱体下部、挡风板流向中箱体上部进入滤袋,上箱体排出净气。

脉冲阀是长袋低压脉冲布袋除尘器的核心部件,是脉冲喷嘴布袋除尘器清灰气流的发生装置。脉冲阀有多种结构形式和尺寸,按气流输入、输出端位置分为直角阀、淹没阀和直通阀。脉冲阀每次喷吹时间为 65～100ms,清灰一般采用定压差控制或定时控制。

滤袋的固定是依靠装在袋口的弹性胀圈和鞍形垫,将滤袋嵌入花板的袋孔内。安装滤袋时,先将滤袋的底部和中部放入花板的袋孔,当袋口接近花板时,将袋口捏扁成"凹"字形,并将鞍形垫形成的凹槽贴紧花板袋孔的边缘,然后逐渐松手。袋口随之恢复成圆形,最后完全镶嵌在花板的袋孔中。

(2) 回转喷吹脉冲布袋除尘器

回转喷吹脉冲布袋除尘器是通过回转式喷吹管对同心圆布置的滤袋进行脉冲喷吹清灰的袋式除尘器,是近年来引进的新技术,主要用于发电厂除尘,通过使用扁圆形滤袋,并

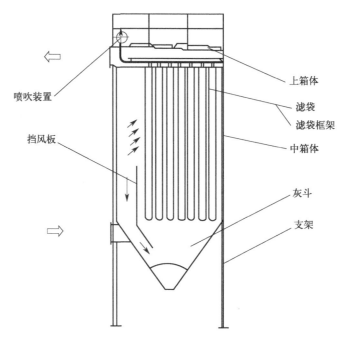

图 2-11 长袋低压脉冲除尘器结构图

将滤袋束按同心圆方式布置。最多布置上千个滤袋在每个滤袋束上,每个滤袋束的总过滤面积可达数千平方米。滤袋长度 8m。其扁圆形断面等效圆直径为 127mm。采用弹性圈和密封垫与花板固定。滤袋内部以扁圆形框架支撑。为便于安装,框架分为三节,以降低所需的安装高度。除尘器采取模块化设计,整机可设计成单室、双室和多室,每室可设一个或多个滤袋束。回转喷吹脉冲布袋除尘器结构如图 2-12 所示。

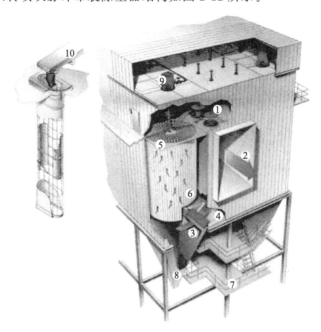

图 2-12 回转喷吹脉冲布袋除尘器结构图

1—净气室;2—出风烟道;3—进风烟道;4—进口风门;5—花板;6—滤袋;7—检修平台;8—灰斗;
9—吹扫装置;10—清灰臂

回转脉冲喷吹装置由气包、脉冲阀、垂直导风管和喷吹管组成，每个袋束配置一套喷吹装置。按照袋束的大小，喷吹管可设 2～4 根不等，回转直径可达 7m。喷吹管上有一定数量的喷嘴，对应按同心圆布置的滤袋。每个袋束由一个脉冲阀供气。视袋束大小，脉冲阀口径可为 150～350mm，喷吹压力为 0.08MPa。清灰时，旋转机构带动喷吹管连续转动，脉冲阀则按照设定的间隔进行喷吹，在一个周期内使全部滤袋都得到清灰。

（3）直通均流式脉冲布袋除尘器

直通均流式脉冲布袋除尘器是对传统布袋除尘器结构改进而研制的新型布袋除尘器。由上箱体、喷吹装置、中箱体、灰斗和支架、自控系统组成。上箱体包括花板、净化烟气出口和阀门等。带有喷吹管的喷吹装置安装在上箱体内。中箱体包括烟气进口喇叭、气流分布装置等。滤袋和滤袋框架吊挂在中箱体内。灰斗设有料位计、振动器等。其结构如图 2-13 所示。

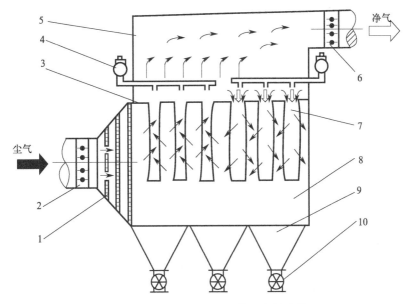

图 2-13　直通均流式脉冲布袋除尘器结构图

1—气流分布装置；2—进口烟道阀；3—花板；4—喷吹装置；5—上箱体；6—出口烟道阀；7—滤袋及框架；
8—中箱体；9—灰斗；10—卸灰装置

与常规的布袋除尘器不同，直通均流式脉冲布袋除尘器不设含尘烟气总管和支管，气体输送是通过进口喇叭内的气流分布装置，将含尘气流从正面、侧面和下面输送到不同位置的滤袋。既避免含尘气流对滤袋的冲刷，也减缓含尘气流自下而上地流动，从而减少粉尘的再次附着。

（4）分室反吹风布袋除尘器

分室反吹风布袋除尘器的滤袋室通常划分为若干仓室，仓室由过滤室、灰斗、进气管、排气管、反吹风管、切换阀门组成，其结构如图 2-14 所示。

该类除尘器的滤袋长度可达 10～12m，直径≤300mm。采用内滤式结构，滤袋下端开口并固定在位于灰斗上方的花板上，封闭的上端则悬吊于箱体顶部。安装时需对滤袋施加一定的张力，使其张紧，以免滤袋破损和清灰不良。为防止滤袋在清灰时过分收缩，通常沿滤袋长度方向每隔 1m 设一个防缩环。

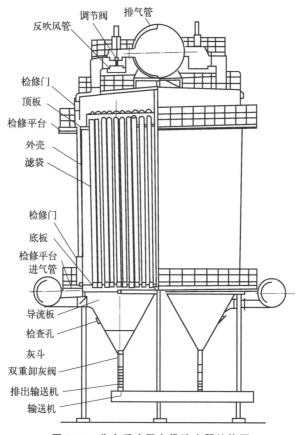

图 2-14 分室反吹风布袋除尘器结构图

(5) 回转反吹布袋除尘器

机械回转反吹布袋除尘器是回转反吹布袋除尘器的典型代表,该种除尘器的主要组成为圆筒形箱体和圆锥灰斗两大部分,其中圆筒形箱体又被花板分成两部分,上部为设有清灰装置的净气室,下部为装有滤袋的过滤室。回转反吹布袋除尘器是内滤方式除尘。

典型机械回转反吹布袋除尘器的结构如图 2-15 所示。在圆形花板上沿着同心圆周布置若干排滤袋,滤袋断面为梯形,滤袋边长 320mm,上下底边长分别为 40mm 和 80mm,滤袋长度为 3～5m,滤袋内以同样长度的框架做支撑。

(6) 垃圾焚烧布袋除尘器

垃圾焚烧烟气具有以下特点,也是布袋除尘的难点:

① 烟尘危害性强,烟气和粉尘中含有二噁英等物质,因而污染控制标准十分严格,要求颗粒物排放浓度 (标准状况)$\leqslant 5\text{mg/m}^3$;

② 烟气湿度高达 30%,且含 HCl、SO_2 等酸性气体,因而酸露点高于 140℃,容易酸结露;

③ 烟气温度波动范围大,高温$\geqslant$230℃,低温$\leqslant$140℃;

④ 粉尘主要成分为 $CaCl_2$、$CaSO_3$ 等,吸湿性和黏性强;

⑤ 烟尘颗粒细,密度小;

⑥ 烟气腐蚀性强。

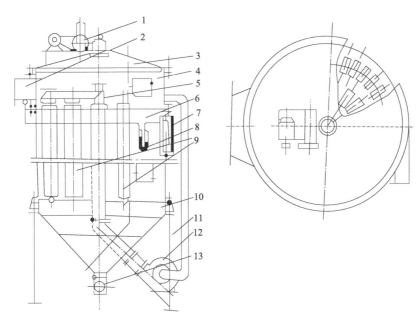

图 2-15　机械回转反吹布袋除尘器结构图

1—减速机构；2—出风口；3—上盖；4—上箱体；5—反吹回转臂；6—中箱体；7—进风口；8—压差计；
9—滤袋；10—灰斗；11—支架；12—反吹风机；13—排灰装置

垃圾焚烧烟气净化用布袋除尘器结构如图 2-16 所示。

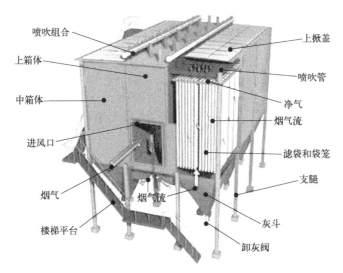

图 2-16　垃圾焚烧布袋除尘器

垃圾焚烧布袋除尘器净化后的粉尘具有很强的黏性，容易在箱体和灰斗内附着，并随着时间的推移而硬结，从而造成堵塞。为避免这种情况，采取相应措施，如箱体和灰斗夹角圆弧化、灰斗的锥度为 65°～70°、连续输灰、灰斗保温、灰斗设仓壁振动器、除尘系统启动前进行预喷涂等。

2.3.2.4　电袋复合除尘器

电袋复合式除尘器结构由两个单元组成，即为电除尘单元和袋除尘单元，电场区和滤袋区同在一个箱体内结构紧凑布置，下部设清灰斗，前后端有喇叭形状进、出气箱，在进气箱内设置有气流均布装置，其结构如图 2-17 所示。

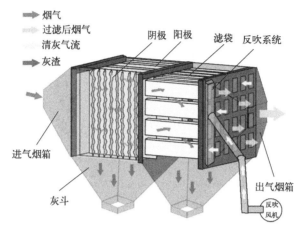

图 2-17　复合电袋除尘器结构图

电袋复合除尘器采用前级电除尘与后级布袋除尘按串联式布置，共用同一壳体，两级除尘方式之间采用了特殊的引流装置。此设备是采用常规静电除尘的部分电场作为一级除尘单元，用来除去烟气中的粗颗粒烟尘，然后再利用布袋作为二级除尘单元除去剩余的微细颗粒。

2.3.2.5　旋风除尘器

旋风除尘器是气流在筒体内旋转一圈以上且无二次风加入的离心式除尘器，利用旋转气流对粉尘产生离心力，使其从气流中分离出来。其结构由进气口、圆筒体、圆锥体、排气管和排尘装置组成。其结构如图 2-18 所示。

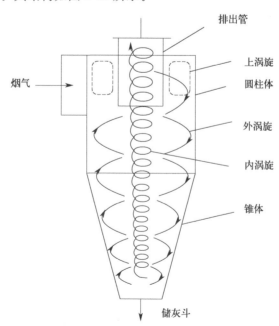

图 2-18　旋风除尘器结构图

2.3.3　泵

2.3.3.1　洗涤泵

洗涤泵为水泵，主要由泵座、转子及泵壳等三大部分组成。其中转子由主轴、叶轮、口环、轴套、机械密封、机封压盖、挡水环、轴承、轴承盒等零部件组成。代表性洗涤泵为 D 型泵。

D 型泵是单吸、多级、分段式离心泵。它可输送温度低于 80℃ 的清水或物理性能类似于水的液体。其流量范围和扬程范围大。代表性结构如图 2-19 所示。

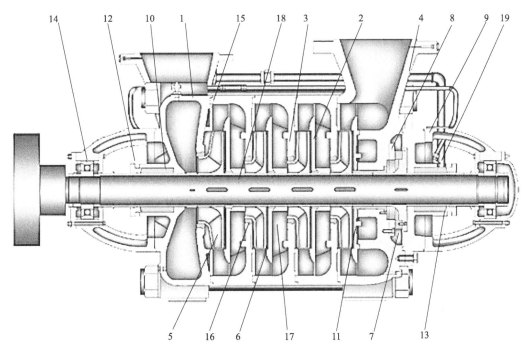

图 2-19　D 型水泵结构图

1—进水段；2—导叶；3—中段；4—出水段；5—首级叶轮；6—叶轮；7—平衡盘；8—平衡板；9—尾盖；
10—填料；11—平衡套；12—填料压盖；13—O 形圈；14—轴承；15—首级密封环；16—密封环；
17—导叶套；18—轴；19—轴套

D 型水泵由转动部分、固定部分、轴承部分和密封部分等组成。转动部分是洗涤泵的工作部件，主要由泵轴及装在泵轴上的数个叶轮和一个用以平衡轴向推力的平衡盘组成。固定部分包括进水段（前段）、出水段（后段）和中间段等部件，并用拉进螺栓（穿杠）将他们连接在一起。吸水口位于进水段，为水平方向，出水口位于出水段，为垂直向上。洗涤泵转子部分支撑在泵轴两端的轴承上。该型号采用单列向心滚柱轴承，用黄油润滑。洗涤泵各泵之间的静止结合面采用纸垫密封。转动部分与固定部分之间的间隙是靠密封环及填料来密封。

洗涤泵常见的故障有：

① 运行流量不足；

② 运行压力不足；

③ 机械密封泄漏;

④ 轴承损坏。

洗涤泵流量与压力不足的故障,主要是运行工艺及环境所造成的。而机械密封泄漏与轴承损坏的故障,主要是由水泵密封不严所造成的,可以通过合理的机械密封选型解决密封的问题。水泵机械密封泄漏问题解决后,可有效避免水泵介质泄漏、接水槽的排水孔不能及时排放、介质将流进轴承盒造成轴承润滑油(锂基润滑脂)乳化等问题,从而解决洗涤泵轴承频繁损坏的故障。

2.3.3.2 排污泵

排污泵多为 IS 型泵,IS 型泵系单级单吸(轴向吸入)离心泵。单级单吸离心泵采用先进的液压模型,轴封采用硬质合金机械密封装置,具有节能、性能可靠、安装使用方便的特点。单级单吸离心泵常为卧式,单级离心排污泵的结构如图 2-20 所示。由叶轮、泵体、减漏环、泵轴、轴承以及轴封等主要部分组成。

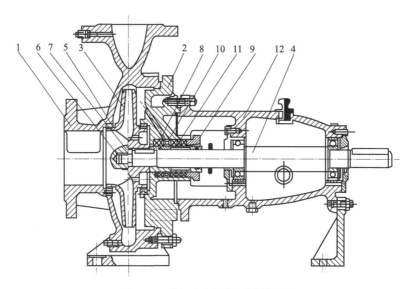

图 2-20　单级离心排污泵的结构图

1—泵体;2—泵盖;3—叶轮;4—轴;5—密封环;6—叶轮螺母;7—止动垫圈;8—轴套;
9—填料压盖;10—填料环;11—填料;12—悬架轴承部件

在启动单级单吸离心泵之前,泵壳中充满了正在输送的液体。启动后,叶轮由轴驱动以高速旋转,并且叶片之间的液体也必须随之旋转。在离心力的作用下,液体从叶轮的中心抛到外缘并获得能量,从而以高速将叶轮的外缘留在蜗壳泵的壳体中。在蜗壳中,液体由于流动通道的逐渐膨胀而减速,并将部分动能转换为静压能,然后以较高的压力流入排放管,并被送到需要的地方。

当液体从叶轮的中心流到外边缘时,在叶轮的中心会形成一定的真空。由于贮罐液位上方的压力大于离心泵进口处的压力,因此液体被连续压入叶轮中。

综上所述,单级单吸离心泵的工作原理是充液叶轮在泵壳内高速旋转,使液体受到离心力作用,该力转化为动能和静压能,转移到液体中,从而吸引和排出。

2.3.4　换热器

应用较多的换热器有板式换热器、管壳换热器、翅片换热器等。

(1) 板式换热器

板式换热器具有较高的换热效率，清洗和维护方便，能够精确控制换热温度，换热面积也比较大，承压方面略逊于管式，适合应用在大型中低压换热场合。

板式换热器多采用于液-液的热交换，也可用于蒸发和冷凝。板式换热器至少可分为三类：波纹板式换热器、螺旋板式换热器和板壳式换热器。

1) 波纹板式换热器

波纹板式换热器、波纹板的板面分别如图 2-21、图 2-22 所示。入口进入两个相邻的夹板通道之内，通过有压纹的板进行热量交换。流体从板的上（下）面的一角进入，从板下（上）面的另一角流出，在全板面均匀流过。板上的压纹使流体产生扰动而增加传热膜系数。

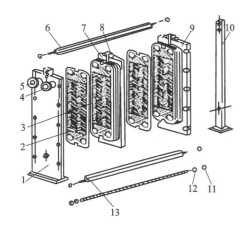

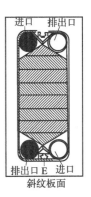

图 2-21　波纹板式换热器	图 2-22　波纹板的板面

1—活动压紧端板；2—传热板片；3—密封垫；
4，5—流体进出口；6，13—轴；7—中间隔板；
8—定位孔；9—固定压紧端板；10—立柱；
11—压紧螺母；12—螺栓

2) 螺旋板式换热器

螺旋板式换热器由两块裁制好的钢板，在中间放置夹衬物然后卷制而成。按照要求使两流体按照不同的方式流动，可以互相垂直流动（即一种流体为螺旋式流动而另一流体为轴向流动，轴向流动的流体多为冷凝的气体），也可以是平行但方向相反的螺旋式流动。螺旋板式换热器的流体流向如图 2-23 所示。

由于螺旋板式换热器 L/D（长径比）比管壳式小，在层流区时传热系数较大，适用于高黏度流体的加热和冷却；由于为单一流道，适用于淤渣或泥浆流体的加热或冷却。其缺点是由于是固定的，不容易拆卸，当污垢沉积严重时不宜采用。

3) 板壳式换热器

板壳式换热器也称 Lamella 换热器，由压制的型板焊接或组装在一起，然后放入圆形

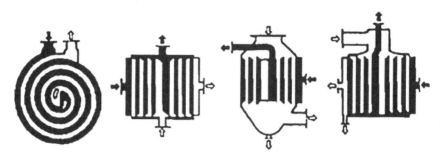

图 2-23　螺旋板式换热器的流体流向示意图

的壳体内。一种流体在板组成的流道内流动，而另一种流体则在壳体侧的流道内流动（见图 2-24）。在板群的底部装有填料函，可以密封板内侧的流体，并且可以将板群从壳体的顶部抽出。它除了具有板式换热器的优点以外，还能弥补板式换热器的缺点，可在较高的压力和温度下操作。

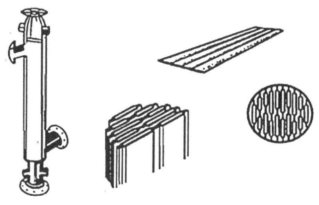

图 2-24　板壳式换热器

（2）管式换热器

管式换热器的结构坚固，具有较强的适应性，能够承受较高的操作压力和温度，可应用于一些高温、高压的项目中。

（3）翅片换热器

翅片换热器适用于多种不同的流体在设备中换热，具有传热效率高、布置紧凑等特点，但是翅片的结构复杂，造价一般较高，管道容易堵塞，不易清洗。

▶ 2.3.5　加热器

加热器是常用的供热器件，使用较多的是电加热器。电加热器系统主要用于补偿外热环境的剧烈变化维持仪器的特定工作温度和减小仪器的温度梯度等，是将电能转化成热能的一种能量转换装置。通常电加热器系统由电加热器、温度敏感元件和恒温控制器三部分组成。加热温度控制较为准确，无污染。按加热方式来区分，可分为电磁加热、红外线加热和电阻加热三类。

风道式电加热器属于电阻加热，主要用于风道中的空气加热，规格分为低温、中温、高温三种形式；在结构上用钢板支撑电热管以减少风机停止时电热管的振动，在接线盒中都装有超温控制装置。用于各种不同物质的干燥/硫化、热处理、再加热和除湿及其他类似应用。图 2-25 为风道式电加热器结构图。

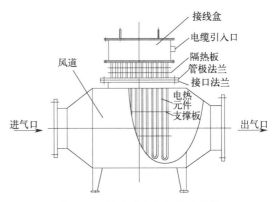

图 2-25　风道式电加热器结构图

风道式电加热器具有升温快、温度均匀、干燥量大、使用方便可靠等优点。在控制方面除装有超温保护外，还在风机与加热器之间加装联运装置，以确保电加热器起动必须在风机起动之后，在加热器前后加设差压装置，以防风机故障。

2.4　输送系统设备

输送系统设备可分为气源设备、供料设备、输送管道和管件、分离和除尘设备等几块。其中气源设备处于核心地位，它提供的输送风量和压力有力地保证了系统的有效性和可靠性。

（1）罗茨风机

罗茨风机是主要的气源设备，二氧化硫原料气输送风机常采用定容式罗茨风机。当电机通过联轴器或带轮带动主动轴转动时，安装在主动轮上的齿轮带动从动轮上的齿轮，按相反方向同步旋转，使啮合的转子相随转动，从而使机壳与转子形成一个空间，气体从进气口进入空间。这时气体会受到压缩并被转子挤出出气口，而另一个转子则转到与第一个转子在压缩开始的相对位置，与机壳的另一边形成一个新空间，新的气体又进入这一空间，被挤压出，这样连续运动从而达到鼓风的目的。典型罗茨风机工作原理如图 2-26 所示。它输送的风量与转数成比例，三叶型叶轮每转动一次由 2 个叶轮进行 3 次吸、排气。与二叶型相比，气体脉动性小，振动也小，噪声低。风机内腔不需要润滑油，结构简单，运转平稳，性能稳定，适应多种用途，应用广泛。

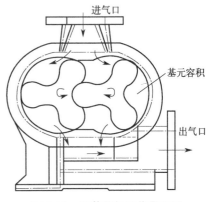

图 2-26　罗茨风机工作原理图

（2）螺旋输送机

螺旋输送机可用于输送除尘器收集的粉尘等物料，典型的结构如图 2-27 和图 2-28 所示。

螺旋输送机主要由螺旋轴、料槽和驱动装置组成。料槽的下半部是半圆形，螺旋轴沿纵向放在槽内。当螺旋轴转动时，物料由于其质量及它与槽壁之间摩擦力的作用，不随同螺旋一起转动，这样由螺旋轴旋转而产生的轴向推力就直接作用到物料上而成为物料运动

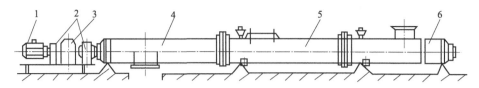

图 2-27 螺旋输送机结构图

1—电动机；2—联轴器；3—减速器；4—头节；5—中间节；6—尾节

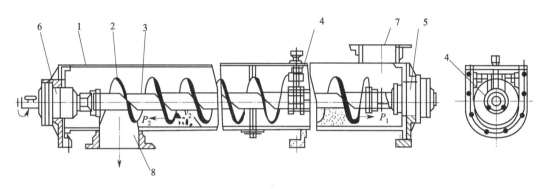

图 2-28 螺旋输送机内部结构图

1—料槽；2—叶片；3—转轴；4—悬挂轴承；5、6—端部轴承；7—进料口；8—出料口

的推动力，使物料沿轴向滑动。物料沿轴向的滑动，就像螺杆上的螺母，当螺母沿轴向被持住而不能旋转时，螺杆的旋转就使螺母沿螺杆做平移。物料就是在螺旋轴的旋转过程中朝着一个方向推进到卸料口处卸出的。

螺旋输送机驱动装置有两种形式：一种是电动机、减速器，两者之间用弹性联轴器连接，而减速器与螺旋轴之间常用浮动联轴器连接；另一种是直接用减速电动机，而不用减速器。在布置螺旋输送机时，最好将驱动装置和出料口同时装在头节，这样使螺旋轴受力较合理。

2.5 运行维护

2.5.1 运行

① 冷却塔喷水降温为重要的降温方式，控制冷却塔出口烟温在（180±5）℃。反应塔进行微量喷水，用于和氢氧化钙等吸收剂产生良好的反应，同时起到降低烟气温度的作用，正常控制布袋除尘器进口烟温在（165±5）℃。

② 冷却塔喷水和反应塔水雾化主要靠压缩空气进行雾化，在正常喷水时必须保证喷头进行压缩空气压力在 0.41MPa 左右，正常运行时采用自动调节。

③ 正常运行时，各洗涤泵供应对应烟气净化系统用水，洗涤用水出口压力可通过各自的再循环调节阀进行调节。特殊情况下，例如其中 1 号洗涤泵故障，可打开洗涤泵间的连通门，用 2 号洗涤泵给 1 号烟气净化系统供水。反之亦可。

④ 由于冷却塔和反应塔所用喷头对水质要求高，故在洗涤泵进口加装一道过滤器。过滤器滤网致密，易堵塞，需定期对过滤器进行清洗。过程如下：

a. 将水箱打至低水位，而不进行补水；停止洗涤泵运行，打开水箱放水门将存水放净。

b. 将除尘器切换至旁路运行。

c. 待水箱水放净后，将过滤器滤芯拆出清洗，并可冲洗水箱。清洗完毕，将过滤器复位，启动使用。

d. 待烟气温度达到要求时，启动除尘器设备。除尘器投运前 2h，启动循环加热风机及电加热器，保证各仓室温度不低于 100℃，待除尘器投运后方可停止。

⑤ 除尘器的运行状态，可以由系统的压差、入口气体温度、主风机电机的电压、电流及其变化而判断出来。

⑥ 对除尘器的测定值要安装和备有必要的测试仪表，在日常运行中必须定期地进行测定，并准确地记录。

⑦ 监测风量变化，并确定适合的清灰周期和清灰时间。

⑧ 除尘器的运行条件改变时，要对引起改变的条件进行核实确定后，进行试运行，试运行正常后再正常运行。

⑨ 除尘器的停运。在长时间停止运行时，要充分注意风机的清扫、防锈等工作，特别要防止粉尘和雨水等进入轴承，也要注意电动机的防潮。管道和灰斗堆积的粉尘要清扫，清灰机构与驱动部分要添加油。在停运期间内，定期进行短时间的安全运行（空运行）是最好的预防办法。

2.5.2　维护

① 定期检查反应塔、洗涤泵、换热器等设备，保证设备处于正常工况状态。

② 检查各设备管路，保证连接完好，杜绝跑冒滴漏，检查冷却塔、反应塔、再生塔等内壁清洁无杂物，喷枪喷头无堵塞。

③ 锅炉投运，除尘器走旁通，除尘器进烟温度在 155～215℃（新设备限温在 180℃）时，可启用除尘器。

④ 合上除尘器系统电源，检查除尘器 PLC 柜控制系统清灰模式打在手动位置，除尘器顶部控制柜打在自动位置。首先打开各风量调节阀，然后打开除尘器提升阀，再关闭除尘器旁通。

⑤ 将除尘器清灰模式打到定时位置，并设定清灰时间，布袋压差清灰在合理的设定值。

⑥ 启用气力输灰系统，将气力输灰全部打在自动位置，并设定出灰时间，将除尘器卸灰阀、蛟龙打在自动位置运行。

⑦ 除尘器正常运行时，必须经常检查各卸灰阀、卸灰蛟龙的运行情况，并通过检查各灰斗温度判断积灰情况。各灰斗温度不低于 130℃，如灰斗温度低，应及时进行疏通，直至灰斗温度回升至正常。

⑧ 定期工作。每天对蛟龙的吊挂轴承进行加油；每周对各卸灰阀齿轮箱进行加油。对各提升阀和旁路阀门进行抹油。每月对所有进出风阀控制器、电磁阀、行程开关、电机等设备按其功能进行详细检查。每年对易损耗件进行随机抽取检测，用于预测使用寿命和更换指导。根据实际情况，每年至少一次对除尘器内部的花板、积灰情况、灰斗加热器元件性能、提升阀的密封等进行检查。

⑨ 所有电机 4 个月保养一次。

⑩ 经常巡回检查，确保设备处于正常工作状态且运行无异常，检查相关管路、阀门和罐体是否有漏气或堵塞现象，发现问题及时处理。各项检查、维修要有记录及相关人员签字。

对电源控制设备严密监视表盘面的电压、电流是否指示正常，因控制对象不是恒定的电场，原料气量瞬息变化，而且常伴有闪络放电，故应加强维护，不应依赖自动调节控制系统。要保持控制盘内卫生清洁，定期进行清扫检查，发现问题及时处理并记录签字。

如果运行中出现电源装置频繁放电或闪络现象，应根据实际情况进行准确判断再加以处理，不能盲目地关断电源。如出现频繁闪络，甚至跳闸现象，要停产检查，排除故障后继续运行。

2.6 常见问题分析

2.6.1 二氧化硫含量偏低时对焦亚硫酸钠生产影响及应对措施

目前国内焦亚硫酸钠生产大多采用高含量二氧化硫气体 $[\varphi(SO_2) 10\%\sim12\%$ 甚至更高] 为原料，但部分场合（如硫酸系统）的二氧化硫气体初始浓度较低 $[\varphi(SO_2) 7.0\%\sim7.5\%]$，若直接采用低含量二氧化硫气体为原料生产焦亚硫酸钠存在反应时间长、产品含量略低、外观颜色偏黄等问题，进而影响生产效率和产品竞争力。

针对上述问题，需进行匹配性的技术改进和设计，一方面，提高原料气的二氧化硫含量，如可将部分液体二氧化硫 $[w(SO_2)\geqslant99.95\%]$ 补充到低含量二氧化硫气体中，使其 $\varphi(SO_2)$ 适当提高后再用于焦亚硫酸钠生产；另一方面，改进相关系统设备，保证烘干热量供给、降低产品含水率，降低离心机进料黏度、降低颗粒状产品的形成等，可取得较好效果，最终实现焦亚硫酸钠产品质量和外观不受影响，保证生产系统对不同原料气的适应性。

2.6.2 洗涤泵常见问题及分析

洗涤泵常见故障有：
① 运行流量不足；
② 运行压力不足；
③ 机械密封泄漏；
④ 轴承损坏。

洗涤泵流量与压力不足的问题，一方面可能因为设计选型不当，另一方面可能由安装运行环境导致，需区别分析对待。机械密封泄漏与轴承损坏的故障，主要是由水泵密封不严所造成的，可以通过合理的机械密封选型解决密封的问题。水泵机械密封泄漏问题解决后，运行时可有效避免如下问题：
① 水泵介质泄漏量大；
② 接水槽的排水孔不能及时排放；
③ 介质流进轴承盒造成轴承润滑油（锂基润滑脂）乳化等问题，从而解决洗涤泵轴承频繁损坏的故障。

2.6.3　文丘里洗涤器堵塞的现象、原因及处理方法

（1）现象

① 文丘里压差显示增大；

② 进入灰水阻力大，流量减小；

③ 洗涤后微尘含量超标。

（2）原因

① 气体带灰严重；

② 灰水悬浮物含量过高，结垢。

（3）处理方法

① 加大文丘里喷淋水量；

② 提高激冷水量和激冷室液位，降低气体带灰量；

③ 做好絮凝剂的配制和添加工作，降低灰水含固量。

2.6.4　旋风除尘器使用中的注意事项

旋风除尘器并联使用时，应选用相同的型号，每个除尘器处理的风量应相等，每个除尘器要有独立的集尘箱，以防止发生串流现象，降低除尘效率；串联使用时，应采用不同性能的旋风除尘器，并将低效率的除尘器设在前面。

风量波动对除尘效率和阻力有较大影响，必须配置锁气性能好的排尘阀，以防漏风使除尘效率下降。

2.6.5　风机的开、停车步骤

开车：盘车，检查电器、仪表，打开进、出口阀。启动风机，调节阀门至所需的气量。

停车：停下风机，关闭进、出口阀。

第 3 章

吸收反应系统

3.1 系统概述

3.1.1 基本概念

气体吸收是将气体混合物中的可溶组分（简称溶质）溶解到某种液体（简称溶剂或吸收剂）中去的一类单元操作。吸收反应系统是烟气脱硫副产焦亚硫酸钠的一个重要系统。

（1）吸收

使混合气体与适当的液体接触，气体中的一个或几个组分溶解于液体中形成溶液，将原混合气中的气体组分进行分离，这种利用各组分在溶液中溶解度不同而分离的操作称为吸收。

（2）溶质

混合气体中能溶解的气体即为溶质，又称吸收质，用字母 A 表示；不能被溶解或对于溶质而言溶解度较小的气体即为惰性组分又称载体，用字母 B 表示；用来吸收溶质的液体为吸收剂，又称溶剂，用字母 S 表示；吸收完成后由溶质（A）和溶剂（S）组成的溶液称为吸收液或溶液，主要成分为溶质 A 和溶剂 S；吸收完成后，从吸收系统排出的气体，其主要成分为 B 和未溶解的 A，称为吸收尾气。

（3）化学吸收和物理吸收

化学吸收时溶质和溶剂有显著的化学反应发生，化学反应能大大提高单位体积液体所能吸收的气体量并加快吸收速率，但是溶液解吸再生较难，如用氢氧化钠或碳酸钠吸收酸性气体、用稀硫酸吸收氨气等。物理吸收过程中溶质与溶剂不发生显著的化学反应，可视为单纯的气体溶解于液相的过程，如用水吸收二氧化碳、用水吸收乙醇等。

（4）单组分吸收和多组分吸收

若混合气体中只有一个组分在吸收剂中有一定的溶解度，其余组分可认为不溶于吸收剂，溶解度可以忽略，这样的吸收过程称为单组分吸收；如果混合气体中有两个或多个组分溶解于吸收剂中，这一过程称为多组分吸收。如合成氨的原料气中含有 N_2、H_2、CO 和 CO_2 等几种组分，用水吸收原料气，只有 CO_2 在水中溶解度大，该吸收过程属于单组分吸收。当用洗油吸收焦炉气时，混合气体中的苯、甲苯等多个组分都在洗油中有较大的溶解度，该吸收过程属于多组分吸收过程。

（5）等温吸收和非等温吸收

当气体溶于吸收剂时，常伴随热效应，若热效应很小，或被吸收的组分在气相中的浓度很低，而吸收剂用量很大，在吸收过程中液相的温度变化不显著，则可认为是等温吸收。若吸收过程中发生化学反应，其反应热很大，随着吸收过程的进行液相的温度明显变化，则该吸收过程为非等温吸收过程。若吸收设备散热良好，能及时引出吸收放出的热量而维持液相温度近似不变，也可认为吸收过程是等温吸收。

（6）低浓度吸收与高浓度吸收

通常根据生产经验，规定当混合气中溶质组分 A 的摩尔分数大于 0.1，且被吸收的溶质量大时，称为高浓度吸收；反之，如果溶质在气液两相中摩尔分数均小于 0.1 时，吸收称为低浓度吸收。对于低浓度吸收，可认为气液两相流经吸收塔的流率为常数，因溶解而产生的热效应很小，引起的液相温度变化不显著，故低浓度的吸收可视为等温吸收过程。

（7）富液和贫液

富液是含有较高溶质浓度的吸收剂；贫液是从溶液中将溶质分离出来后得到的吸收剂。

（8）溶解热

气体溶解于液体时所释放的热量。化学吸收时还会有反应热。

（9）液泛

在气-液两相逆流接触的吸收塔中，气体从下往上流动，当气体流速增大至某个限度，液体被气体阻拦不能向下流动，愈积愈多，最后液体被大量带出塔顶，称为液泛，亦称淹塔。液泛开始时，吸收效率急剧下降，塔的操作极不稳定，甚至会被破坏。

（10）壁流

液体在塔壁面处的流动阻力小于中心处，从而使液体有偏向塔壁流动的现象，这种现象称为壁流。壁流将导致气液分布不均，使吸收效率下降。为减小壁流现象，可设置液体再分布装置，将沿塔壁流下的液体导向中心区域以改善液体的壁流现象。

3.1.2　系统组成、功能

3.1.2.1　吸收剂的选择、存储与供应

（1）吸收剂的选择

吸收剂是吸收反应系统的重要组成部分，其性能的优劣是决定最终效果的关键因素。应从以下几方面入手选择适合的吸收剂。

1）溶解度

溶剂对混合气体中的溶质有较大的溶解度，即在一定的温度和浓度下，溶质的平衡分压要低。这样，完成一定的吸收任务，其设备的体积和吸收剂的用量或循环量均可减少，从而降低输送和再生费用；如果吸收设备和吸收剂用量一定时，气体中溶质的极限残余浓度可降低。若吸收剂与溶质发生化学反应，则溶解度可大大提高。

2）选择性

吸收剂对混合气体中的溶质要有良好的吸收能力，而对其他组分应不吸收或吸收甚微，以减少有用惰性组分的损失或提高解吸后溶质的纯度，使气体混合物能有效地实现分离。

3）溶解度对操作条件的敏感性

溶质在吸收剂中的溶解度对操作条件（温度、压力）要敏感，即溶质在吸收剂中的溶解度在低温或高压下大，溶质的平衡分压低，而在高温或低压下溶解度要迅速下降。这样，被吸收的气体组分解吸容易，吸收剂再生方便。

4）挥发度

吸收剂应不易挥发，即操作温度下吸收剂的蒸气压要低。吸收剂的挥发度小，既可减少吸收过程中吸收剂的损失，又可避免在气体中引进新的杂质。

5）黏性

操作温度下吸收剂的黏度要低，便于改善吸收塔内的流动状况，提高吸收效率，同时降低泵的功耗和减小传热阻力。

6）化学稳定性

吸收剂化学稳定性好，这可避免因吸收过程中条件变化而引起吸收剂变质。

7）腐蚀性

吸收剂腐蚀性应尽可能小，以免腐蚀设备，从而减少设备费和维修费。

吸收剂还应尽可能无毒性、无腐蚀性、不易燃、不发泡、冰点低、廉价易得。

（2）吸收剂的存储与供应

工业烟气脱硫副产焦亚硫酸钠生产过程，综合考虑原料气组成，吸收剂大多选择碱性物质纯碱（碳酸钠），该吸收过程为化学吸收。

碳酸钠是一种白色粉末或细粒结晶的碱式盐，易溶于水，吸湿性强，有一定的腐蚀性。存储要注意密封，置放于干燥通风环境且单独存放。保存时间一般不超过6个月，要依据生产需要定量定时采购并依据先进先用原则进行使用。

在工业烟气脱硫副产焦亚硫酸钠过程中，储备原料碳酸钠可采用特制纯碱储仓，储仓包括仓顶、仓体、仓底、支承和基础。

仓顶配有仓顶除尘器、料位计、检查口、装料机械等。仓体是储仓的主体部分，内表面要光滑。仓底是储仓的主要环节，安装有卸料阀。并安装有机械助流器，控制出料速度。采用锥形锥斗，锥斗可单斗、双斗或群斗，锥斗角度大于55°。保证储藏内纯碱接近整体流方式流动。增加储仓有效容积。支承用于支撑储仓的结构质量和物料质量。基础是维持储仓正常运转的重要条件，保持储仓正常作业。

打开卸料阀和机械助流器，将纯碱从储仓通过输送泵和螺旋输送机输送到配碱槽（料浆罐）进行碱液配制。

3.1.2.2　吸收剂的制备

以碳酸钠为原料的吸收剂具体制备方法为：纯碱经卸料至纯碱罐储存，定量进料至配碱槽，配碱槽配有搅拌器、消泡装置，纯碱在配碱槽内与离心母液、淘洗罐排液、尾气洗涤液反应生成亚硫酸钠，经消泡、脱气后送至反应器使用。一般配碱槽固含量为5%～30%，pH值为5.0～7.0。

3.2　吸收反应原理

3.2.1　吸收过程

　　一个完整的吸收过程包括吸收和解吸，参与吸收过程（吸收、解吸）的有两种相，即液相和气相，并进行从气相到液相（吸收）或者从液相到气相（解吸）的物质传递。吸收过程的实质就是溶质由气相到液相的质量传递过程；解吸过程的实质是溶质由液相到气相的质量传递过程。吸收和解吸过程如图 3-1 所示。

图 3-1　吸收与解吸
传质示意图

3.2.1.1　吸收的基本流程

　　吸收过程可以分为一步吸收流程、两步吸收流程等，其中一步吸收流程是仅采用一种吸收剂进行气体吸收，两步吸收流程中使用两种吸收剂进行气体吸收，分别如图 3-2、图 3-3 所示。

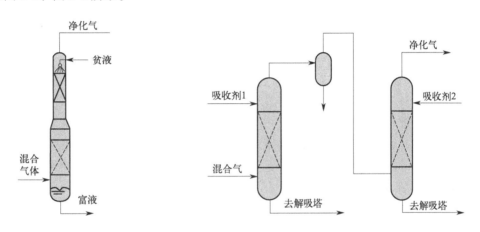

图 3-2　一步（逆流）吸收流程图　　　　　图 3-3　两步吸收流程图

　　根据吸收设备数的不同，还可分为单塔流程和多塔流程。一步吸收流程属于单塔流程，两步吸收流程属于多塔流程。

　　根据气液两相流动方向可分为逆流吸收流程和并流吸收流程。其中气相和液相逆向接触进行吸收的流程叫逆流吸收流程，见图 3-2；气相和液相按相同方向接触进行吸收的流程叫并流吸收流程，见图 3-4。

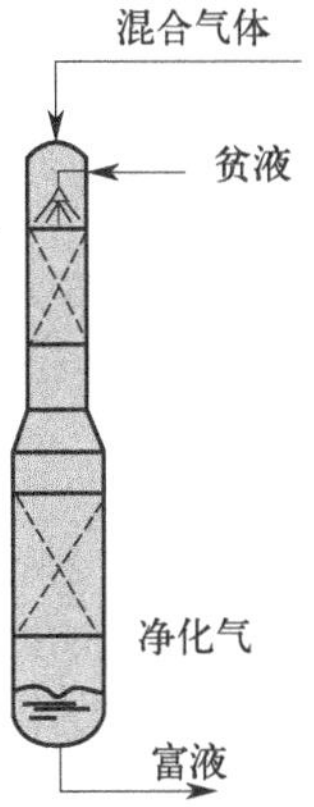

　　（1）物理吸收

　　物理吸收是指气体溶质与液体溶剂之间不发生明显的化学反应，可当作单纯的气体溶解于液相中的物理过程。例如用水吸收 CO_2，用水吸收乙醇或丙酮蒸气，用液态烃吸收气态烃。

　　物理吸收主要应考虑在操作温度下，溶质在吸收剂中的溶解度，吸收的速率主要取决于气相或液相与界面上溶质的浓度差，以及溶质从气相向液相传递的扩散速率。

　　物理吸收所形成的溶液中，若所含溶质浓度为某一数值，在一定条件

图 3-4　并流
吸收流程图

下（温度、总压），平衡蒸汽中溶质的蒸汽压也为一定值。吸收的推动力是气相中溶质的实际分压与溶液中溶质的平衡蒸汽压之差。

（2）化学吸收

在实际生产中，多数吸收过程都伴有化学反应。伴有显著化学反应的吸收过程称为化学吸收。例如用 NaOH 或者 Na_2CO_3、NH_4OH 等水溶液吸收 CO_2 或 SO_2、H_2S，以及用硫酸吸收氨等，都属于化学吸收。

溶质首先由气相主体扩散至气-液界面，随后在界面向液相主体扩散的过程中，与吸收剂或液相中的气体某种活泼组分发生化学反应。因此，溶质的组成沿扩散途径的变化情况不仅与其自身的扩散速率有关，而且与液相中活泼组分的反向扩散速率、化学反应速率以及反应产物的扩散速率等因素有关。这就使得化学吸收的速率关系十分复杂。

总的来说，由于化学反应消耗了进入液相中溶质，使溶质气体的有效溶解度增大而平衡分压降低，增加了吸收过程的推动力，同时，由于溶质在液膜内扩散中途即因化学反应而消耗，使传质阻力减小，吸收系数相应增大。所以，发生化学反应会使吸收速率得到不同程度的提高，但提高的程度又视不同情况而不同。

与吸收过程对应的是解吸，即使溶解于液相的气体释放出来的操作过程，要达到解吸的目的可采用以下方法。

1）气提解吸

气提解吸也称载气解吸法，其过程类似于逆流吸收，只是解吸时溶质由液相传递到气相。吸收液从解吸塔顶喷淋而下，载气从解吸塔底通入，自下而上流动，气、液两相在逆流接触的过程中，溶质将不断地由液相转移到气相。气提解吸所用的载气一般为不含（或含极少）溶质的惰性气体或溶剂蒸气，其作用在于提高与吸收液不相平衡的气相。

2）减压解吸

对于加压情况下获得的吸收液，可采用一次减压或多次减压的方法，使溶质从吸收液中释放出来，溶质被解吸的程度取决于解吸操作的最终压力和温度。

3）加热解吸

一般而言，气体物质的溶解度随温度的升高而降低，若将吸收液的温度升高，则会有部分溶质从液相中释放出来。

4）加热-减压解吸

将吸收液加热升温之后再减压，加热和减压相结合，能显著提高解吸推动力和溶质被解吸的程度。

在工程上很少采用单一的解吸方法，多采用先升温再减压至常压，最后采用气提解吸法解吸，或其他高效组合方式。

3.2.1.2　吸收机理

（1）双膜理论

对于吸收操作这样的相际传质过程，惠特曼在 20 世纪 20 年代（1923 年）提出的双膜理论（停滞膜模型）一直占统治地位。双膜理论认为：当液体湍流流过固体溶质表面时，固、液间传质阻力全部集中在液体内紧靠相界面的一层停滞膜内，此膜厚度大于层流内层厚度，而它提供的分子扩散传质阻力恰等于上述过程中实际存在的对流传质阻力。

双膜理论包含以下几点基本假设：

① 相互接触的气、液两相流体间存在着稳定的相界面，界面两侧各有一个很薄的停滞膜（气膜层和液膜层），吸收质以分子扩散方式通过此二膜层，由气相主体进入液相主体；

② 在相界面处，气、液两相达到平衡；

③ 在两个停滞膜以外的气、液两相主体中，由于流体充分湍动，物质组成均匀。

双膜理论把两流体间的对流传质过程描述成图 3-5 所示的模式。双膜理论把复杂的相际传质过程归结为经由两个流体停滞膜层的分子扩散过程，而相界面处及两相主体中均无传质阻力存在。这样，整个相际传质过程的阻力便全部体现在两个停滞膜层里。在两相主体组成一定的情况下，两膜的阻力便决定了传质速率的大小，因此双膜理论也可以称为双阻力理论。

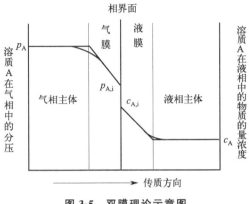

图 3-5　双膜理论示意图

双膜理论用于描述具有固定相界面的系统及速度不高的两流体间的传质过程，与实际情况大体符合，由此确定的传质速率关系，至今仍是传质设备设计计算的主要依据，这一理论在生产实践中发挥了重要的指导作用。但是，对于不具有固定相界面的传质设备，停滞膜的设想不能反映传质过程的实际机制，在此情况下，双膜理论的几项基本假设都很难成立，根据这一理论做出的某些推断自然与实际结果不甚符合。

（2）溶质渗透理论

为了更准确地描述非稳态两相界面的气相溶质经过相界面到达液相主体内的传质过程，希格比（Higbie）于 1935 年提出溶质渗透理论。这种理论假设液面是由无数微小的流体单元构成，暴露在表面的每个单元都在与气相接触某一短暂时间（暴露时间）后，即被来自液相主体的新单元取代，而其自身则返回液相主体内。溶质在液相中的扩散不可能达到稳态状况，即液体表层往往来不及建立稳态的浓度梯度，溶质总是处于由相界面向液相主体纵深方向逐渐渗透的非稳态过程中。

由图 3-6 可知，随着接触时间延长，界面处的浓度梯度逐渐变小，这表明传质速率也将随之变小。故每次接触时间越短，则按时间平均计算的传质速率越大。根据特定条件下的推导结果，按每次接触时间平均值计算的传质通量（N_A）与液相传质推动力（$c_i - c_0$）间应符合如下关系：

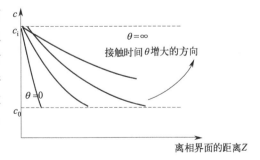

图 3-6　溶质在液相中的浓度分布

$$N_A = \sqrt{\frac{4D'}{\pi\theta_s}}(c_i - c_0) \qquad (3\text{-}1)$$

式中　D'——溶质在液相中的扩散系数，m^2/s；

　　　θ_s——流体单元在液相表面的暴露时间，s。

（3）表面更新理论

丹克沃茨（Danckwerts）于 1951 年对希格比的理论提出改进和修正。他否定表面上的液体微元有相同的暴露时间，而认为液体表面是由具有不同暴露时间的液体微元构成，各种暴露时间的微元被置换下去的概率与它们的暴露时间无关，而与液体表面上该暴露时间的微元数成正比。

表面液体微元的暴露时间分布函数为：

$$\tau = se^{-s\theta} \tag{3-2}$$

式中　τ——暴露时间在 $\theta \sim \theta + d\theta$ 区间的微元数在表面微元中所占的份数；

　　　s——表面更新率，常数，可由实验测定。

据此理论，平均传质通量与液体传质推动力间的关系应为：

$$N_A = \sqrt{D's}(c_{A,i} - c_0) \tag{3-3}$$

按照此式传质系数也应与扩散系数的 0.5 次方成正比，与溶质渗透理论的结论相同。

（4）相平衡

相平衡描述的是气、液两相接触传质的极限状态。根据气、液两相的实际组成与相应条件下平衡组成的比较，可以判断传质进行的方向，确定传质推动力的大小，并可指明传质过程所能达到的极限。

1）判断传质进行的方向

若气液相平衡关系为 $y_i^* = mx_i$ 或者 $x_i^* = y_i/m$，如果气相中溶质的实际组成 y_i 大于与液相溶质组成相平衡的气相溶质组成 y_i^*，即 $y_i > y_i^*$（或液相的实际组成 x_i 小于与气相组成 y_i 相平衡的液相组成 x_i^*，即 $x_i < x_i^*$），说明溶液还没有达到饱和状态，此时气相中的溶质必然要继续溶解，传质的方向由气相到液相，即进行吸收；反之，传质方向则由液相到气相，即发生解吸。

总之，一切偏离相平衡的气液系统都是不稳定的，溶质必由一相传递到另一相，其结果是使气、液两相逐渐趋于平衡，溶质传递的方向就是使系统趋于平衡的方向。

2）确定传质的推动力

传质过程的推动力通常用一相的实际组成与其相平衡组成的偏离程度表示。实际组成偏离平衡组成的程度越大，过程的推动力就越大，其传质速率也将越大。

3）指明传质过程进行的极限

平衡状态是传质过程进行的极限。对于以净化气体为目的的逆流吸收过程，无论气体流量有多小，吸收剂流量有多大，吸收塔有多高，出塔净化气中溶质的组成最低都不会低于与入塔吸收剂组成相平衡的气相溶质组成。

同理，对以制取液相产品为目的逆流吸收，出塔吸收液的组成都不可能大于与入塔气相组成相平衡的液相组成。

由此可见，相平衡关系限定了被净化气体离塔时的最低组成和吸收液离塔时的最高组成。一切相平衡状态都是有条件的。通过改变平衡条件可以得到有利于传质过程所需要的相平衡关系。

（5）吸收过程物料衡算

在吸收时，从一相被传递到另一相的组分量等于在气相中组分减少的量，并等于在液相中组分增多的量。

图 3-7 所示的是一个处于稳态操作的状况下单逆流接触的吸收塔，塔底截面一律以下标 "1" 表示，塔顶截面一律以下标 "2" 表示。T 为 "稀端"，B 为 "浓端" 为简便起见，在计算中表示组分组成的各项均略去下标。

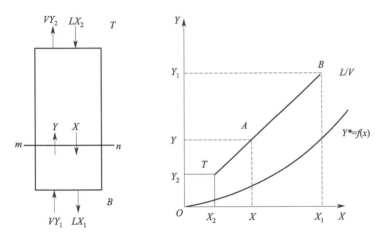

图 3-7　逆流吸收塔物料衡算和操作线

图中各个符号的意义如下：

V——单位时间内通过吸收塔的惰性气体量，kmol/s；

L——单位时间内通过吸收塔的溶剂量，kmol/s；

Y_1、Y_2——进塔、出塔气体中溶质组分的摩尔比，kmol/kmol；

X_1、X_2——出塔、进塔液体中溶质组分的摩尔比，kmol/kmol。

对单位时间内进出塔的 A 物质量做衡算，可写出下式：

$$VY_1+LX_2=VY_2+LX_1 \tag{3-4}$$

或
$$V(Y_1-Y_2)=L(X_1-X_2) \tag{3-5}$$

一般情况下，进塔混合气的组成与流量是吸收任务规定的，如果吸收剂的组成与流量已经确定，则 V、Y_1、L 及 X_2 皆为已知数，又根据吸收任务所规定的溶质回收率，可以得知气体出塔时应有的组成 Y_2 为：

$$Y_2=Y_1(1-\varphi_A) \tag{3-6}$$

式中　φ_A——混合气中溶质 A 被吸收的比例，称为吸收率或回收率。

如此，通过全塔物料衡算可以求得塔底排出的吸收液组成 X_1，于是在填料层底部与顶部两个端面上的液、气组成 X_1、Y_1 与 X_2、Y_2 都应成为已知数。

3.2.2　反应过程

3.2.2.1　工业烟气脱硫副产焦亚硫酸钠反应机理

工业烟气脱硫副产焦亚硫酸钠主要原料为纯碱和来自烟气的二氧化硫，目标产物为焦亚硫酸钠，所涉及的化学反应过程大致可分为 3 个阶段：

(1) 碱液的制备

碱液的配制过程在配碱罐内完成，在焦亚硫酸钠生产工艺系统首次运行或每次大修后，一般该阶段仅表现为式(3-7)。

$$Na_2CO_3(s) \longrightarrow Na_2CO_3(aq) \tag{3-7}$$

待工艺系统运行正常后，通常采用母液配制碱液，母液来自离心分离后的残余溶液，不足的溶剂由脱盐水补充，此后式(3-7)～式(3-9)过程同时存在，式(3-8)为放热反应，放热量 $Q_1 = 39.23kJ/mol$。配好的碱液其有效成分为 $Na_2SO_3(aq)$、$Na_2CO_3(aq)$、$Na_2CO_3(s)$ 的混合悬浊液。

$$Na_2CO_3(aq)+2NaHSO_3(aq) \longrightarrow 2Na_2SO_3(aq)+CO_2(g)+H_2O(l)+Q_1 \tag{3-8}$$

$$Na_2S_2O_5(s)+H_2O(l) \longrightarrow 2NaHSO_3(aq) \tag{3-9}$$

(2) 中间物质亚硫酸氢钠的生成

配好的碱液与 $\varphi(SO_2)$ 为 8%～14% 的原料气在相互串联的三级反应釜里生成中间产物亚硫酸氢钠，其中一级反应釜 pH 值一般在 4.2 左右，二、三级反应釜 pH 值通常在 4.5～5.5 之间。该过程中除了化学反应，还伴随物质相态的迁移。其中式(3-10)～式(3-11)主要发生在第三级反应釜，式(3-12)的正向过程和式(3-13)主要发生在第二级反应釜。出第二级反应釜的悬浊液其有效成分为 $NaHSO_3(aq)$、$Na_2SO_3(aq)$、$Na_2SO_3(s)$。

$$Na_2CO_3(aq)+SO_2(g)+H_2O(l) \longrightarrow Na_2SO_3(aq)+CO_2(g)+H_2O(l) \tag{3-10}$$

$$Na_2CO_3(s) \longrightarrow Na_2CO_3(aq) \tag{3-11}$$

$$Na_2SO_3(aq) \longrightarrow Na_2SO_3(s) \tag{3-12}$$

$$Na_2SO_3(aq)+SO_2(g)+H_2O(l) \longrightarrow 2NaHSO_3(aq)+Q_2 \tag{3-13}$$

(3) 焦亚硫酸钠的析出

出第二级反应釜的悬浊液进入第一级反应釜后，在过量 $HSO_3^-(aq)$ 的环境中，式(3-12)的逆向过程和式(3-13)～式(3-15)的反应同时存在，式(3-13)为放热反应，放热量 $Q_2 = 32.8kJ/mol$。当溶液 pH 值达到 3.8～4.1 时，反应达到终点。

此时，出第二级反应釜的 $Na_2SO_3(s)$、$Na_2SO_3(aq)$ 近乎全部转化为 $NaHSO_3(aq)$，过饱和的 $NaHSO_3(aq)$ 双分子脱水形成 $Na_2S_2O_5(s)$ 产品。

$$SO_2(g)+H_2O(l) \longrightarrow H^+(aq)+HSO_3^-(aq) \tag{3-14}$$

$$2NaHSO_3(aq) \longrightarrow Na_2S_2O_5(s)+H_2O(l) \tag{3-15}$$

总反应如式(3-16)，理论上式中 $Na_2S_2O_5(s)$ 前的系数 x 其数值为 $0 \leqslant x < 1$，通常其上限值不超过 0.6，但下限值会出现零。

$$Na_2CO_3(aq)+2SO_2(g)+(1-x)H_2O(l) \longrightarrow xNa_2S_2O_5(s)+(2-2x)NaHSO_3(aq)+CO_2(g) \tag{3-16}$$

氧气可将低价硫氧化为 SO_4^{2-}，硫酸根在母液中循环并快速富集，部分硫酸根离子还会随焦亚硫酸钠悬浊液的离心分离过程迁移至目标产品中，进而降低目标产品的纯度。通过烧硫铁矿制备的含 SO_2 原料气中的 $\varphi(O_2)$ 一般在 6%～10%，通过烧硫黄制备的含 SO_2 原料气中的 $\varphi(O_2)$ 一般控制到 3% 以下，不然氧化严重。

为了消除原料气中氧气对产品质量的影响，可添加微量的抗氧剂，如对苯二胺、抗坏血酸、米吐尔、对苯二酚等，以使生产系统循环母液不易氧化，提高产品纯度，改善产品外观色泽，同时延长产品保质期。

反应中，碱液罐及各级反应釜中的物质都是悬浊液，为防止晶体沉淀造成堵塞，配碱罐或各级反应釜中都配有搅拌器，只要反应釜内有溶液存在，搅拌器就需要开启。

按反应机理中反应式推算，每生产 1t 焦亚硫酸钠只需要 235.79m³ 纯的 SO_2 气体，但实际生产中，因过程条件难以达到理想状态，需要消耗的 SO_2 原料气体积大于此。

3.2.2.2　影响反应因素分析

按照传递过程的一般规律，吸收过程的速率为吸收的推动力与阻力之比，因此，生产中可从以下两方面来强化吸收过程。

(1) 增加吸收过程推动力

① 增大吸收剂用量 L 或增大液气比 L/G，这样操作线位置上移，吸收操作的平均推动力增大。

② 改变相平衡关系，可通过降低吸收剂温度、提高操作压强或将吸收剂改性，使相平衡常数 m 减小，平衡线位置下移，吸收操作平均推动力也增大。

③ 降低吸收剂入口组成 x_2，这样液相进口处推动力增大，全塔平均推动力也随之增大。

(2) 减小吸收过程阻力（即提高传质系数）

① 开发和采用新型填料，使填料的比表面积增加。

② 改变操作条件，对气相阻力控制的物系，宜增大气速和增强气相湍动；对液相阻力控制的物系，宜增大液速和液相湍动。此外吸收温度不能过低，否则分子扩散系数减小，黏度增大，致使吸收阻力增加。

同时，以下生产技术因素对反应也有一定影响：

(1) 烟气浓度的影响

焦亚硫酸钠是一种强还原剂，故要求反应气体中 SO_2 浓度越高越好，O_2 含量越低越好。SO_2 浓度高，可以缩短反应时间和减小反应器容积。但生产中用三级串联的反应器，并不能使 SO_2 完全反应，一般其反应率为 92%～95%，故进口 SO_2 浓度越高，其出口尾气中 SO_2 的浓度亦越高。为减少尾气处理的费用，进入反应器的 SO_2 浓度不宜过高。SO_2 浓度太低，除了增加反应时间和设备投资外，还会使结晶颗粒太小，影响离心分离和干燥的效果，影响产品质量。

(2) 烟气温度的影响

焦亚硫酸钠的生产为微放热反应，由于原料气中经常含有少量杂质，气体温度也较高，因此，需采取适当预处理措施，配置一定的设备，且洗涤污水尚需经中和等处理。将硫酸厂等经过净化处理的 SO_2 烟气作为原料气时，可省去一些设备，操作也较简单。

(3) 反应设备影响

焦亚硫酸钠生产通常选用三级串联带搅拌的反应器，而不用硫酸厂中常用的填料塔、泡沫塔或喷射塔等塔式设备，主要原因是第一、三级反应器中的液体都呈悬浮液状态，容易堵塞填料或塔内构件。此外，由于各种塔式设备为了保持一定的淋洒密度，就要求一部分吸收液不断地循环淋洒，这使得吸收液和吸收气体反复接触而被氧化，如 Na_2SO_3 被氧化为 Na_2SO_4，这样不仅使吸收液逐渐失效，而且 Na_2SO_4 会在塔内结晶而使塔堵塞。即使在反应初期循环液被氧化的程度还没有那样严重时，也会因循环淋洒而使得焦亚硫酸钠的结晶过细，影响离心分离和干燥，进而影响产品质量。

（4）结晶粒度和母液杂质的影响

与一般的无机盐一样，焦亚硫酸钠的结晶粒度越大，其产品纯度越高。增大粒度除了要提高 SO_2 浓度以外，另一重要因素就是要延长晶粒在母液中的停留时间，使晶粒有足够的时间长大。因此，可以增加一个第一反应器，并联操作，以保证晶粒生成后有一定的停留时间，或在第一反应器的料浆出口再增设一中间贮槽，使料浆先进入中间贮槽静置一段时间再离心分离。此外，第一反应器的搅拌速度不宜过快，母液中的铁离子含量越低越好，如果铁离子含量过高，母液中的硫酸根含量亦相应增高，一般母液中铁离子浓度应控制在 35mg/L 以下，硫酸根含量应控制在 25% 以下，发现超过指标时应全部或部分更新母液，重新用纯碱配制新的原始吸收液。

3.3 主要设备

3.3.1 反应器

化学反应过程和反应器是化工生产流程中的中心环节，在生产中反应器占有重要的地位，生产中常用到的反应器有以下几种。

（1）鼓泡反应器

鼓泡反应器是气体鼓泡通过含有反应物或催化剂的液层，以液相为连续相，气相为分散相来实现气液相反应过程的反应器，包括槽式、管式、塔式等多种结构形式，其中塔式鼓泡反应器（又称鼓泡塔）应用最为广泛。

鼓泡塔的特点有：

① 液体分批加入，气体连续通入或者液体和气体均连续通入。

② 流动方向可以并流或者逆流。鼓泡塔多为空塔，在塔内设有挡板，以减少液体返混。

③ 为加强液体循环和传递反应热，可设外循环管和塔外换热器。一般当热效应不大时，可以采用夹套式换热装置；当热效应较大时需要采用蛇管式或者外循环式换热装置。

④ 鼓泡塔中也可设置填料来增加气液接触面积减少返混，气体一般经气体分布器分散后通入。气体分布器使气体均匀分布，强化传热、传质，是气液相鼓泡塔的关键组成部分。形式有多孔板、喷嘴、多孔管等。

鼓泡塔的优点是结构简单、造价低、便于控制和维修，防腐问题容易解决，用于高压反应时也没有危险和困难。但是鼓泡塔内液体返混严重，气泡易产生聚并，效率受影响。

鼓泡塔（图 3-8），按结构可分为空心式、多段式、气体提升式和液体喷射式。

空心式鼓泡塔工业应用最广泛，最适用于缓慢化学反应系统或伴有大量热效应的反应系统。若热效应较大时，可在塔内或塔外安装热交换单元。为克服鼓泡塔中的液相返混现象，当高径比较大时常采用多段式鼓泡塔。

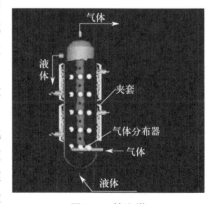

图 3-8 鼓泡塔

（2）喷淋塔

喷淋塔较为简单，液体以细小液滴的形式分散于气体中，气体为连续相，液体为分散相。喷淋塔是气膜控制的反应系统，适于瞬间、界面和快速反应过程，结构如图 3-9 所示。喷淋塔内中空，特别适用于有污泥、沉淀和生成固体产物的体系。

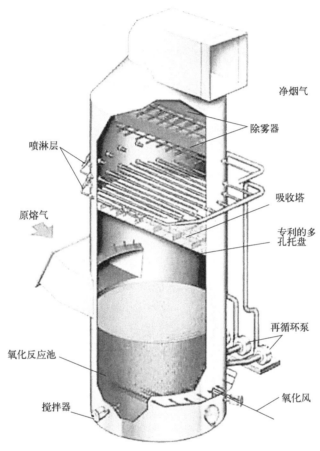

图 3-9　喷淋塔

工作原理：喷淋塔利用气体与液体间的接触将气体中的组分转至液体中，然后再将气体与液体分离。气体经由洗涤塔，采用气液逆向吸收方式，即液体自塔顶向下雾状（或小液滴）喷洒而下，气体则由塔底向上逆流达到气液接触的目的。此处理方式还可冷却气体、调节气体及净化气体，再经过除雾段处理后排出。

（3）喷射式气液反应器

喷射式气液反应器的原理类似于文丘里喷嘴，在结构设计上要求尽可能强化气液混合效果。如图 3-10 所示。

喷射式气液反应器是一种高效的混合设备，该

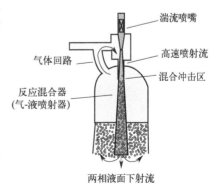

图 3-10　喷射式气液反应器

设备满足了气液传递过程的要求，以此为基础，可以通过一系列的流程组织，进一步满足反应要求的换热及停留时间需求，最终形成一个以喷射器为核心的流程。

对于反应速率较低的反应，一次通过喷射器不足以使底物达到较高的转化率，因此需要增加一台循环泵，不断使底物进行循环。这个过程类似于酸性或碱性气体吸收用的喷射式吸收塔。此外如果反应要求控制温度的话可以在液体循环管道上增加换热器，由于换热器的设计与反应器是分离的，因此换热的比表面积是明显高于反应釜的。可以给一个较小的反应系统配置一个换热面积较大的换热器，变相增加系统的表面积。

（4）组合式反应器——环流反应器

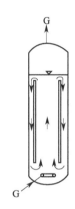

图 3-11　气升式
环流反应器

环流反应器综合了鼓泡塔和机械搅拌釜的优良性能，具有反应速度快、结构简单、无机械传动部件以及易于工程放大等优点，是一类高效的气液接触反应设备。环流反应器包括上升管、下降管、气液分离器和底部连接段四部分。

气升式环流反应器如图 3-11 所示。反应器外筒内部有一个导流筒，将反应器外筒内部划分为导流筒内侧（上升段）和导流筒外侧（下降段）两个区域。初始状态的反应器充有常温液态水。气相（空气）由反应器底部气体入口喷入反应器，沿上升段上升，并由反应器顶部的排气口排出。由于反应器上升段和下降段中混合物的含气率不同，在反应器的上升段和下降段之间形成了静压力差，反应器中的液体在气体的带动下上升至导流筒顶部后，在静压力差的推动下，再由下降段回流至反应器底部，形成了气升式环流反应器内部物质循环流动的推动力。

（5）预混喷射反应器

专利（ZL201922237981.2）提供了一种生产焦亚硫酸钠的系统，如图 3-12 所示，采用预混喷射强化吸收反应，系统包括原料气进口、喷射器、冲洗水入口、气体排出口、结晶器、除沫装置、洗涤装置等。喷射反应器从下到上依次设有排出管、扩张管、喉管、收缩管和进气管，进气管的顶部设有原料气接口，进气管的下部设有液体接口；收缩管的收缩角度为 10°～60°，扩张管的扩张角度为 5°～30°；排出管伸出结晶器顶盖，其伸出长度为 1000～4000mm。结晶器下部为收缩的锥面结构，其收缩的夹角为 60°～100°，锥面结构下部连接有一段沉降管，锥面结构和沉降管构成晶体排出段。

该预混喷射反应器采用塔式结构，多级串联，低阻高效，稳定可靠，适用于大规模生产，已实现规模化工程应用。

3.3.2　缓冲槽

缓冲槽的作用是缓解上游来料的扰动，为下游创造更稳定的工作条件。缓冲槽一般通过控制离心泵的转速来控制输出流量，使输出流量保持恒定。但是由于缓冲槽体积有限，如果对其液位不加控制，会造成缓冲槽溢流损失或离心泵的气蚀事故，因此，为了使缓冲槽安全工作，通常采用保持液位恒定的控制方案，但是这种方案会使缓冲槽丧失对入口流量扰动的抑制作用。

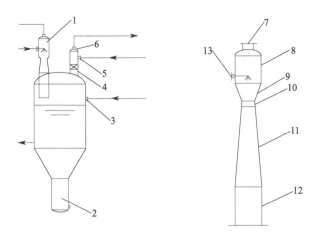

图 3-12　预混喷射反应器及其喷射部件结构

1—喷射反应器；2—晶体排出段；3—原料液接口；4—除沫装置；5—冲洗水接口；6—反应尾气的排出；
7—原料气接口；8—进气管；9—收缩管；10—喉管；11—扩张管；12—排出管；13—液体接口

在吸收反应过程中，需要将混合溶液转移到缓冲槽中进行缓冲作用，使压力、流量、温度平稳下来，并在缓冲槽进行均质均量处理。缓冲槽结构一般如图 3-13 所示，生产中根据不同工艺的需要会有相应改进。

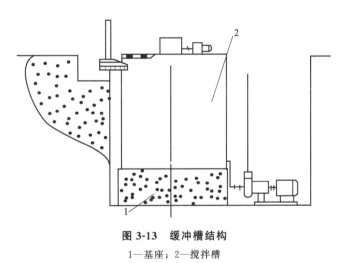

图 3-13　缓冲槽结构

1—基座；2—搅拌槽

3.4　运行维护

3.4.1　运行

吸收系统正常运行是连续的，所有的运行参数变化及运行调整也是连续的。输入吸收反应器的碱液用量及补给取决于原料气中 SO_2 的含量和吸收反应器中 pH 值的控制。

吸收系统运行中，运行人员根据反应器容量、悬浊液 pH 值、进口烟气流量、出口 SO_2 浓度，判断系统是否正常运行。

pH 值是吸收反应进行程度的重要判断依据，应及时准确监控 pH 计数据，分析悬浊液浓度，准确判断分析运行情况。

对于设计定型的设备如配碱罐、反应器等流程已经确定，实际运行中将吸收剂浓度控制在最佳范围，可以明显增加吸收效果，提高装置生产能力，降低能耗和生产成本。

在对气体/液体取样时，按要求穿戴好防护用具，了解气体/液体的各种属性。设备运行中，应与危险因素保持安全距离，尤其是泵、风机等动设备的联轴器或任何其他转动部件。

3.4.2 维护

(1) 检查维护时的注意事项

① 进入吸收塔、风道或箱体/坑内部检查时，外部必须有人负责监护和联系，要确保通风充分，并检查氧气表上的 O_2 浓度值是否符合要求。

② 系统内部的湿度较高。注意防止短路、电击，并确保有足够的通风。

③ 进入的系统风道壁上如果积有灰尘或粘有低 pH 值液体时，必须穿戴防护服，携带防护用具。

④ 在例行检查时，由于工作人员需要进出设备和风道，要特别注意与锅炉运行人员和现场检查人员保持密切联系，制订明确的命令制度，避免意外启动设备。

(2) 系统的维护要求

① 对吸收系统的相关设备要按周期进行巡检，反应器、缓冲槽及配套泵每班安排专人检查，并将检查结果记录在册，记录人员签字。

② 对检查中发现管道、阀门和设备有跑、冒、滴、漏现象，立即汇报并及时处理，如需停车大修，及时报备车间，联系相关维修人员。

③ 对于泵、风机、搅拌器及所有阀门要经常加油，保持灵活好用。

④ 保持泵罩、电机清洁干净，风机、电机、泵每班清洁一次，防止酸、碱、油类及其他脏物侵入。如有意外侵入，应启用备用设备，在及时清除后再次投入使用。

3.5 常见问题分析

3.5.1 反应迟迟未达到终点的原因及处理方法

反应迟迟未达到终点的原因及处理方法如表 3-1 所列。

表 3-1 反应未达终点原因及处理方法

原因分析	对应处理方法
仪表失灵	联系检修
气量太小	联系提气量
料未配好	重新配料
气浓低	联系提气浓
系统阻力大	清洗设备，降低阻力

3.5.2 焦亚硫酸钠生产中污水产生原因及处理措施

在焦亚硫酸钠的生产过程中有少量污水产生，主要原因有：

① 离心机故障的清洗、系统管道的堵塞等需使用冲洗水或蒸汽，而冲洗水或蒸汽冷凝液被带入反应系统，影响系统水平衡。

② 出尾洗塔的尾气带出的水分是维持系统水平衡的关键，而该股物料易受多种因素干扰，如来气中 SO_2 浓度偏低或吸收液温度偏低时，都会降低尾气向系统外带出的水分。

③ 原料气来气温度偏高时或雾沫夹带量大时，从原料气净化系统带入反应系统的水分也会增加，影响系统水平衡。

解决措施：

① 对于原料气净化系统，污水处理系统与原料气净化塔协同作用，尽可能降低污水的外排量；原料气净化塔采取多级塔，尽可能降低新鲜水的补给量；出原料气净化塔的污水尽可能在高温区采出，减少有效成分的损失量，利于下游反应系统的水平衡。

② 对于反应系统，适当提高原料气中 SO_2 浓度，降低原料气净化塔出气温度，用经济的措施降低气体温度，如采用冰冻机、加大循环冷却水降温或采用如浓硫酸洗等除水措施；隔离法清洗离心机，尽可能减少离心机清洗环节带入系统中的水分；提高尾洗塔的温度及 pH 值，增加向系统外移出水量。

第 **4** 章

结晶系统

4.1 系统概述

结晶是固体物质以晶体状态从蒸气、溶液或熔融物中析出的过程。工业生产中，很多产品或中间产品常以晶体的形态出现。结晶操作已成为一种重要的单元操作，在化工、冶金、制盐、食品、医药、材料等工业部门得到广泛应用。

与其他化工分离过程相比，结晶过程有以下几个特点：

① 能从杂质含量较多的溶液或多组分熔融混合物中分离出高纯度的晶体；

② 可用于高熔点混合物、同分异构体混合物、共沸物以及热敏性物质等许多难分离物系的分离；

③ 过程的能耗较低，因为结晶热一般仅为汽化热的 $1/7 \sim 1/3$，而结晶过程又可以在较低温度下进行；

④ 结晶过程比较复杂，涉及多相和多组分的传热、传质及表面反应过程，还存在晶体的粒度和粒度分布问题，结晶过程和结晶设备的种类繁多。

结晶过程可分为溶液结晶、熔融结晶、升华结晶、反应沉淀四种类型。在工业生产过程中，溶液结晶是最常被采用的结晶技术。溶液结晶是对溶液进行降温、浓缩或在溶液中加入其他物质以降低溶质的溶解度，使溶液达到过饱和状态，促使溶质以晶体的形态析出的过程。熔融结晶是根据待分离物质的凝固点不同，在接近析出物熔点温度下，使组成不同于原混合物的析出组分从熔融液中结晶析出的过程。升华结晶是使物质直接由蒸气凝结成固态晶体的过程。反应沉淀是指在液相中，由于化学反应的不断进行而使反应产物的溶解度达到饱和，从而造成反应产物以结晶或无定形物析出的过程。

工业烟气脱硫副产焦亚硫酸钠工艺中，含二氧化硫气体与吸收液接触发生吸收反应，溶液中目标产品焦亚硫酸钠浓度不断增加，达到饱和后结晶析出焦亚硫酸钠，形成含有焦亚硫酸钠结晶的浆液。典型的三级反应吸收生产工艺通常从第一级反应器引出焦亚硫酸钠浆液。

4.1.1 基本概念

4.1.1.1 晶体的性质

晶体是内部结构中的质点元（原子、离子、分子）做三维有序规则排列的固态物质。如果晶体成长环境良好，则可形成有规则的多面体外形，称为结晶多面体，该多面体的表面称为晶面。

晶体具有自发地成长为结晶多面体的可能性，即晶体经常以平面作为与周围介质的分界面，这种性质称为晶体的自范性。晶体中每一宏观质点的物理性质和化学组成以及每一宏观质点的内部晶格都相同，这种特性称为晶体的均匀性。晶体的这个特性保证了工业生产中晶体产品的高纯度。另外，晶体的几何特性和物理效应一般说来常随方向的不同而表现出数量上的差异，这种性质称为各向异性。

4.1.1.2 晶体的几何结构

构成晶体的微观质点（分子、原子或离子）在晶体所占有的空间中，按三维空间点阵规律排列，各质点间有力的作用，使质点得以维持在固定的平衡位置，彼此之间保持一定距离，晶体的这种空间结构称为晶格。晶体按其晶格结构可分为七个晶系，即立方晶系（等轴晶系）、四方晶系、六方晶系、立交晶系、单斜晶系、三斜晶系、三方晶系（菱面体晶系）。一种晶体物质，可以属于某一种晶系，亦可能是两种晶系的过渡体。

通常所说的晶形是指晶体的宏观外部形状，受结晶条件或所处的物理环境（如温度、压强等）的影响比较大。对于同一种物质，即使基本晶系不变，晶形也可能不同。以六方晶体为例，它可以是短粗形、细长形或带有六角的薄片状，甚至呈多棱针状。

4.1.1.3 结晶过程

溶质从溶液中结晶出来要经历两个步骤：首先是要产生称为晶核的微观晶粒作为结晶的核心，这个过程称为成核；其次是晶核长大，成为宏观的晶体，这个过程称为晶体成长。无论是成核过程还是晶体成长过程，都必须以浓度差即溶液的过饱和度作为推动力。溶液过饱和度的大小直接影响成核和晶体成长过程的快慢，而这两个过程的快慢又影响着晶体产品的粒度和粒度分布，因此，过饱和度是结晶过程中一个极其重要的参数。

从溶液中结晶出来的晶粒和剩余的溶液所构成的混悬物称为晶浆，去除其中的晶体后余下的溶液称为母液。生产中通常采用搅拌或其他方法使晶浆中的晶粒悬浮在母液中，以促进结晶过程，因此晶浆亦称为悬浮液。在搅拌或使晶浆循环流动过程中，难免有一些晶体受到磨损而产生破碎的微粒。由于磨损产生的微晶也是一种晶核，因此，磨损现象对结晶操作有直接影响。结晶过程中，含有杂质的母液会以表面黏附和晶间包藏的方式夹带在固体产品中。工业上，通常对晶浆进行固液分离以后，再用适当的溶剂对固体进行洗涤，以尽量除去由于黏附和包藏母液所带来的杂质。

4.1.1.4 晶体的粒度分布

粒度分布是晶体产品的一个重要的质量指标，它是指不同粒度的晶体质量（或粒子数目）与粒度的分布关系。通常用筛分法（或粒度仪）加以测定，一般将筛分结果标绘为筛下（或筛上）累计质量分数与筛孔尺寸的关系曲线。更简便的方法是以中间粒度和变异系数来描述粒度分布，应用时可查阅相关专著。

4.1.1.5 结晶包藏与结块现象

(1) 结晶包藏与防止

结晶包藏是指在结晶内包含有固体、液体或气体杂质的现象。含有杂质的母液往往不能彻底脱除，被包藏在晶体中，使晶体不纯。在产品存储时，某些破碎的晶粒中包藏的少量液体流出，就会引起结块。为了避免杂质的包藏，在进行结晶时应尽量防止尘土或其他固体杂质进入系统。为防止空气或液体在结晶中包藏，在结晶中要避免剧烈搅拌或沸腾。结晶成长过快是引起包藏的主要原因，所以应避免结晶过程中产生过高的过饱和度。

(2) 结晶结块与防止

在贮存或运输晶体产品过程中，某些晶体物质常常会结成块状，为产品的应用带来很大的不便。影响结块的因素较多，就晶体产品本身来说，主要是粒度、粒度分布及晶系。均匀整齐的粒状晶体结块倾向小，即使发生了结块现象，由于单位接触点少，结块也易破碎。粒度参差不齐的粒状晶体六晶粒之间的空隙充填着较小的晶粒，其结果是单位体积中接触点增多，故其结块倾向较大，结成的块也不易破碎。片状的、枝状的、不规则柱状晶体都具有易于结块的特性。影响结块的外部因素有贮存环境下的大气湿度、温度、压力及储存时间等。

工业上防止晶体产品结块的方法有三种：一是彻底干燥晶体产品，并在湿度低的干燥空气中包装，贮存于不漏气的容器或包装中，尽可能地防止贮存时受大的压力；二是仔细控制工业结晶过程，使晶体产品粒度适宜；三是使用防结块添加剂。常用的防结块添加剂有惰性型防结块添加剂，如滑石粉、硅藻土等；还有表面活性剂型防结块添加剂，如用脂肪胺作为氯化钾的防结块添加剂，十五烷基磺酰氯作为碳酸氢铵化肥的防结块添加剂等都已取得良好效果；还可将这两种类型防结块添加剂联合使用。

4.1.2 结晶系统组成、功能

结晶系统用于副产焦亚硫酸钠，主要设备为反应釜（器）、缓冲罐、搅拌器、增稠器、泵、附属管路阀门等。从一级反应釜排出的晶浆在缓冲罐收集，再用泵转移至增稠器后送往离心机。该反应为放热反应，为保持最佳反应条件，通常采用间接冷却将反应热移去。

4.2 结晶原理

4.2.1 结晶过程动力学

4.2.1.1 晶核的生成（成核）

(1) 晶核生成机理

在结晶过程中，溶液中首先要产生微观的晶粒作为结晶的核心，这些核心称为晶核，产生晶核的过程称为成核。晶核的生成机理主要有初级均相成核、初级非均相成核和二次成核三种。

初级均相成核是指溶液在较高的过饱和度下自发生成晶核的过程，此自发过程在溶液内部各处均匀地发生，故称为初级均相成核。

初级非均相成核是指溶液在外来物的诱导下生成晶核的过程，它可以在较低的过饱和度下发生，此时溶液还没有达到自发成核的程度。由于外来物在溶液中的不均匀性，此时的成核过程在溶液内部不是均匀地发生，故称为初级非均相成核。

二次成核是指已含有晶体的溶液，由于晶体间的互相碰撞或晶体与搅拌桨、器壁等的碰撞而产生的微小晶体所诱发的成核过程。初级非均相成核与二次成核的共同点是成核均在外来物的诱导下发生，所不同的是非均相成核过程中的固相外来物是非结晶物质，如溶液中的非晶质、尘埃等，这些非晶质外来物会影响晶体的纯度，而二次成核的固相外来物是晶体本身，所以不会造成晶体的不纯。

由于初级均相成核速率与溶液的过饱和度有很大关系，且对溶液的过饱和度非常敏感，在实际操作中不易控制，故一般不宜采用。而初级非均相成核与二次成核相比存在操作步骤增加及非品质外来物影响晶体纯度等弱点。因此，在工业结晶中一般采用二次成核。

（2）成核速率的影响因素

晶体成长速率是指成核过程的快慢，其影响因素较多，主要有以下几个方面。

1）溶液推动力的影响

成核速率随溶液过饱和度的增加而增大。由于生产工艺中对结晶产品中晶粒大小有一定要求，所以不希望产生过量的晶核。

2）机械作用的影响

机械作用对成核速率有明显的影响，其机理目前尚不清楚。对均相成核来说，在过饱和溶液中发生轻微震动或搅拌，成核速率明显增加。对二次成核而言，搅拌也起着重要作用，搅拌时碰撞的次数与冲击能的增加都对二次成核速率有很大的影响。

3）杂质的影响

过饱和溶液形成时，杂质的作用至少可导致两种结果：其一，当杂质存在时，物质的溶解度发生变化，因而导致溶液的过饱和度发生变化；其二，对溶液的极限过饱和度有影响。故杂质可能加快成核过程，也可能减慢成核过程。对于杂质对成核速率的影响，曾有许多研究者做了大量工作，但至今尚未总结出具有普遍性的规律。

晶核形成的定量计算，还不是很完善，但最关键的因素仍然是过饱和度，简化式如下：

$$J = K_n \Delta C_{max}^m \tag{4-1}$$

式中　J——单位时间中生成的晶核数；

　　　K_n——速率常数；

　ΔC_{max}——允许使用的最大浓差过饱和度；

　　　m——晶核形成动力学的反应级数。

由经典的热力学方程，Gibbs-Thomson 关系式导出的是：

$$J = A \exp \left[-B (\ln S)^{-2} \right] = \frac{dN}{dt} \tag{4-2}$$

式中　J——单位时间中生成的晶核数；

　　　S——过饱和度；

　A，B——常数。

当过饱和度由冷却而产生时：

$$J = qb$$

式中，$b = -dT/dt$，即单位时间的降温速率；q 为结晶固体和溶液浓度变化的函数。当溶液冷却降 1℃，

$$q = \varepsilon \frac{dC^*}{d\theta} \tag{4-3}$$

$$\varepsilon = R/[1 - C(R - 1)] \tag{4-4}$$

式中　R——水化物与无水物的分子量比；

$\dfrac{dC^*}{d\theta}$——平衡溶解度曲线的斜率；

　　ε——物系常数；

　　C——液相浓度。

由于

$$\Delta C_{max} = \frac{dC^*}{d\theta} \Delta Q_{max} \tag{4-5}$$

式中　ΔQ_{max}——结晶热。

由式(4-1)

$$\varepsilon \frac{dC^*}{d\theta} b = K_n \left(\frac{dC^*}{d\theta} \Delta Q_{max} \right)^m \tag{4-6}$$

取对数后，

$$\lg b = (m-1)\lg\left(\frac{dC^*}{d\theta}\right) - \lg\varepsilon + \lg K_n + m\lg\Delta Q_{max} \tag{4-7}$$

对于变量 $\lg b$ 与 $\lg\Delta Q_{max}$ 的关系是线性的，该直线的斜率是成核过程的反应动力学级数 m。

最好还是在实测的基础上回归各常数及幂数（或称级数）再建立定量计算的数模，用于工业实践。

M. A. Larson 利用晶粒数密度分析，推荐了一些设计上较为常用的动力学公式：

$$B° = \frac{K_N}{K_g^{m/n}} M^j G^{m/n} \tag{4-8}$$

$$B° = K_r M^j G^i \tag{4-9}$$

$$B° = K_N M^j S^m \tag{4-10}$$

$$G = K_g S^n \tag{4-11}$$

$$B° = n°G \tag{4-12}$$

式中　　　　$B°$——晶核形成速率；

K_N、K_g、K_r——速率常数，其中 K_N、K_g 可以是温度、粒径以及搅拌程度的函数；

　　　　　G——生长速率；

　　　　　M——晶浆浓度，一般它的幂数 j 可以取 1；

　　　　　S——溶液的过饱和度，此处取幂数为 n 和 m；

　　n，m——反应动力学级数；

　　　　　$n°$——晶体粒数密度；

i——作为 $B°$ 与 G 的关联时，所取的 G 的幂数。

4.2.1.2 晶体的成长

（1）晶体成长机理

在过饱和溶液中已有晶体形成或加入晶种后，以过饱和度为推动力，溶质质点会继续一层层地在晶体表面有序排列，晶体将长大，这个过程称为晶体成长。按照扩散学说，晶体成长机理主要包括三个步骤：

① 溶质由溶液主体向晶体表面的扩散过程，其推动力为溶液主体与晶体表面溶质的浓度差。

② 溶质在晶体表面以某种方式嵌入空间晶格而组成有规则的结构，使晶体长大，并放出结晶热。

第一步扩散过程必须有浓度差作为推动力，第二步为表面反应过程。结晶过程的控制步骤一般是扩散过程或表面反应过程，这主要取决于结晶过程的物理环境。

③ 释放出的结晶热再靠扩散传递到溶液的主体去。

晶体的生长过程从原子（或者分子）的扩散过程来分析，恰似把积木先由堆放的场地（溶液的主体）搬运到目的地（晶体的表面上），然后按照规定的形状构筑起来一样，都要花费一定的劳动量（扩散阻力），这个过程如图 4-1 所示。

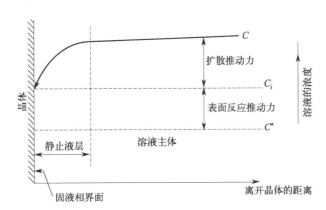

图 4-1　晶体生长扩散过程示意图

$$G=\frac{dW}{dt}=K_dA(C-C_i) \tag{4-13}$$

$$G=\frac{dW}{dt}=K_rA(C_i-C^*) \tag{4-14}$$

式中　G——生长速率，kg/h；

　　W——结晶生长的质量，kg；

　　t——时间，h；

　　K_d——扩散传质系数；

　　K_r——表面反应速率常数；

　　A——晶体的表面积，m^2；

　　C——溶液主体浓度，kg/kgH_2O；

　　C_i——界面上的浓度，kg/kgH_2O；

C^*——平衡饱和浓度，kg/kgH_2O。

将以上二式合并，

$$G = \frac{dW}{dt} = \frac{A(C-C^*)}{(1/K_d)+(1/K_r)} = K_g A(C-C^*) = KA(C-C^*) \quad (4\text{-}15)$$

$$1/K_g = (1/K_d)+(1/K_r) = 1/K \quad (4\text{-}16)$$

$$K = K_g = \frac{K_d K_r}{K_d + K_r} = 总传质系数 \quad (4\text{-}17)$$

当 $K_r \approx \infty$，则 $K_g = K \approx K_d$，是扩散控制；当 $K_d \approx \infty$，则 $K_g = K \approx K_r$，是表面结晶反应控制。

上述公式的反应级数均为1。实验证明，对于不同物质的级数各不相同。

$$G = \frac{dW}{dt} = K_g A(C-C^*)^j \quad (4\text{-}18)$$

或者，对单位面积上的生长速率[G/A，单位为 $kg/(m^2 \cdot h)$]为：

$$G/A = K_g \Delta C^j \quad (4\text{-}19)$$

在实验室内用玻璃装置模拟流化床结晶器，从而得出精确的结晶总生长速率。全装置用硬质玻璃制成。总容积 $10\sim13L$，生长区 $\phi5\sim8cm$，75cm 长。附有加热与水冷设备，温度控制的精度为 $\pm0.03℃$。

(2) 影响晶体成长的因素

晶体成长速率的大小与溶液的过饱和度、温度、晶种、液相的搅拌强度、有无杂质等因素有关。

1）过饱和度的影响

过饱和度是结晶过程的推动力，是产生结晶产品的先决条件，也是影响结晶操作的最主要因素。过饱和度增高一般使晶体成长速率增大，同时会引起溶液黏度增加，结晶速率下降。因此，存在最佳过饱和度的选择问题。

2）温度的影响

温度是影响晶体成长速率的重要参数之一。在其他条件相同时，成长速率似乎应随温度的升高而加快，但实际上，并非经常如此。因为不仅粒子的扩散速度和表面反应控制速度与温度有关，而且溶液的黏度、过饱和度、过冷度都与温度有关。故晶体成长速率提高而导致过饱和度的降低，不仅对不同物系影响各异，即使对同一物系，因纯度和温度范围的不同，温度的影响也各不相同。

3）晶种的影响

加入晶种的作用主要是控制晶核的数量，以得到粒度大而均匀的结晶产品。溶液自发成核的过程很难控制（甚至有个别的物系，如果不加晶种甚至几天也不会自发地析出晶核），且对过饱和度的变化非常敏感。因此，除了超细粒子制造外，一般结晶过程都应在人为加入晶种的情况下进行。加入晶种时必须掌握好时机：如果溶液温度较高，加入的晶种有可能部分或全部溶化而不能起到诱导成核的作用；如果温度较低，当溶液中已自发产生大量细小晶体时，再加入晶种已不能起作用。此外，在加入晶种时要轻微地搅动，以使其均匀地分布在溶液之中，得到高质量的结晶产品。

4）搅拌的影响

在大多数结晶设备中都配有搅拌装置,搅拌能促进扩散和加速晶体生长。但在使用搅拌时应注意搅拌装置的型式和搅拌的速度。在夹套式的结晶器中,适宜配置与容器内壁形状相近的框式或锚式搅拌装置;在一些靠搅拌推动溶液循环的结晶器中,适宜配置旋桨式搅拌装置。搅拌装置的转速应适当,转速太快,会导致对晶体的机械破损加剧,影响产品的质量;转速太慢,则可能起不到搅拌的作用。适宜的搅拌速度一般都是对特定的物系进行试验或参考经验数据而确定的。

5)杂质或添加剂对结晶的影响

对于许多结晶物系,结晶母液中如果存在某些微量杂质(包括人为加入的某些添加剂),即使其含量极低,也可显著改变结晶行为。

溶液中的杂质对晶体成长速率的影响较为复杂,有的能抑制晶体的成长、有的能促进成长、有的能在极低的浓度下产生影响、有的却需要在相当高的浓度下才起作用。杂质影响晶体成长速率的途径也各不相同:有的是因杂质的存在引起晶体界面附近的液体性质发生了改变而影响溶质长入晶体;有的是通过杂质本身在晶面上的吸附发生阻挡作用。若杂质和晶体的晶格相似,则杂质能长入晶体。在工业生产中,有时为了改变晶体的形状而有意识地加入某种物质,常用的有无机离子、表面活性剂和某些有机物等。

溶液中的杂质还能影响晶体的晶系。不同的结晶状况也可使产生的同一物质的晶粒在晶系、粒度、颜色及所含结晶水多少等方面有所不同。例如,氯化钠在纯水溶液中结晶时为立方晶体;若水溶液中含有少量尿素,则氯化钠形成八面体的晶体。又例如,在不同的温度下结晶时,碘化汞晶体可以是黄色或红色;铬酸铅晶体的颜色也因结晶温度各不相同。此外,溶质结晶时若有水合作用,则所得的晶粒中含有一些数量的溶剂(水)分子,这种水分子称为结晶水。结晶水的含量多少不仅影响晶体的形状,而且也影响晶体的性质。例如,无水硫酸铜在 240℃ 以上结晶时,得到白色的属于斜方晶系的三棱形针状晶体;但在常温下,结晶出来的却是大颗粒蓝色的属于三斜晶系的含有五个结晶水的硫酸铜水合物。

4.2.1.3　影响结晶操作的因素

晶体的质量主要是指晶体的大小、形状和纯度。实际生产中,往往要求结晶产品既要有颗粒大而均匀的外观,又要有较高的纯度,而这些均与晶体的生长过程有着直接的关系。

结晶过程包括晶核形成和晶体成长两个阶段。因此,在整个操作过程中有两种速率,即晶核形成的速率和晶体成长的速率。若晶核形成速率远大于晶体的成长速率,则溶液中往往会有大量晶核来不及长大,过程就结束了,所得结晶产品小而多;若晶核形成速率远小于晶体成长速率,则溶液中的晶核有足够长的时间长大,所得结晶产品颗粒大而均匀;若两速率相近,则所得结晶产品的粒度大小会参差不齐。

因此,上述两种速率的大小不仅影响产品的外观质量,而且还可能影响产品本身的内部质量。例如,当晶体的成长速率过大时有可能导致两个以上的晶体彼此相连,虽然从表面上看晶体较大,但实际上在晶体之间往往夹有杂质,使产品纯度降低。

4.2.1.4　结晶产品的纯度

结晶过程的主要特点是产品纯度高。晶体是化学性质均一的固体,组成它的分子(原子或离子）在空间格架（晶格）的结点上对称排列，形成有规则的结构。结晶时，溶液中的溶质或因其溶解度与杂质的溶解度不同而得以分离；或两者的溶解度相差不大，但晶格不同，彼此"格格不入"，因而也就相互分离。所以说，在结晶过程中虽然原来溶液中含有杂质，但结晶出来的固体则非常纯净。

在结晶过程中含有杂质的母液是影响产品纯度的重要因素。附在晶体上的母液若未除尽，最终的产品必然会沾有杂质，进而降低产品纯度，故应尽量除去由母液引入的杂质。当若干颗晶粒结成"晶簇"时，很容易将母液包藏在晶粒间而使后续洗涤困难，这样也会降低产品的纯度。若结晶过程伴随搅拌操作，则可以减少晶簇形成的机会。

大而粒度均匀一致的晶粒比小而参差不齐的晶粒所夹带的母液少，而且洗涤比较容易。但细小晶粒聚结成簇的机会较少，因而包藏的母液较少，由此可见，在结晶过程中，不但要注意产品的产量和纯度问题，而且还要注意晶体粒度及其分布问题。

4.2.2 结晶相平衡

4.2.2.1 溶解度曲线

(1) 溶解度

固体与其溶液相达到固、液相平衡时，单位质量的溶剂所能溶解的固体的质量，称为固体在溶剂中的溶解度。溶解度的单位常采用单位质量溶剂中所含溶质的量表示，但也可以用其他浓度单位来表示，如质量分数等。工业上通常采用1（或100）份质量的溶剂中溶解多少份质量的无水物溶质来表示溶解度的大小，如g溶质/g溶剂、g溶质/100g溶剂。例如，焦亚硫酸钠在水中的溶解度随温度升高而增大，20℃时溶解度为54g/100g水，100℃时为81.7g/100g水。

在一定温度下，任何固体溶质与其溶液接触时，如溶液尚未饱和，则溶质溶解。当溶解过程进行到溶液恰好达到饱和，则固体的溶解与析出的速率是相等的，其结果是既无固体溶解，又无固体物质析出。此时，固体与其溶液处于相平衡状态，溶液的浓度称为饱和浓度或平衡浓度，该浓度即为该温度下固体溶质在溶剂中的溶解度。

物质的溶解度与它的化学性质、溶剂的性质及温度有关，压力的影响可以忽略。对给定的溶质-溶剂体系，温度对溶解度的影响很大，故在提及溶解度时必须指明对应的温度。

(2) 溶解度曲线

与吸收过程相仿，在给定温度条件下，结晶过程的相平衡关系可用溶质在溶剂中的溶解度曲线来表示。溶解度数据通常用溶解度对温度所标绘的曲线来表示，该曲线称为溶解度曲线。溶解度曲线表示溶质在溶剂中的溶解度随温度而变化的关系。

许多物质的溶解度曲线是连续的，即在所涉及的温度范围内，整条曲线并无转折之处，而且这些物质的溶解度是随温度的提高而增加，即具有正溶解度特性。对于这样的物质，用冷却方法就可使溶质从溶液中结晶出来。

另外，还有一些水合盐（即含有结晶水的物质）的溶解度曲线具有明显的转折点，曲线的转折处相当于稳定固相的转变。特别是含有多种结晶水的化合物，必然有多个温度转折点。生产操作在哪一个温度区域，其结晶出来的水化物必然是对应的。例如：亚硫酸钠在 $0 \sim 33.4℃$ 之间结晶时，其结晶体为 $Na_2SO_3 \cdot 7H_2O$，而在 $33.4℃$ 以上结晶时，则晶体为

Na_2SO_3，所以转折点又称变相点。$Na_2S_2O_3$ 在 48℃ 以下是以 $Na_2S_2O_3 \cdot 7H_2O$ 析出，在 48～70℃ 间是 $Na_2S_2O_3 \cdot 2H_2O$ 析出，70℃ 以上是无水结晶析出，出现同一物系有几个这样的相变点。图 4-2 是常见的一些无机盐类综合在一张溶解图上，从这张图上可以看出溶解度的 5 个特征：

① 对温度十分敏感，如 KNO_3、$NaNO_3$ 等，随温度的升高溶解度迅速增大。

② 溶解度随温度变化中等增加，如 KCl、$(NH_4)_2SO_4$ 等。

③ 对温度不太敏感，如 NaCl，随温度的升高溶解度只有微小的增加。

④ 有些盐类溶解度随温度的升高反而下降，如 Na_2SO_4，在溶解过程中放出热量，具有逆溶解度特性。

⑤ 还有一些水合物的物质，溶解度曲线上有折点，物质在折点两侧含有的水分子数不等，故转折点又称变态点。例如低于 32.4℃ 时，从硫酸钠水溶液中结晶出来的是 $Na_2SO_4 \cdot 10H_2O$，而高于该温度结晶出来的是固体 Na_2SO_4。

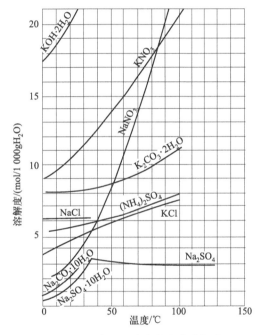

图 4-2　几种无机盐类在水中溶解度

硫酸氢钠、亚硫酸钠和亚硫酸氢钠在水中的溶解度如表 4-1 所列。

表 4-1　硫酸氢钠、亚硫酸钠和亚硫酸氢钠在水中的溶解度　单位：g/100g 水

温度/℃	0	10	20	25	30	40	50	60	80	100
$NaHSO_4$	50	—	—	28.6	—	—	—	—	—	100
Na_2SO_3	12.5	16.0	20.7	—	26.1	27.0	25.70	24.5	22.60	21.20
$NaHSO_3 \cdot 7H_2O$	13.9	20	26.9	—	36	—	—	—	—	—

在焦亚硫酸钠传统湿法生产工艺中最后两步反应如下：

亚硫酸钠溶液再与二氧化硫反应至 pH 值为 4.1，又生成亚硫酸氢钠溶液：

$$SO_2 + Na_2SO_3 + H_2O \longrightarrow 2NaHSO_3 \tag{4-20}$$

当溶液中亚硫酸氢钠含量达到过饱和状态时，就会析出焦亚硫酸钠晶体：

$$2NaHSO_3 \rightleftharpoons Na_2S_2O_5 + H_2O \tag{4-21}$$

本反应是强放热反应，通常采用夹套冷却水冷却，将反应温度最好控制在 $45 \sim 55℃$ 区间，当溶液温度突然下降时说明结晶过程达到终点。

4.2.2.2 溶液的过饱和与介稳区

(1) 溶液的过饱和

① 饱和溶液：浓度恰好等于溶质的溶解度，即达到固、液相平衡时的溶液。

② 过饱和溶液：溶液含有超过饱和量的溶质。

③ 过饱和度：同一温度下，过饱和溶液与饱和溶液的浓度差。

溶液的过饱和度是结晶过程的推动力。

将一个完全纯净的溶液在不受任何扰动（无搅拌、无震荡）和刺激（无超声波）等作用的条件下缓慢降温，就可以得到过饱和溶液，但超过一定限度后，澄清的过饱和溶液就会开始自发析出晶核。饱和溶液不降温到饱和温度时不结晶，有的甚至降到饱和温度以下好几度才能结晶。饱和温度与低于饱和温度的结晶温度的差值称为过冷温度或过冷却度。不同物质结晶时所需要的过冷温度各不相同。例如，硫酸镁在上述条件下，过冷温度可达 $17℃$ 左右；氯化钠结晶时的过冷温度仅为 $1℃$；而某些高分子物质的黏稠溶液，则能维持很大的过饱和度也不结晶，例如蔗糖溶液的过冷温度大于 $25℃$。

(2) 介稳区

当溶质的浓度超过饱和浓度（即溶解度）且无溶质析出时，该溶液称为过饱和溶液。当过饱和溶液的浓度增加到一定程度时，会开始有溶质析出，此时浓度与温度间的关系可用过饱和曲线描述，如图 4-3 所示。在图 4-3 中，AB 线为溶解度曲线，CD 线为过饱和曲线，与溶解度曲线大致平行。AB 线以下的区域为稳定区，在此区域溶液尚未达到饱和，因而没有结晶的可能。AB 曲线以上是过饱和区，此区又可分为两个

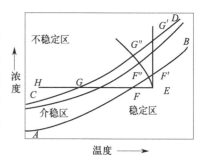

图 4-3　溶液的过饱和曲线

部分：AB 线和 CD 线之间的区域称为介稳区，在此区域内不会自发地产生晶核，但如果向溶液中加入晶体（称为晶种），则能诱导结晶进行；CD 线以上是不稳定区，在此区域内能自发地产生晶核。

在图 4-3 中，还列出了几种结晶操作类型的操作状态线。其中，EFG 为冷却结晶过程的操作状态线。初始状态为 E 的洁净溶液冷却至 F 点，溶液刚好达到饱和，但没有结晶析出；继续从 F 点冷却至 G 点，溶液经过介稳区，虽已处于过饱和状态，但仍不能自发地产生晶核（在不加晶种的情况下）；只有当冷却超过 G 点进入不稳定区后，溶液才能自发地产生晶核（自晶体）。另外，还可以采用在恒温条件下蒸发溶剂的方法，使溶液达到过饱和，如图中 $EF'G'$ 线所示；或者采用冷却和蒸发溶剂相结合的方法使溶液达到过饱和，如图中曲线 $EF''G''$ 所示。

工业生产中一般都希望得到平均粒度较大的结晶产品。因此，结晶过程应尽量控制在介稳区内进行，以避免产生过多晶核而影响最终产品的粒度。

4.2.3　结晶物料衡算

4.2.3.1　物料衡算

在结晶过程中，溶液从不饱和状态进入过饱和状态并发生结晶。在结晶终了时，可认为晶体与母液处于平衡状态，则母液是结晶过程终了温度下的饱和溶液，其质量分数即为此时的溶解度。由于原料液的初始质量分数、过程终点温度下的溶解度和过程中溶剂的蒸发量一般为已知，因此，通过物料衡算可以计算出结晶过程中晶体的产率。

对于形成水合物的结晶过程，在做物料衡算时，必须考虑结晶产物中包含的溶剂。结晶设备的物流和能流进出情况，如图 4-4 所示，对所示的控制体做物料衡算。

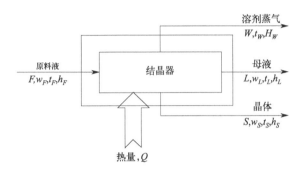

图 4-4　结晶器进出物流和能流示意图

t_F—原料液的温度，K；t_L—母液的温度，K；t_S—晶体的温度，K；t_W—溶剂蒸气的温度，K；
h_F—单位质量原料液的焓，kJ/kg；h_L—单位质量母液的焓，kJ/kg；h_S—单位质量晶体的焓，kJ/kg；
H_W—单位质量溶剂蒸气的焓，kJ/kg；Q—热负荷，即外界与控制体的传热量，向控制体供热为正，移热为负，kJ

总物料衡算：$F = S + L + W$

溶质的物料衡算：$Fw_F = Sw_S + Lw_L$

联立上述两式，求出晶体的量为：

$$S = \frac{L(w_L - w_F) + Ww_F}{w_F - w_S} \tag{4-22}$$

式中　F——原料液质量，kg；

L——母液质量，kg；

S——晶体质量，kg；

W——溶剂蒸发质量，kg；

Fw_F——原料液中溶质的质量，kg；

Sw_S——晶体中溶质的质量，kg；

w_F——原料液中溶质的质量分数；

w_L——母液中溶质的质量分数；

w_S——晶体中溶质的质量分数。

4.2.3.2　热量衡算

溶质从溶液中结晶出来时会放出结晶热。结晶热为生成单位质量溶质晶体所放出的热量。结晶的逆过程是溶解，单位质量溶质晶体在无限稀释的溶液中溶解所吸收的热量称为溶解热。由于绝大多数物质的稀释热很小，与溶解热相比可以忽略，因此可认为结晶热等于负的溶解热。在工业结晶过程中，由于母液需要被加热或冷却，且常常伴随溶剂的蒸发，故还需计算热负荷以确定传热面积，结晶过程的热负荷可通过热量衡算求得。

热量衡算：

$$FH_F + Q = SH_S + LH_L + WH_W \tag{4-23}$$

式中　Q——热负荷，即外界与控制体的传热量，向控制体供热为正，移热为负，kJ；

　　　H_F——单位质量原料液的焓，kJ/kg；

　　　H_L——单位质量母液的焓，kJ/kg；

　　　H_S——单位质量晶体的焓，kJ/kg；

　　　H_W——单位质量溶剂蒸气的焓，kJ/kg。

将物料衡算式改写为 $L = F - S - W$，代入整理得：

$$Q = W(H_W - H_L) - S(H_L - H_S) - F(H_F - H_L) \tag{4-24}$$

这表明外界加入控制体的热量等于溶剂汽化所需的汽化热减去溶液结晶的放热量和原料液降温放出的显热。故可写为：

$$Q = Wr_W - Sr_S - FC_P(t_F - t_L) \tag{4-25}$$

式中　r_W——单位质量溶剂的汽化热，kJ/kg；

　　　r_S——单位质量晶体的结晶热，kJ/kg；

　　　C_P——溶液的定压比热容，kJ/（kg·K）；

　　　t_F——进料液的温度，K；

　　　t_L——溶液的温度，K。

4.3　溶液结晶方法与设备

4.3.1　溶液结晶过程

溶液结晶是指晶体从溶液中析出的过程。按照结晶过程过饱和度产生的方法，溶液结晶大致可分为冷却法、蒸发法、真空冷却法以及加压法等几种类型，此处主要介绍前三种。

(1) 冷却法

冷却法是将溶液降温达到过饱和而析出结晶，此法也称为冷析结晶法。冷却法结晶过程基本上不移除溶剂，而是通过冷却降温使溶液达到过饱和。此法适用于溶解度随温度的降低而显著降低的物系（如硝酸钾、硝酸钠、硫酸镁等溶液的结晶分离）。冷却的方法分为自然冷却、间接换热冷却及直接冷却。

1) 自然冷却法

自然冷却法是指将热的结晶溶液置于无搅拌敞口的结晶釜中，靠自然冷却降温结晶。此法所得产品纯度较低，粒度分布不均，容易发生结块现象。设备所占空间大，生产能力较低。由于这种结晶过程设备造价低，对产品纯度和粒度均无严格要求，至今仍在应用。

2) 间接换热冷却法

图4-5与图4-6分别是目前应用较广的内循环式和外循环式釜式结晶器。冷却结晶过

程所需的冷量由夹套或外换热器传递。具体选用哪种形式的结晶器,主要取决于结晶过程换热量的大小。内循环式结晶器由于受换热面积的限制,换热量不能太大。外循环式结晶器通过外部换热器传热,传热系数较大,还可按需要加大换热面积,但必须选用合适的循环泵,以避免悬浮晶体磨损破碎。这两种结晶器的操作方式可以是连续式或间歇式。

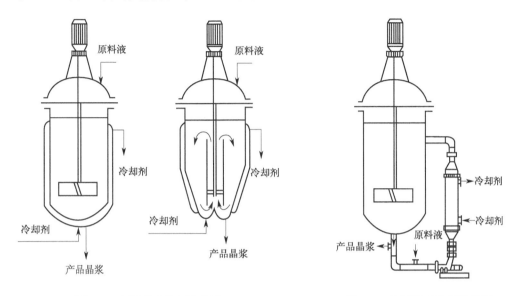

图 4-5　内循环式冷却结晶器　　　　图 4-6　外循环式冷却结晶器

3)直接冷却法

间接换热冷却方式的缺点,在于冷却表面结垢及结垢导致换热效率下降。直接接触冷却法则没有这个问题。直接冷却的原理是依靠结晶母液与冷却介质直接混合制冷。常用的冷却介质是碳氢化合物惰性液体,如乙烯、氟利昂等,借助于这些惰性液体的蒸发汽化而直接制冷。采用这种操作必须注意冷却介质可能对结晶产品产生污染,选用的冷却介质不能与结晶母液中的溶剂互溶或者虽互溶但应易于分离。目前在润滑油脱蜡、水脱盐及某些无机盐生产中使用这种结晶方式。结晶设备有简单釜状、回转式、湿壁塔式等多种类型。

(2) 蒸发法

蒸发是除去一部分溶剂的结晶过程,主要是使溶液在常压或减压下蒸发浓缩而变成过饱和。

此法适用于溶解度随温度降低而变化不大或具有逆溶解度特性的物系。利用太阳能晒盐就是最古老而简单的蒸发结晶过程。蒸发结晶器与一般的溶液浓缩蒸发器在原理、设备结构及操作上并无不同。需要指出的是,一般蒸发器用于蒸发结晶操作时,对晶体的粒度不能有效加以控制。遇到必须严格控制晶体粒度的场合,需将溶液先在一般的蒸发器中浓缩至略低于饱和组成,然后移送至带有粒度分级装置的结晶器中完成结晶过程。

蒸发结晶器也常在减压下操作,其操作真空度不很高。采用减压的目的在于降低操作温度,增大传热温差,利用低能阶的热能,并可组成多效蒸发装置。

(3) 真空冷却法

真空冷却法是使溶剂在真空下闪急蒸发而使溶液绝热冷却的结晶法。此法适用于具有正溶解度特性而且溶解度随温度的变化率中等的物系。真空冷却法实质上是溶液通过蒸发浓缩及冷却两种效应来产生过饱和度。真空冷却结晶过程的特点是,主体设备结构相对简单,无换热面,操作比较稳定,不存在晶垢妨碍传热的问题。

4.3.2 结晶器

几种主要的通用结晶器如下:

(1) 强迫外循环型结晶器

图 4-7 所示的是一台连续操作的强迫外循环型结晶器。部分晶浆由结晶室的锥形底排出,经循环管与原料液一起通过换热器加热,沿切线方向重新返回结晶室。这种结晶器用于间接冷却法、蒸发法及真空冷却法结晶过程。它的特点是生产能力很大。但由于外循环管路较长,输送晶浆所需的压头较高,循环泵叶轮转速较快,因而循环晶浆中晶体与叶轮之间的接触成核速率较高。另一方面它的循环量较低,结晶室内的晶浆混合不很均匀,存在局部过浓现象,因此,所得产品平均粒度较小,粒度分布较宽。

(2) 流化床型结晶器

图 4-8 是流化床型蒸发结晶器及冷却结晶器的示意图。结晶室的器身常有一定的锥度,即上部较底部有较大的截面积,液体向上的流速逐渐降低,其中悬浮晶体的粒度愈往上愈小,因此结晶室成为粒度分级的流化床。在结晶室的顶层,基本上已不再含有晶粒。澄清的母液进入循环管路,与热浓料液混合

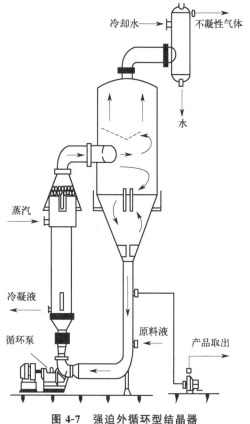

图 4-7 强迫外循环型结晶器

后,或在换热器中加热并送入蒸发器蒸发浓缩(对蒸发结晶器),或在冷却器中冷却(对冷却结晶器)而产生过饱和。过饱和的溶液通过中央降液管流至结晶室底部。与富集于结晶室底层的粒度较大的晶体接触,晶体长得更大。溶液在向上穿过晶体流化床时,逐步降低其过饱和度。

流化床型结晶器的主要特点是过饱和度产生的区域与晶体成长区分别设置在结晶器的两处,由于采用母液循环式,循环液中基本上不含晶粒,从而避免发生叶轮与晶间的接触成核现象,再加上结晶室的粒度分级作用,使这种结晶器所生产的晶体大而均匀,特别适合于生产在过饱和溶液中沉降速率大于 0.02m/s 的晶粒。缺点是生产能力受限制,因为必须限制液体的循环速度及悬浮密度,把结晶室中悬浮液的澄清界面限制在循环泵的入口以下以防止母液中夹带明显数量的晶体。

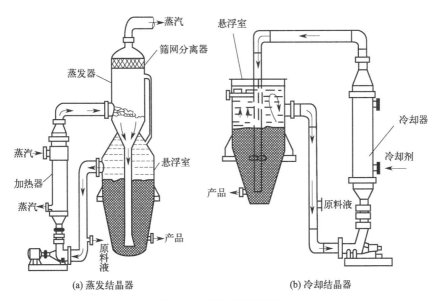

(a) 蒸发结晶器　　　　(b) 冷却结晶器

图 4-8　流化床型结晶器

(3) DTB 型结晶器

　　DTB 型结晶器是具有导流筒及挡板的结晶器的简称。可用于真空冷却法、蒸发法、直接接触冷冻法以及反应结晶法等多种结晶操作。DTB 型结晶器性能优良,生产强度高,能产生粒度达 $600\sim1200\mu m$ 的大粒结晶产品,器内不易结晶疤,已成为连续结晶器的最主要形式之一。

　　图 4-9 是 DTB 型真空结晶器的构造简图。结晶器内有一圆筒形挡板,中央有一导流筒,在其下端装置的螺旋桨式搅拌器的推动下,悬浮液在导流筒以及导流筒与挡板之间的环形通道内循环,形成良好的混合条件。圆筒形挡板将结晶器分为晶体成长区和澄清区。挡板与器壁间的环隙为澄清区,其中搅拌的作用基本上已经消除,使晶体得以从母液中沉降分离,只有过量的细晶才会随母液从澄清区的顶部排出器外加以消除,从而实现对晶核数量的控制。为了使产品粒度分布更均匀,有时在结晶器的下部设置淘洗腿。DTB 型结晶器属于典型的晶浆内循环结晶器。由于设置了导流筒,形成了循环通道,循环速度很高,可使晶浆质量密度高达 30%~40%,因而强化了结晶器的生产能力。结晶器内各处的过饱和度较低,并且比较均匀,而且由于循环流动所需的压头很低,螺旋桨只需在低速下运转,桨叶与晶体间的接触成核速率很低,这也是该结晶器能够生产较大粒度晶体的原因之一。

　　将图 4-9 顶部冷凝器改为精馏塔,可在一台装置中完成蒸发结晶与混合溶媒的分离回收两个单元过程。

4.3.3　结晶器的操作与控制

(1) 连续操作与间歇操作

　　虽然连续结晶操作具有操作参数稳定、原料利用率高、劳动量小等许多优点,但仍有许多结晶过程使用间歇结晶操作,这是因为间歇结晶具有独特的优点,如设备相对

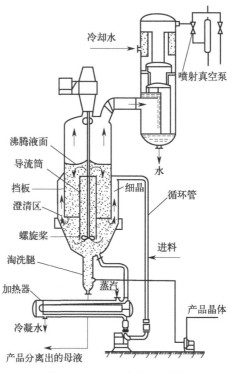

冷却水
喷射真空泵
水
沸腾液面
导流筒
挡板
细晶
循环管
澄清区
螺旋浆
淘洗腿
进料
加热器
蒸汽
冷凝水
产品晶体
产品分离出的母液

图 4-9　DTB 型真空结晶器

简单，热交换器表面结垢现象不严重等；最主要的是对于某些结晶物系，只有使用间歇操作才能生产出指定的纯度、粒度分布及晶形的合格产品。间歇结晶与连续结晶过程相比较，其缺点是操作成本比较高，不同批产品的质量可能有差异，即操作和产品质量的稳定性较差，必须使用计算机辅助控制方能保证生产重复性。但间歇结晶操作产生的结晶悬浮液，可以达到热力学平衡态，比较稳定。连续结晶过程生产出的结晶悬浮液是不可能完全达到平衡态的，只有放入一个产品悬浮液的中间储槽中等待它达到平衡态，如果免去这一步，悬浮液有可能在结晶出口管道或其他部位继续结晶，出现不希望有的固体沉积现象。

间歇半连续结晶过程兼具间歇操作与连续操作的优点，已被工业界广泛采纳。

（2）连续结晶过程的控制

连续结晶器的操作有以下几项要求，控制符合要求的产品粒度分布；结晶器具有尽可能高的生产强度；尽量降低结晶垢的速率，以延长结晶器正常运行的周期及维持结晶器的稳定性。为了使连续结晶器具有良好的操作性能，往往采用"细晶消除""粒度分级排料""清母液溢流"等技术，使结晶器成为所谓的"复杂构型结晶器"。采用这些技术可使不同粒度范围的晶体在结晶器内具有不同的停留时间，也可使结晶器内的晶体与母液具有不同的停留时间，从而使结晶器增添了控制产品粒度分布和晶浆密度的手段，再与适宜的晶浆循环速率相结合，便能使连续结晶器满足上述操作要求。

1）细晶消除

在连续操作的结晶器中，每一粒晶体产品都是由一粒晶核生长而成的，在一定的晶浆体积中，晶核生成量越少，产品晶体就会长得越大。反之，如果晶核生成量过大，溶液中有限数量的溶质分别沉积于过多的晶核表面上，产品晶体粒度必然较小。在实际工业结晶过程中，成核速率很不容易控制，较普遍的情况是晶核数目太多，或者说晶核的生成速率过高。因此，必须尽早地把过量的晶核除掉。

除去细晶的目的是提高产品中晶体的平均粒度，此外，它还有利于晶体生长速率的提高。因为结晶器配置了细晶消除系统后，可以适当地提高过饱和度，从而提高了晶体的生长速率及设备的生产能力。即使不人为地提高过饱和度，被溶解而消除的细晶也会使溶液的过饱和度有所提高。

通常采用的去除细晶的办法是根据淘洗原理，在结晶器内部或外部建立一个澄清区。在此区域内，晶浆以很低的速度向上流动，使大于某一"细晶切割粒度"的晶体都能从溶液中沉降出来，回到结晶器的主体部分，重新参与晶浆循环，并继续生长。而小于此粒度的细晶将随澄清区溢流而出的溶液进入细晶消除循环系统，以加热或稀释的方法使之溶解，然后经循环泵重新回到结晶器中去。

2）产品粒度分级

混合悬浮型连续结晶器配置产品粒度分级装置，可实现对产品粒度范围的调节。产品粒度分级是使结晶器中所排出的产品先流过一个分级排料器，然后排出系统。分级排料器可以是淘洗腿、旋液分离器或湿筛，它将小于某一产品分级粒度（RF）的晶体截留，并使之返回结晶器的主体，继续生长，直到长到超过 RF，才有可能作为产品晶体排出器外。如采用淘洗腿，调节腿内向上淘洗液流的速度，即可改变分级粒度。提高淘洗液流速，可使产品粒度分布范围变窄，但也使产品的平均粒度有所减小。

3）清母液溢流

清母液溢流是调节结晶器内晶浆密度的主要手段，增加清母液溢流量无疑可有效地提高器内的晶浆密度。清母液溢流的主要作用是能使液相和固相在结晶器中具有不同的停留时间。在无清母液溢流的结晶器中，固、液两相的停留时间相等，而在有清母液溢流的结晶器中，固相的停留时间可延长数倍之多。清母液溢流有时与细晶消除相结合，从结晶器中的澄清区溢流而出的母液总会含有小于某一切割粒度的细晶，所以不存在真正的清母液。这股溢流而出的母液如排出结晶系统，则可称为清母液溢流，由于它含有一定量的细晶，所以也必然起着某些消除细晶的作用。当澄清区的细晶切割粒度较大时，为了避免流失过多的固相产品组分，可使溢流而出的带细晶的母液先经过旋液分离器或湿筛，而后分为两股，使含有较多细晶的流股进入细晶消除循环，而含有少量细晶的流股则排出结晶系统。

为了得到粒度分布特性好、纯度高的结晶产品，在连续结晶过程中除了需稳定控制住结晶温度、压力、进料、晶浆出料速率以及结晶器液面，以保证结晶过程的过饱和度稳定在介稳区内操作，防止大量的二级和初级成核外，还需注意对连续结晶不稳态行为进行控制，尽可能地消除结晶粒度分布固有的有限循环振荡。

（3）间歇结晶过程的控制

对于间歇结晶过程，为了得到高质量（粒度分布优良与纯度高）的结晶产品，需要仔细地加入晶种，并实现程序控制。对于不加晶种的溶液实现迅速的冷却结晶，必然穿过介稳区，自发成核，释放的结晶潜热又使溶液温度略有上升，冷却后又产生更多的核，以至难以控制结晶成核和成长的过程。结晶在介稳区内进行，避免了自发成核，晶种的结晶成长速率也得以控制。

为了控制产品粒度，还需控制结晶过程中的冷却曲线或蒸发曲线。不控制的自然冷却过程，在过程的前期会出现过饱和度峰值，不可避免地要发生自发成核，引起产品结晶粒度分布的恶化。要维持在介稳区内结晶成长，需按最佳冷却曲线（或最佳蒸发曲线）进行结晶操作。

（4）结晶过程的强化

结晶过程及其强化的研究可以从结晶相平衡、结晶过程的传热传质（包括反应）、设备及过程的控制等方面分别加以讨论。

1）溶液的相平衡曲线

溶液的相平衡曲线即溶解度曲线，尤其是介稳区的测定十分重要，因为它是实现工业结晶获得产品的依据，对指导结晶优化操作具有重要意义。

2）强化结晶过程的传热传质

结晶过程的传热与传质通常采用机械搅拌、气流喷射、外循环加热等方法来实现，但是应该注意控制速率，否则晶粒易被破碎，过大的速率也不利于晶体成长。

3）改良结晶器结构

在结晶器内采用导流筒或挡筒是改良结晶器最常用的也是十分有效的方法，它们既有利于溶液在导流筒中的传热传质，又利于导流筒（或挡筒）外晶体的成长。

4）引入添加剂、杂质或其他能量，外加磁场、声场对结晶过程能产生显著的影响。

5）结晶过程控制

为了得到粒度分布特性好、纯度高的结晶产品，对于连续结晶过程，控制好结晶器内溶液的温度、压力、液面、进料及晶浆出料速率等十分重要。对于间歇结晶过程来讲，计量加入晶种并采用程序控制以及控制冷却速率等均是获得高纯度产品、控制产品粒度的重要手段。

结晶过程的强化不仅涉及流体力学、粒子力学、表面化学、热力学、形态学等方面的机理研究和技术支持，同时还涉及新型设备与材料、计算机过程优化与测控技术等方面的综合知识与技术。

4.3.4 溶液结晶过程计算

冷却法、蒸发法及真空冷却法结晶过程产量的计算基础是物料衡算和热量衡算。在结晶操作中，料液的组成已知。对于大多数物系，结晶过程终了时母液与晶体达到了平衡状态，可由溶解度曲线查得母液组成。对于结晶过程终了时仍有剩余过饱和度的物系，则需实测母液的终了浓度。当料液组成及母液终了组成均为已知时，则可计算结晶过程的产量。

对于不形成溶剂化合物的结晶过程，列溶质的衡算式，得

$$Wc_1 = G + (W - VW)c_2 \qquad (4\text{-}26)$$

或
$$G = W[c_1 - (1-V)c_2] \qquad (4\text{-}27)$$

式中 c_1、c_2——原料液及母液中溶质的组成，kg 溶质/kg 溶剂；

G——结晶产量，kg 或 kg/h；

W——原料液中溶剂量，kg 或 kg/h；

V——原料液中溶剂蒸发量，kg/kg 溶剂。

对于形成溶剂化合物的结晶过程，由于溶剂化合物带出的溶剂不再存在于母液中，而该溶剂中原来溶有的溶质也必然全部结晶出来。此时，溶质的衡算式为：

$$Wc_1 = G\left(\frac{1}{R}\right) + (W + Wc_1 - VW - G) \times \frac{c_2}{1 + c_2} \tag{4-28}$$

解得：

$$G = \frac{WR[c_1 - c_2(1-V)]}{1 - c_2(R-1)} \tag{4-29}$$

式中　R——溶剂化合物与无溶剂溶质的摩尔质量之比。

式(4-26)与式(4-29)的溶剂蒸发量 V 一般不是已知值，必须通过热量衡算求出。对于真空绝热冷却结晶过程，此蒸发量决定于溶剂蒸发时需要的汽化热、溶质结晶时放出的结晶热以及溶液绝热冷却时放出的显热。列热量衡算式，得

$$VW_{r_s} = C_p(t_1 - t_2)(W + W_{c_1}) + r_{cr}G \tag{4-30}$$

将式(4-29)代入上式并简化得

$$V = \frac{r_{cr}R(c_1 - c_2) + C_p(t_1 - t_2)(1 + c_1)[1 - c_2(R-1)]}{r_s[1 - c_2(R-1)] - r_{cr}Rc_2} \tag{4-31}$$

式中　r_{cr}——结晶热，J/kg；

　　　r_s——溶剂汽化热，J/kg；

　　t_1, t_2——溶液的初始及终了温度，℃；

　　　C_p——溶液的比热容，J/(kg·℃)。

先用式(4-31)求出 V 值，然后再把 V 值代入式(4-27)或式(4-29)，即求得结晶产量 G 值。

4.4　运行维护

4.4.1　运行

4.4.1.1　整体设备运行

(1) 开车程序

① 接到开车指令后，启动结晶罐搅拌，打开结晶罐进料手动阀，依次向结晶罐中进料。进料结束后关闭出料阀，用蒸汽疏通结晶罐进料管道后关闭蒸汽。

② 冬季生产时，打开各结晶罐冷却水进、出口手动阀，打开循环水进、出水总阀，用循环水进行冷却结晶。

③ 夏季生产时，按开车程序启动冷水机组。随时注意管路畅通情况，发现问题及时处理、汇报。膨胀水箱水位不足时及时打开进水阀补水。

(2) 停车程序

① 接到停车通知后准备停车。将预冷器中的物料全部送入结晶罐，放完所有结晶罐中结晶完全的物料，停相应结晶罐的搅拌。疏通清理结晶罐和管道物料后关闭结晶罐物料进、出口手动阀。

② 按程序停离心机，清理离心机残留物料。

③ 物料输送完毕依次停皮带输送机。

④ 母液输送完毕，按程序停母液泵，用蒸汽疏通母液管道，关闭所开阀门。

⑤ 夏天按停车程序停冷水机组。

4.4.1.2 真空泵的操作

(1) 开车

① 启动电机，液环真空泵运转，机内形成液环，并进入工作状态产生真空。系统的气体被液环真空泵抽出。工作液循环使用（液环真空泵→气液分离器→换热器→液环真空泵）；运行产生的热量由冷却水通过换热器带走。

② 启动前泵内应灌入工作液，必须确保气液分离器的液位在液位计的中位线附近，气液分离器与液环真空泵之间的供液管路必须确保畅通，确保液环真空泵内已有相应的工作液（如果液环真空泵内没有工作液时开机，会烧坏内供水冷却的轴封；液位过低时，液环真空泵的抽气能力会下降，并且会造成工作不稳定）。

③ 第一次试运转或维修电机后的测试电机转向前，必须确保液环真空泵内有相应的液位。如果轴封是外供水冷却的，还需要确保外供水的供给，才可以点动测试，否则会烧坏轴封。

④ 工作液中不能含有固体颗粒，如混有脏物或颗粒物，应在供液管路上安装过滤网，以防液环真空泵内零件磨损或叶轮被卡死，严重者可能造成液环真空泵无法修复。

⑤ 运行中，当液环真空泵出现较大的汽蚀噪声时，可通过打开阀门使气回流以消除出现的汽蚀，从而降低对液环真空泵的损害。

⑥ 机组正常运转时，经换热器冷却后的工作液温度要尽量低，否则可通过加大换热器的冷却水量来降低换热器冷却出口的工作液温度，这样有利于减少液环真空泵的汽蚀现象，降低汽蚀对液环真空泵的损害，以提高液环真空泵的效率。

(2) 停车

① 运转过程中机器出现摩擦声、喘振、振动等异常现象时应立即停车检查，并做好记录，待故障排除后才能重新开车运转；

② 停机前检查系统中各相应设备能否进入停机规程中；

③ 关闭电机，液环真空泵停止工作；

④ 停止补液管路上补充液的供给（若短时间内停机，可不停止供液）；

⑤ 停止换热器冷却液的供给（若短时间内停机，可不停止供液）；

⑥ 两天以上停机，应排空液环真空泵、气液分离器、管路及换热器内的工作液（如有冰冻的可能性，停机时必须这样做），排空工作液时，同时打开泵清洗排液管路阀及气液分离器排液管路阀。

4.4.1.3 冷凝器

(1) 开车

① 打开压缩机排气截止阀；

② 打开油冷却器进口阀门，同时开启电加热器和油泵，循环冷冻油，加热使油温至

一定时关闭电加热器；在环境温度较低时，可暂时关闭油冷却器进口阀门，当油温升高时，再打开阀门；

③ 打开冷凝器的进、出水阀门，打开蒸发器进、出水阀门，打开冷水泵进口阀门，开启冷水泵，再慢慢打开冷水泵出口阀门；

④ 启动压缩机；

⑤ 根据生产需要小心开启吸气截止阀，注意吸气压力，防止液态制冷剂进入吸气腔。

(2) 运转中的注意事项

① 运行中应注意观察吸气压力、排气压力、油温、油压等关键参数，控制使其符合生产要求，并做好记录；

② 运转过程中，如果由于某项安全保护动作自动停车，一定要在查明故障原因后方可开车，不能随意修改保护设定值。

(3) 停车

① 关闭冷凝器供液截止阀，停止向蒸发器供液，当蒸发压力降至较低时将能量调至 0 位；

② 关闭压缩机吸气截止阀；

③ 停压缩机；

④ 停水泵，关闭水泵进、出口阀门；

⑤ 关闭冷凝器的进、出水阀门，关闭蒸发器进、出水阀门；

⑥ 停油泵；

⑦ 切断电源。

4.4.1.4　附属管路阀门

通过 DCS 或 PLC 系统远程发出开关量信号控制阀门现场开关动作，开信号发出，现场电磁阀收到信号，阀门由气源驱动打开；关信号发出，阀门关闭。

在运行过程中要注意维护和保养，每月定期维护检查切断阀的灵活性和密封性，检查切断阀气源是否达到额定动作压力，而且保证气源干净无水。如果切断阀长时间没有使用，需要定期开关动作，防止电磁阀堵塞或阀门堵塞。过滤减压阀要保护好，防止因为人为原因破坏，造成阀门开关不及时。确认填料及垫圈处有无泄漏、动作有无异常声音、控制阀及配管有无振动。

4.4.2　维护

结晶工序异常情况分析与处理方法如表 4-2 所列。

表 4-2　结晶工序异常情况分析与处理方法

序号	异常情况	原因分析	处理方法
1	物料冷却时间过长	(1)结晶罐夹套有杂物； (2)冷却水阀门故障； (3)循环水温度过高； (4)中和液浓度过高； (5)配碱浓度过高； (6)结晶罐内挂壁严重； (7)中和液的 pH 值过高	(1)冲洗结晶罐夹套； (2)检修或更换冷却水阀门； (3)启用冷水机组制冷； (4)调整配碱浓度； (5)调整配碱浓度； (6)罐内进热料溶解挂壁物料； (7)调整中和液的 pH 值

续表

序号	异常情况	原因分析	处理方法
2	母液管道堵塞	(1)排料阀未关,料液进入母液管道将管道堵塞; (2)母液地坑液位过高,母液未能及时排放造成沉淀,堵塞管道	(1)关掉排料阀,用蒸汽疏通母液管道; (2)将母液全部倒入母液地坑
3	母液泵不上料	(1)泵壳内有结晶物; (2)叶轮损坏; (3)轴断裂	(1)检查处理泵壳内积料; (2)检查处理叶轮; (3)检查更换断裂的轴
4	放料皮带打滑	(1)皮带太松; (2)滚筒上附着物料	(1)调整皮带松紧度; (2)停车处理皮带上的附着物料

4.4.2.1 冷凝器

冷凝器异常情况与处理方法如表 4-3 所列。

表 4-3 冷凝工序异常情况分析与处理方法

常见故障	故障原因	处理方法
启动负荷过大或根本不能启动	压缩机排气端压力过高	通过旁通阀(或电磁阀)使高压气体流到低压系统
	滑阀未停在 0 位	将滑阀调整到 0 位
	压缩机内充满润滑油或液体制冷剂	按运动方向盘动压缩机,排出积液或积油
	部分运动部件严重磨损或烧伤	拆卸检修并更换零部件
机组发生不正常振动	机组地脚螺栓未紧固	紧固地脚螺栓
	压缩机与电动轴错位或不同轴	重新找正
	因管道的振动引起机组振动加剧	加支撑点或改变支撑点
	过量的油或液态制冷剂被吸入	停车、盘车,排出液体
	滑阀未停在要求的位置,来回振动	检查油活塞及油四周阀和电磁阀是否泄漏
	吸气腔真空度过高	开启吸气截止阀
压缩机运转后自动停车	自动保护及自动控制元件调定值不能适应工况的要求	检查各调定值是否合理并适当调整
	控制电路内部存在故障	检查电路消除故障
	过载	检查原因并消除
制冷能力不足	滑阀的位置不合适或其他故障	检查指示器并调整位置检修滑阀
	吸气过滤器堵塞,吸气压力损失过大,使吸气压力下降,容积效率降低	拆下吸气过滤器的过滤网进行清洗
	机器不正常的磨损,造成间隙过大	调整或更换零件
	高低压系统间泄漏	检查开车、停车所用的旁通管路
	喷油量不足,不能实现密封作用	检查安全阀是密封,检查油路、油泵、油过滤器提高油量
	机器排气压力远高于冷凝压力,容积效率下降	检查排气系统管路和阀门,清除排气系统的阻力,如系统渗入空气应予以排出
机器运转中出现不正常的响声	转子齿槽内有杂物	检修转子及吸气过滤器
	止推轴承损坏	更换
	轴承磨损造成转子与机壳间的摩擦	更换主动轴
	滑阀偏斜	检修滑阀导向块和导向柱
	运动部件连接处松动	拆开机器检修,加强放松措施

续表

常见故障	故障原因	处理方法
滑阀动作不灵 或不动作	四通阀和电磁阀换向不灵	检修四通阀和电磁阀线圈
	油管路系统接头堵塞	检修
	油活塞卡位或漏油	检修
	油压不够高	检修和调整油压
压缩机不能启动	电器线路故障	检查和修理
	油压继电器动作使电路断开,高压继电器动作使电路断开,压力控制器使电路断开	找出原因、修好、按复位按钮,检查冷却水量并调整压力控制器
压缩机启动不 久自行停车	油压过低	用油压调节阀调高油压
	压力继电器调定值太大	重新调整压力继电器

4.4.2.2 真空泵

维护保养:严格执行润滑管理制度;定期清洁设备及附属管路的卫生,确保无油烟、灰尘;定期检查进口真空度、振动、密封泄漏、轴承温度等情况,发现问题及时处理;定期检查泵附属管线是否通畅;定期检查泵各部螺栓是否松动;备用泵应定期盘车。

真空泵常见故障及处理方法如表 4-4 所列。

表 4-4 真空工序异常情况分析与处理方法

常见故障	故障原因	处理方法
泵不抽气	泵内没有水或水量不够	向泵内注水,使水量达到要求
	叶轮与泵体、压盖之间的间隙过大或过小	调整间隙或更换叶轮
	填料漏气	压紧填料
	填料过紧	调整填料的松紧度
	零件装配不正确	重新正确装配零件
	轴弯曲或变形	检查校正轴弯曲度,或者更新轴
真空度不够	管道密封不严,有漏气之处	检修管道,确保管道无泄漏处
	填料漏气	压紧填料
	叶轮与泵体、泵部压盖之间的间隙过大	调整间隙
	水温过高	增加水量,降低水温
	供水量过小	疏通管路确保无阻塞,增大供水量
泵在运行过程 中有异响震动	泵内零件损坏或有固体进入泵内	检查零件情况,清除杂物
	电动机轴承或轴磨损	检修电动机的轴和轴承
	泵与电动机轴心线不在同一线上	校正电动机和泵的同轴度
轴功率过大,泵发热	泵内水过多	减少供水量
	叶轮与泵体或压盖间隙过小	调整叶轮与泵体或压盖间隙
	供水量不足或水温过高	增加供水量并降低供水温度

4.4.2.3 附属管路阀门

常见故障及处理方法如表 4-5 所列。

表 4-5 常见故障及分析处理

故障现象	原因分析及处理
切断阀不能全开或关不死	反馈开关出现问题,开关接触不良
	气源压力有问题,阀门开不到位
	气缸有问题,需要联系厂家维修
	阀芯有问题,需要联系厂家维修

第 **5** 章

分离系统

5.1 系统概述

"分离"对于不同工业领域涉及不同的过程和功能，在化学工业等化工类工业领域，分离过程一般指借助于物理、化学或电学推动力实现从混合物中选择性地分离某些组分的过程。

世界万物多以混合物状态存在，如煤、石油和天然气乃至日常生活中必不可少的空气等，都是混合物。除了它们自身的使用价值外，还经常需要将它们加以分离或提纯，以便更加充分和合理地使用。

烟气脱硫副产焦亚硫酸钠生产过程中，含焦亚硫酸钠固体的浆液需采用适当方式进行固液分离，分离后的母液通常回配液槽循环利用，分离出的固相湿物料进入后续干燥环节做进一步处理。

5.1.1 基本概念

5.1.1.1 分离过程的分类

随着世界工业的技术革命与发展，特别是化学工业的发展，人们发现尽管化工产品种类繁多，但生产过程的设备往往都可以认为是由反应器、分离设备和通用的机、泵、换热器等构成。其中离不开两类关键操作：一是反应器，产生新物质的化学反应过程，其为化工生产的核心；二是分离设备，用于原料、中间产物、产品等混合物的分离、提纯过程，它是获得合格产品的关键。

分离工程是化学工程领域中发展较早的学科分支之一。它所研究的任一单个分离过程，一般都可表示为图 5-1 形式。

分离过程可分为机械分离和传质分离两大类。机械分离过程的对象都是两相或两相以上的非均相混合物，只要用简单的机械方法就可将两相分离，而两相间并无物质传递现象发生。传质分离过程的特点是相间传质，可以在均相中进行，也可以在非均相中进行。传

图 5-1 分离工程过程

统的单元操作中，蒸发、蒸馏、吸收、吸附、萃取、浸取、干燥、结晶等单元操作大多在两相中进行。依据处于热力学平衡的两相组成不相等的原理，以每级都处于平衡态为手段，把其他影响参数均归纳于效率之中使其更符合实际。它的另一种工程处理方法则是把现状和达到平衡之间的浓度梯度或压力梯度作为过程的推动力，而把其他影响参数都归纳于阻力之中，传递速率就成为推动力与阻力的商。

上述两种工程处理方法所描述的过程，都称作平衡级分离过程。分离行为在单级中进行时，往往着眼于气相或液相中粒子、离子、分子以及分子微团等在场的作用下迁移速度不同所造成的分离。热扩散、反渗透、超过滤、电渗析及电泳等分离过程都属此类，称速率控制分离过程，都是很有发展潜力的新分离方法。

综上所述，分离过程得以进行的基础是在"场"的存在下，利用分离组分间物理或化学性质的差异，并采用工程手段使之达到分离。显然，构思新颖结构简单、运行可靠、高效节能的分离设备将是分离过程得以实施乃至完成的保证。

5.1.1.2 分离因子

分离过程的应用几乎涉及每一个工业部门乃至日常生活用品。但追其共性，它不外以气、液、固三态物料为对象，是一个不改变物性的物理加工过程。它使得被处理后的物料（组分）变得更纯净，却不产生任何新的物质。所以，任何一个特定的分离过程所得到的分离程度都可用产品组成之间的关系来表示，定义为通用分离因子（α_{ij}^s）：

$$\alpha_{ij}^s = \frac{x_{i1}/x_{j1}}{x_{i2}/x_{j2}} \tag{5-1}$$

式中　i, j——样品中组分 i 和 j；

　　$1, 2$——产品 1 和产品 2。

组分 i 和 j 的通用分离因子 α_{ij}^s 为二组分在产品 1 中的摩尔分数的比值除以在产品 2 中的比值。显然，x 的单位可以用组分的质量分数、摩尔流量或质量流量，其所得的分离因子值不变。

由式(5-1)，若 $\alpha_{ij}^s = 1$，则说明组分 i 和 j 在产品中的含量相等，意味着系统无法分离。若 $\alpha_{ij}^s > 1$，则组分 i 在产品 1 中浓缩的程度比组分 j 大，而组分 j 在产品 2 中得到浓缩，此时意味着系统得到有效的分离，且 α_{ij}^s 值越大越好。若 $\alpha_{ij}^s < 1$，则反之同样得到有效的分离，α_{ij}^s 值越小越好。既然分离的程度可由 α_{ij}^s 偏离 1 的程度来判断，i、j 可任意指定，习惯上常使 $\alpha_{ij}^s \geqslant 1$。

上述定义式没有任何限制条件，基于产品的实际组成而获得分离因子值。系统的平衡组成、传质速率、设备结构分离流程都将影响 α_{ij}^s 的大小。为方便计算，将分离过程理想化，平衡分离过程仅讨论其两组组成的平衡浓度，速率控制过程只讨论在场的作用下的物理传递机理，把那些较复杂的、不易定量的因素归之于效率，来说明实际过程与理想过程的偏差。于是得到了无上标的分离因子 α_{ij}。

对于一些平衡分离过程，如蒸发、机械分离过程（如液固分离），α_{ij} 的计算显示了这些过程的特殊性，可以几乎无穷大。以海水蒸发淡化为例，由于产品是蒸馏水和盐溶液，而盐又是不挥发物质，此时

$$\alpha_{ij}=\frac{y_w/y_s}{x_w/x_s}=\frac{y_w x_s}{x_w y_s} \tag{5-2}$$

式中　α_{ij}——分离因子；

　　　w——水；

　　　s——盐；

　　　y——气相中易挥发组分摩尔数；y_s 为零，故 α_{ij} 趋近于无穷大；

　　　x——液相中易挥发组分摩尔数。

速率控制过程的理想的分离因子仅基于它的传递机理。气体扩散过程的分离情况简单示于图 5-2。气体的分离就像过滤，多孔隔板内有足够小的微孔，允许待分离物的分子穿过而达到浓缩的目的。

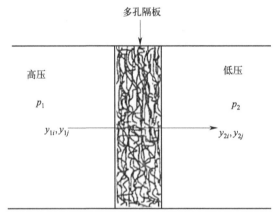

图 5-2　气体扩散示意图

如果多孔隔板中的孔足够小，且气体压力足够低时，其中的气体分子的平均自由程将大于微孔尺寸。这时，分子的通量将服从卡逊（Knudson）流动，其通量的表达式为：

$$N_i=\frac{a(p_1 y_{1i}-p_2 y_{2i})}{\sqrt{TM_i}} \tag{5-3}$$

式中　N_i——组分的通量；

　p_1、p_2——高压侧和低压侧的压力；

　　　T——温度；

　　　M_i——i 组分的分子量；

　　　a——几何因子，仅取决于多孔隔板的结构。

假定高压侧的气体的组成在渗透过程中变化不大，$p_1 \gg p_2$，而低压侧物料已呈定态传递，因此有：

$$\frac{N_i}{N_j}=\frac{y_{2i}}{y_{2j}} \tag{5-4}$$

联解式(5-3) 和式(5-4)，得

$$\alpha_{ij} = \frac{y_{2i} y_{1j}}{y_{2j} y_{1i}} = \sqrt{M_j / M_i} \tag{5-5}$$

式(5-5) 说明此时的分离因子与组成无关。相对平衡分离过程，速率控制分离过程的分离因子的求取要困难些。

从上述的分析可知 α_{ij}^s 和 α_{ij} 都可以用作分离过程的判据。从现有的数据获得 α_{ij}，能十分容易判别该系统（组分）分离的难易。当 $\alpha_{ij} > 1$，实际分离程度可引入效率来获得。当 $\alpha_{ij} = 1$，则不管分离设备的结构和流动形式有多好，组分 i 和 j 不可能分离。同时，实测的分离因子 α_{ij}^s 也必定为 1。对于 α_{ij}^s，作为分离过程基础的物理现象尚未透彻了解到定量的地步，则依靠实验数据求得它的数值作为参考。

5.1.2　分离系统组成、功能

分离操作是通过适当分离方式将混合物分离。

工业烟气脱硫副产焦亚硫酸钠过程中，焦亚硫酸钠制备系统中反应釜排出的含有结晶的浆液直接送往离心机，分离出的湿焦亚硫酸钠送入干燥器进行干燥，离心分离出的液体为 $NaHSO_3$ 饱和溶液，即母液，返回溶碱罐回用。分离系统包括离心机，配套箱罐、管道、阀门等，与浆液接触的管道及箱体设置冲洗设施，且能满足系统工艺要求和耐磨、耐腐蚀等性能。

5.2　分离原理

5.2.1　分离过程

5.2.1.1　沉降

沉降分离是利用物质重力的不同将其与流体加以分离。空气的尘粒在重力的作用下，会逐渐落到地面，从空气中分离出来；水或液体中的固体颗粒也会在重力的作用下逐渐沉降，与水或液体分离。

沉降分离技术的发展除了设计使用不同机械原理的沉淀、澄清、浓缩设备外，主要集中于絮凝剂的开发上。当物料粒度很细时，特别是粒度小于 $5 \sim 10 \mu m$ 的矿泥，细小颗粒之间由于范德瓦耳斯力的相互作用使其吸引，经常呈无选择的黏附状态。又由于细粒物料本身具有很大的比表面、质量轻、表面能高，属于热力学不稳定体系，故细粒物料之间的黏附现象，经常可以自发产生。

（1）沉降分离原理及方法

1）球形颗粒的自由沉降

工业上沉降操作所处理的颗粒甚小，因而颗粒与流体间的接触表面相对甚大，故阻力速度增长很快，可在短时间内与颗粒所受到的净重力达到平衡。所以，重力沉降过程中，加速度阶段常可忽略不计。在重力场中进行的沉降过程称为重力沉降。

① 沉降颗粒受力分析。若将一个表面光滑的刚性球形颗粒置于静止的流体中，如果颗粒的密度大于流体的密度，则颗粒所受重力大于浮力，颗粒将在流体中降落。此时颗粒

受到三个力的作用，即重力、浮力与阻力，如图 5-3 所示。重力 F_g 向下，浮力 F_b 向上，阻力 F_d 与颗粒运动方向相反（即向上）。对于一定的流体和颗粒，重力和浮力是恒定的，而阻力却随颗粒的降落速度而变。

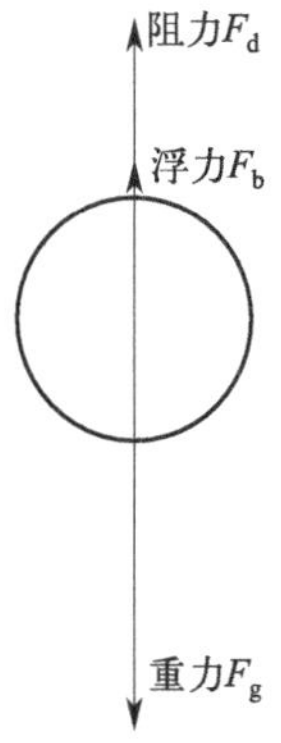

若颗粒的密度为 ρ_s，直径为 d，流体的密度为 ρ，阻力系数为 ξ，u 为颗粒相对于流体的降落速度，则颗粒所受的三个力为：

$$F_g = \frac{\pi}{6} d^3 \rho_s g \tag{5-6}$$

$$F_b = \frac{\pi}{6} d^3 \rho g \tag{5-7}$$

$$F_d = \xi A \frac{\rho u^2}{2} \tag{5-8}$$

图 5-3 沉降颗粒受力分析

式中 A——液体与颗粒的有效接触面积，对于球形颗粒 $A = \frac{1}{4}\pi d^2$。

由牛顿第二定律：

$$F_g - F_b - F_d = ma \tag{5-9}$$

有：

$$\frac{\pi}{6} d^3 \rho_s g - \frac{\pi}{6} d^3 \rho g - \xi \frac{\pi}{4} d^2 \left(\frac{\rho u^2}{2} \right) = \frac{\pi}{6} d^3 \rho_s a \tag{5-10}$$

静止流体中颗粒的沉降速度一般经历加速和恒速两个阶段。

当颗粒开始沉降的瞬间，初速度 $u=0$，使得阻力 $F_d = 0$，此时加速度 a 最大。

颗粒开始沉降后，阻力随速度 u 的增加而加大，加速度 a 则相应减小，当速度达到某一值 u_t 时，阻力、浮力与重力平衡，颗粒所受合力为零，使加速度 $a=0$，此后颗粒的速度不再变化，开始作速度为 u 的匀速沉降运动。

② 沉降的加速阶段。由于小颗粒的比表面积很大，使得颗粒与流体间的接触面积很大，颗粒开始沉降后，在极短的时间内阻力便与颗粒所受的净重力（即重力减浮力）接近平衡。因此，颗粒沉降时加速阶段时间很短，对整个沉降过程来说往往可以忽略。

③ 沉降的等速阶段。匀速阶段中颗粒相对于流体的运动速度 u_t 称为沉降速度，由于该速度是加速段终了时颗粒相对于流体的运动速度，故又称为"终端速度"，也可称为自由沉降速度。

由式(5-10)可得出沉降速度的表达式，当 $a=0$ 时，$u=u_t$，得颗粒的自由沉降速度 u_t：

$$u_t = \sqrt{\frac{4gd(\rho_s - \rho)}{3\rho\xi}} \tag{5-11}$$

$$\xi = f(\varphi_s, Re)$$

式中 d——颗粒直径，m；

ρ_s——颗粒密度，kg/m^3；

ρ——流体密度，kg/m^3；

g——重力加速度，m/s^2；

ξ——阻力系数，无因次；

Re——雷诺数，$Re = \dfrac{d u_t \rho}{\mu}$；

μ——黏度。

由式(5-11)计算沉降速度时，首先需要确定阻力系数 ξ 值。根据因次分析，ξ 是颗粒与流体相对运动时雷诺数 Re 的函数，ξ 随 Re 及 φ_s 变化的实验测定结果见图 5-4，图中的 φ_s 为球形度。

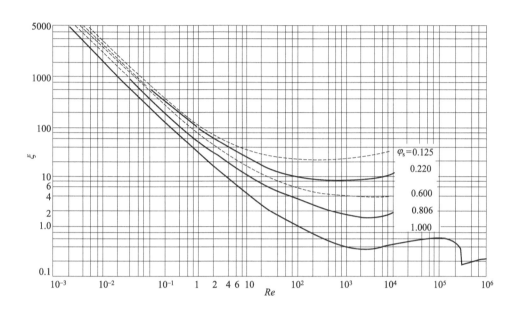

图 5-4 ξ-Re 关系曲线

球形颗粒在相应各区的沉降速度公式为：

滞留区：$10^{-4} < Re < 1$，$\xi = \dfrac{24}{Re}$，用斯托克斯公式表示为：

$$u_t = \frac{d^2(\rho_s - \rho)g}{18\mu} \tag{5-12}$$

过渡区：$1 < Re < 10^3$，$\xi = \dfrac{18.5}{Re^{0.6}}$，用艾伦公式表示为：

$$u_t = 0.27\sqrt{\frac{d(\rho_s - \rho)g}{\rho}Re^{0.6}} \tag{5-13}$$

湍流区：$10^3 < Re < 2 \times 10^5$，$\xi = 0.44$，用牛顿公式表示为：

$$u_t = 1.74\sqrt{\frac{d(\rho_s - \rho)g}{\rho}} \tag{5-14}$$

④ 影响沉降速度的因素。沉降速度由颗粒特性（ρ_s、形状、大小及运动的取向）、流体物性（ρ、μ）及沉降环境综合因素所决定。

上面得到的球形颗粒在相应各区的沉降速度公式是表面光滑的刚性球形颗粒在流体中做自由沉降时的速度计算式。自由沉降是指在沉降过程中，任一颗粒的沉降不因其他颗粒的存在而受到干扰。即流体中颗粒的含量很低，颗粒之间距离足够大，并且容器壁面的影响可以忽略。单个颗粒在大空间中的沉降或气态非均相物系中颗粒的沉降都可视为自由沉降。相反，如果分散相的体积分数较高，颗粒间有明显的相互作用，容器壁面对颗粒沉降的影响不可忽略，这时的沉降称为干扰沉降或受阻沉降。液态非均相物系中，当分散相浓度较高时，往往发生干扰沉降。在实际沉降操作中，影响沉降速度的因素有以下几种：

a. 流体的黏度。在滞流沉降区内，由流体黏性引起的表面摩擦力占主要地位。在湍流区内，流体黏性对沉降速度已无明显影响，而是流体在颗粒后半部出现的边界层分离所引起的形体阻力占主要地位。在过渡区，则表面摩擦阻力和形体阻力都不可忽略。在整个范围内，随雷诺数 Re 的增大，表面摩擦阻力的作用逐渐减弱，形体阻力的作用逐渐增强。当雷诺数 Re 超过 2×10^5 时，出现湍流边界层，此时边界层分离的现象减弱，所以阻力系数突然下降，但在沉降操作中很少达到这个区域。

b. 颗粒的体积分数。当颗粒的体积分数小于 0.2% 时，前述各种沉降速度关系式的计算偏差在 1% 以内。当颗粒浓度较高时。由于颗粒间相互作用明显，便发生了干扰沉降。

c. 器壁效应。容器的壁面和底面会对沉降的颗粒产生曳力，使颗粒的实际沉降速度低于自由沉降速度。当容器尺寸远远大于颗粒尺寸时（例如 100 倍以上），器壁效应可以忽略，否则，则应考虑器壁效应对沉降速度的影响。在斯托克斯定律区，器壁对沉降速度的影响可用下式修正：

$$u'_t = \frac{u_t}{1 + 2.1\dfrac{d}{D}} \tag{5-15}$$

式中　u'_t——修正沉降速度；

　　　u_t——自由沉降速度；

　　　D——容器直径；

　　　d——颗粒直径。

d. 颗粒形状的影响。同一种固体物质，球形或近球形颗粒比同体积的非球形颗粒的沉降要快一些。非球形颗粒的形状及其投影面积 A 均对沉降速度有影响。

相同 Re 下，颗粒的球形度越小，阻力系数 ξ 越大，但 φ_s 值对 ξ 的影响在湍流区内并不显著。随着 Re 的增大，这种影响逐渐变大。

e. 颗粒的最小尺寸。上述自由沉降速度的公式不适用于非常细微颗粒（如 <0.5mm）的沉降计算，这是因为流体分子热运动使得颗粒发生布朗运动。当 $Re > 10^{-4}$ 时，布朗运动的影响可不考虑。

2）非球形颗粒的自由沉降

对于非球形颗粒的自由沉降，可引入球形度和当量直径的定义后按球形颗粒的计算公式来进行计算或矫正。

① 球形度

$$\varphi_s = \frac{S}{S_p} \tag{5-16}$$

式中　φ_s——球形度；

　　　S——与颗粒体积相等的一个圆球的表面积，$S = 4\pi R^2$；

　　　S_p——颗粒的表面积。

② 当量直径。当颗粒体积为V_p时，由$\frac{\pi}{6}d_e^3 = V_p$得当量直径d_e为：

$$d_e = \sqrt[3]{\frac{6}{\pi}V_p} \tag{5-17}$$

（2）沉降速度的计算

在给定介质中颗粒的沉降速度可采用以下计算方法。

1）试差法

根据公式计算沉降速度u_t时，首先需要根据雷诺数Re值判断流型，才能选用相应的计算公式。但是，Re中含有待求的沉降速度u_t。所以，沉降速度u_t的计算需采用试差法，即：先假设沉降属于某一流型（例如湍流区），选用与该流型相对应的沉降速度公式计算u_t，然后用求出的u_t计算Re值，检验是否在原假设的流型区域内。如果与原假设一致，则计算的u_t有效。否则，按计算的Re值所确定的流型，另选相应的计算公式求u_t，直到用u_t的计算值算出的Re值与选用公式Re值范围相符为止。

2）摩擦数群法

为避免试差，可将图 5-4 加以转换，使其两个坐标轴之一变成不包含u_t的无因次数群，进而便可求得u_t。由式(5-11)可得：

$$\xi = \frac{4d(\rho_s - \rho)g}{3\rho u_t^2} \tag{5-18}$$

又由雷诺数的定义，有：

$$Re^2 = \frac{d^2 u_t^2 \rho^2}{\mu^2} \tag{5-19}$$

两式联立，可得：

$$\xi Re^2 = \frac{4d^3 \rho(\rho_s - \rho)g}{3\mu^2} \tag{5-20}$$

再令：

$$K = d\sqrt[3]{\frac{\rho(\rho_s - \rho)g}{\mu^2}} \tag{5-21}$$

可得：

$$\xi Re^2 = \frac{4}{3}K^3 \tag{5-22}$$

因ξ是Re的函数，则ξRe^2必然也是Re的函数。所以ξ-Re^2曲线可转化为ξRe^2-Re曲线，如图 5-5 所示。

由数群法计算u_t时，可先将已知数据代入式(5-22)，求出ξRe^2值，再由图 5-5 的ξRe^2-Re曲线查出Re，最后由Re反求u_t，即，$u_t = \frac{\mu Re}{d\rho}$。

若要计算介质中具有某一沉降速度u_t的颗粒的直径，可用ξ与Re^{-1}相乘，得到一不含颗粒直径d的无因次数群，ξRe^{-1}，即：

$$\xi Re^{-1} = \frac{4\mu(\rho_s - \rho)g}{3\rho^2 u_t^3} \tag{5-23}$$

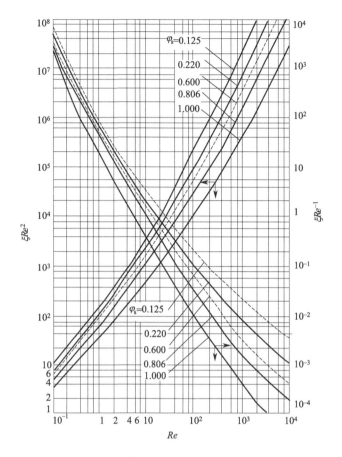

图 5-5　ξRe^2-Re 和 ξRe^{-1}-Re 关系曲线

同理，将 ξRe^{-1}-Re 曲线绘于图 5-5 中。根据 ξRe^{-1} 值查出 Re，再反求直径，即：

$$d = \frac{\mu Re}{\rho u_t} \tag{5-24}$$

3）无因次判别因子

依照摩擦数群法的思路，可以设法找到一个不含 u_t 的无因次数群作为判别流型的判据。将式(5-12)代入雷诺数定义式，根据式(5-21)得：

$$Re = \frac{d^3(\rho_s - \rho)\rho g}{18\mu^2} = \frac{K^3}{18} \tag{5-25}$$

在斯托克斯定律区，$Re \leqslant 1$，则 $K \leqslant 2.62$。同理，将式(5-14)代入雷诺数定义式，由 $Re = 1000$ 可得牛顿定律区的下限值为 69.1。因此，$K \leqslant 2.62$ 为斯托克斯定律区，$2.62 < K < 69.1$ 为艾仑定律区，$K > 69.1$ 为牛顿定律区。

这样，计算已知直径的球形颗粒的沉降速度时，可根据 K 值选用相应的公式计算 u_t，从而避免试差。

5.2.1.2　离心沉降

惯性离心力作用下实现的沉降过程称为离心沉降。对于两相密度差较小、颗粒较细的非均相物系，在离心力场中可得到较好的分离。通常，气固非均相物质的离心沉降是在旋风分离器中进行，液固悬浮物系的离心沉降可在旋液分离器或离心机中进行。

当流体围绕某一中心轴做圆周运动时，便形成了惯性离心力场。在与轴距离为 R、切向速度为 u_T 的位置上，离心加速度为 $\dfrac{u_T^2}{R}$。显然，离心加速度不是常数，随位置及切向速度而变，其方向是沿旋转半径从中心指向外周。而重力加速度 g 基本上可视作常数，其方向指向地心。

当流体带着颗粒旋转时，如果颗粒的密度大于流体的密度，则惯性离心力将会使颗粒在径向与流体发生相对运动而飞离中心。和颗粒在重力场中受到三个作用力相似，惯性离心力场中颗粒在径向也受到三个力的作用，即惯性离心力、向心力（相当于重力场中的浮力，其方向为沿半径指向旋转中心）和阻力（与颗粒的运动方向相反，其方向为沿半径指向中心）。如果球形颗粒的直径为 d、密度为 ρ_s，流体密度为 ρ，颗粒与中心轴的距离为 R，切向速度为 u_T，则上述三个力分别为：

$$惯性离心力 = \frac{\pi}{6}d^3\rho_s\frac{u_T^2}{R} \tag{5-26}$$

$$向心力 = \frac{\pi}{6}d^3\rho\frac{u_T^2}{R} \tag{5-27}$$

$$阻力 = \xi\frac{\pi}{4}d^2\frac{\rho u_r^2}{2} \tag{5-28}$$

式中　u_T——颗粒与流体在径向的相对速率，m/s。

平衡时，颗粒在径向相对于流体的运动速度 u_r，便是它在此位置上的离心沉降速度。

5.2.1.3　离心过滤

以离心力作为推动力。在具有过滤介质（滤网、滤布）的有孔转鼓中加入悬浮液，固体粒子截留在过滤介质上，液体穿过滤饼层而流出。最后完成滤液和滤饼分离的过滤操作。按严格定义，离心过滤仅是指滤饼层表面留有自由液层，即经过滤形成的滤饼层内始终充满液体的阶段，这在工业上很少应用。工业上所应用的离心过滤，包括自由液面渗入滤饼层内部液体的脱除，有时还包括洗涤滤饼的水的脱除。离心过滤是将料液送入有孔的转鼓并利用离心力场进行过滤的过程，以离心力为推动力完成过滤作业，兼有离心和过滤的双重作用。离心过滤一般分为滤饼形成、滤饼压紧和滤饼压干三个阶段，但是根据物料性质的不同有时可能只需进行一个或两个阶段。

以间歇离心过滤为例，料液首先进入装有过滤介质的转鼓中，然后被加速到转鼓旋转速度，形成附着在鼓壁上的液环。粒子受离心力而沉积，过滤介质阻止粒子的通过，从而形成滤饼。当悬浮液的固体粒子沉积时，滤饼表面生成了澄清液，该澄清液透过滤饼层和过滤介质向外排出。在过滤后期，由于施加在滤饼上的部分载荷的作用，相互接触的固体粒子经接触面传递粒子应力，滤饼开始压缩。

5.2.2　分离效率计算

分离效率有两种表示方法：一是总效率，以 η_0 表示；二是分效率，又称粒级效率，以 η_{pi} 表示。

① 分离总效率 η_0：进入分离器的全部颗粒中被分离下来的颗粒的质量分数。

$$\eta_0 = \frac{m_1 - m_2}{m_1} \times 100\%$$ (5-29)

式中　η_0——分离总效率；

　　　m_1——进分离器颗粒质量；

　　　m_2——出分离器颗粒质量。

② 粒级效率 η_{pi}：进入分离器的粒径为 d_i 的颗粒被分离下来的质量分数。

$$\eta_{pi} = \frac{m_{1i} - m_{2i}}{m_{1i}} \times 100\%$$ (5-30)

式中　m_{1i}——进分离器颗粒中粒径在第 i 小段范围内的颗粒质量；

　　　m_{2i}——出分离器颗粒中粒径在第 i 小段范围内的颗粒质量。

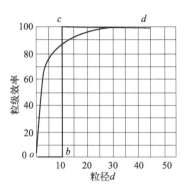

图5-6　粒级效率曲线

粒级效率 η_{pi} 与颗粒直径 d_i 的对应关系可通过实测得到，称为粒级效率曲线。如图5-6所示，临界粒径约为 $10\mu m$。理论上，凡粒径大于 $10\mu m$ 的颗粒，其粒级效率都应为100％；而粒径小于 $10\mu m$ 的颗粒，粒级效率都应为零，见图5-6中折线 $obcd$。

其他计算过程可参见相关工具书。

5.3　主要设备

离心机是利用离心力分离液体与固体颗粒或液体与液体的混合物中各组分的机械设备，主要用于将悬浮液中的固体颗粒与液体分开，或将乳浊液中两种密度不同又互不相溶的液体分开，也可用于排出湿固体中的液体。特殊的超速管式分离机还可分离不同密度的气体混合物，利用不同密度或粒度的固体颗粒在液体中沉降速度不同的特点，有的沉降离心机还可对固体颗粒按密度或粒度进行分级。

5.3.1　离心过滤机

离心过滤机设有一个开孔转鼓，可以分离固体密度大于或小于液体密度的悬浮液。它可分为连续式和间歇式。间歇式离心机通常在减速的情况下由刮刀卸料，或停机抽出转鼓套筒或滤布进行卸料。连续式离心机则用活塞推料和振动卸料两种方法。图5-7所示为卧式刮刀卸料离心过滤机结构示意图。

5.3.2　连续沉降过滤式螺旋卸料离心机

连续沉降过滤式螺旋卸料离心机集连续沉降离心机和连续过滤式离心机于一体，在连续沉降式离心机的锥部小端至卸渣口设置一个柱形孔网转鼓段，液体借助于粒子的沉降而澄清，粒子则借助于压缩和锥部排流而脱水，但最终脱水和洗涤在孔网转鼓段进行。

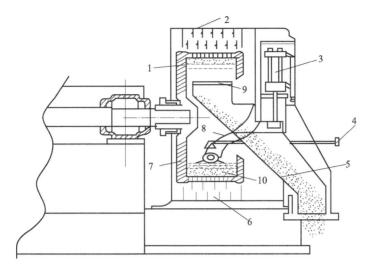

图 5-7　卧式刮刀卸料离心过滤机结构示意

1—滤饼；2—外壳；3—液压缸；4—冲洗管；5—溜槽；6—滤液；7—转鼓；8—进料管；9—刮刀；10—滤网

如图 5-8 所示，卧式螺旋沉降卸料离心机是一种卧式螺旋卸料、连续操作的沉降设备。这类离心机工作原理为：转鼓与螺旋以一定差速同向高速旋转，物料由进料管连续引入输料螺旋内筒，加速后进入转鼓，在离心力场作用下，较重的固相物沉积在转鼓壁上形成沉渣层。输料螺旋将沉积的固相物连续不断地推至转鼓锥端，经排渣口排出机外。较轻的液相物则形成内层液环，由转鼓大端溢流口连续溢出转鼓，经排液口排出机外。这种离心机能在全速运转下，连续进料、分离、洗涤和卸料，具有结构紧凑、操作连续、运转平稳、适应性强、生产能力大、维修方便等特点，适合分离含固相物粒度大于 0.005mm，浓度范围为 2%～40% 的悬浮液，广泛用于化工、轻工、制药、食品、环保等行业。

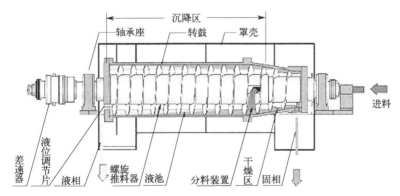

图 5-8　卧式螺旋卸料沉降离心机结构示意

5.3.3　沉降离心机

沉降式或分离式离心机的鼓壁上没有开孔。若被处理物料为悬浮液，其中密度较大的颗粒沉积于转鼓内壁而液体集中于中央并不断引出，此种操作即为离心沉降；若被处理物料为乳浊液，则两种液体按轻重分层，重者在外，轻者在内，各自从适当的径向位置引出，此种操作即为离心分离。

根据转鼓和固体卸料机构的不同，离心机可分为无孔转鼓式、碟片式、管式等类型。

根据分离因数（K_c）又可将离心机分为常速离心机 $K_c < 3 \times 10^3$（一般为 600～1200）、高速离心机 $K_c = 3 \times 10^3 \sim 5 \times 10^4$、超速离心机 $K_c > 5 \times 10^4$。最新式的离心机分离因数可高达 5×10^5 以上，常用来分离胶体颗粒及破坏乳浊液等。分离因数的极限值取决于转动部件的材料强度。

离心机的操作方式也分为间歇操作与连续操作。此外，还可根据转鼓轴线的方向将离心机分为立式与卧式。

（1）无孔转鼓式离心机

无孔转鼓式离心机如图 5-9 所示，其主体为一无孔的转鼓。由于扇形板的作用，悬浮液被转鼓带动做高速旋转。在离心力场中，固粒一方面向鼓壁做径向运动，同时随流体做轴向运动。上清液从撇液管或溢流堰排出鼓外，固粒留在鼓内间歇或连续地从鼓内卸出。

颗粒被分离出去的必要条件是悬浮液在鼓内的停留时间要大于或等于颗粒从自由液面到鼓壁所需的时间。

无孔转鼓式离心机的转速大多在 450～4500r/min 的范围内，处理能力为 6～10m³/h，悬浮液

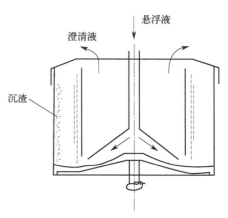

图 5-9　无孔转鼓式离心机

中固相体积分数为 3%～5%，主要用于泥浆脱水和从废液中回收固体。

（2）蝶式分离机

蝶式分离机如图 5-10 所示，转鼓内装有许多倒锥形碟片，碟片直径一般为 0.2～0.6m，碟片数目约为 50～100 片。转鼓以 4700～8500r/min 的转速旋转，分离因数可达 4000～10000。这种分离机可用作澄清悬浮液中少量粒径小于 0.5μm 的微细颗粒以获得清净的液体，也可用于乳浊液中轻、重两相的分离，如油料脱水等。

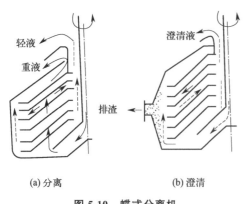

(a) 分离　　　　(b) 澄清

图 5-10　蝶式分离机

用于分离操作时，碟片上带有小孔，料液通过小孔分配到各碟片通道之间。在离心力作用下，重液（及其夹带的少量固体杂质）逐步沉于每一碟片的下方并向转鼓外缘移动，经汇集后由重液出口连续排出，轻液则流向轴心由轻液出口排出。

用于澄清操作时，碟片上不开孔，料液从转动碟片的四周进入碟片间的通道并向轴心流动。同时，固体颗粒则逐渐向每一碟片的下方沉降，并在离心力作用下向碟片外缘移动。沉积在转鼓内壁的沉渣可在停车后用人工卸除或间歇地用液压装置自动地排除。蝶式分离机适合于净化带有少量微细颗粒的黏性液体（涂

料、油脂等），或润滑油中少量水分的脱除等。

(3) 管式高速离心机

如图 5-11 所示，管式高速离心机的结构特点是转鼓为细高的管式构型。管式高速离心机是一种能产生高强度离心力场的分离机，其转速高达 8000～50000r/min，具有很高的分离因数（K_c＝15000～60000），能分离普通离心机难以处理的物料，如分离乳浊液及含有稀薄微细颗粒的悬浮液。

乳浊液或悬浮液在表压 0.025～0.03MPa 下，由底部进料管送入转鼓，鼓内有径向安装的挡板，以便带动液体迅速旋转。

离心机是焦亚硫酸钠生产的核心设备之一，常用的离心机有 LLW450 等型号，离心机筛网也有不同规格。从生产情况看，0.08mm 规格的筛网使用效果并不理想。离心后母液中残余结晶量多，溶液波美度达 45°Bé 以上，配入纯碱后波美度达 47 度以上，易导致系统堵塞，焦亚硫酸钠产品纯度下降。更换为 0.06mm 规格筛网后，离心母液波美度下降至 41°Bé，系统堵塞情况减少，产品产量增加，质量稳定。此外，物料输送方式等对离心机运行也有影响，如某企业 20kt/a 焦亚硫酸钠装置在建成初期，采用卧式塑料泵将低处溶液送入离心机，由于物料特性导致输料管道频繁堵塞，离心效果不稳定，且离心后物料水分难以控制，导致干燥系统频繁堵塞，制约生产。调整设备位差后，采用溶液自流进入离心机。从生产情况看，离心效果较好，物料水分得到控制，生产连续性提高。

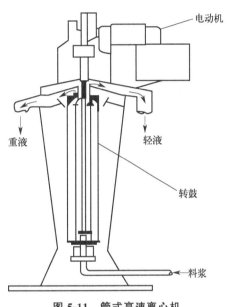

图 5-11 管式高速离心机

某硫酸厂的焦亚硫酸钠生产装置设计生产能力为年产 5000t（按每年生产 300d 计），于 1993 年正式投入生产。2000 年对焦亚硫酸钠离心工序进行改造，用一台 GKH800-N 型离心机替换原来的四台 SS1000 型离心机。其主要技术参数为：转鼓直径 800mm，转鼓转速 1500 r/min，分离因数 1000。此离心机为卧式虹吸刮刀卸料离心机，具有较高的生产能力及分离洗涤效果。同时，根据离心机使用要求，在离心工序增加了成品液贮槽和反冲液贮槽。从使用情况来看，该离心机的使用效果不错，主要表现在以下几方面：

① 经离心机脱水后的焦亚硫酸钠湿品含水率大幅降低，仅为 3%，且使干燥工序效率大幅度提高；

② 从外观上看，离心料白、细且很松散，视觉上就像是已烘好的料一样；

③ 每一个自动离心循环过程约 3.5min，可离心湿料 150kg，速度较以前大为增加；

④ 生产现场工作环境得到改善，操作人员劳动强度降低。

5.4 运行维护

5.4.1 运行

① 结晶罐中料液结晶完全后即可放料，按程序启动离心机。

② 启动皮带输送机。将选择开关置于手动位置，按顺序启动皮带输送机。

③ 各设备运转平稳后打开对应结晶罐底部手动阀、离心机进料手动阀，向离心机进料。控制阀门开度，使离心机平稳运行，固体物料脱水彻底。

④ 结晶罐中物料放完后关闭底部手动阀，接着放另一罐，空罐内继续进料冷却结晶，如此循环操作。

⑤ 放料过程中及时送出母液池中的母液。输送母液时打开对应母液储罐进口手动阀，按程序启动母液泵送料。

⑥ 随时注意减速机、离心机、母液泵、冷水机组运行情况。离心机均匀进料，严禁未甩干的料进入包装岗位。

5.4.2 维护

5.4.2.1 维护保养

① 定期清洁设备及附属管线的卫生，确保无油污、灰尘等附着现象。

② 定期检查振动、密封泄漏、三角带松弛等情况，发现问题应及时处理。

③ 定期检查附属管线是否畅通。

④ 定期检查离心机各部螺栓是否松动。

⑤ 严格执行润滑管理制度。

5.4.2.2 故障排除

分离系统常见故障、原因及处理方法如表 5-1 所列。

表 5-1 故障现象、原因及处理方法

常见故障	故障原因	处理方法
发出异声	转轴上端固定转盘或机座上减震弹簧固定螺钉等机件、紧固件有松脱现象	重新紧固
	电机转轴弯曲	修复矫正，严重时予以更换
	轴承磨损	轴承磨损间隙加大，可以在转轴上加垫片来解决，严重时予以更换
	减震弹簧弹力变小或断裂	更换减震弹簧
	外罩变形或位置不正确	调整和校正外罩并固定
	试管套内有异物使负荷失去平衡	清除试管内异物
转速变慢	三角带连接松弛	更换新的三角带
	电源电压不够	检查电路，电路正常再重新启动
吊装葫芦无法移动	钢丝绳缠绕混乱	联系机修人员对其疏导，并教一线人员使用操作规范
	移动手柄坏	联系电工对其进行检查或更换

5.5　常见问题分析

5.5.1　离心机使用的有关安全规定

使用前检查地脚螺栓、刹车是否完好。机器运转方向是否正确。下料要均匀且不得超载。运转时有异样声响或震动大，应立即停车检查。外盖上不得放工具及其他异物，经常加油，保持设备清洁。

5.5.2　母液分离焦亚硫酸钠晶体注意事项

母液和焦亚硫酸钠晶体经过离心过滤器分离后，母液经离心过滤器会进入到母液槽中，由于母液中还附带有一些直径较小的焦亚硫酸钠颗粒，在经过母液槽时，筛板会对母液中含有的焦亚硫酸钠晶体进行过滤，但在母液过滤过程中，一些焦亚硫酸钠晶体会卡在筛板上的筛孔中，使得筛板堵塞，从而导致后续进入母液槽的母液无法快速通过筛板。为此，可在母液槽的底部加装可拆卸筛板，筛板上铺有<120 目的滤膜，离心过滤后的母液若有晶体或其他杂质残留，可通过母液槽的滤膜去除。

第 **6** 章

干燥系统

6.1　系统概述

6.1.1　基本概念

　　干燥在化学、农业、生物技术、食品、聚合物、陶瓷、制药、制浆和造纸、矿产和木材加工等工业都是必不可少的操作，是通过应用热能将固体、半固体或液体原料中的液体成分蒸发为气相，使原料转变为固体。但冷冻干燥是个特例，由于干燥温度低于被去除液体的三相点温度，液体成分直接由固态升华为气态。干燥的定义中不包括液态的浓缩（蒸发），机械脱水如过滤、离心、沉淀，以及从凝胶中超临界萃取水分生成的多孔气凝胶（萃取），或所谓的通过分子筛干燥液体和气体（吸附）。干燥加工的两个必要特征是发生相转变和生成固体终产品。

　　干燥是一种古老、常见和多样化的化工单元操作。据报道有 400 多种干燥设备，其中100 多种被广泛应用。与蒸馏相比，由于大量的蒸发潜热和热空气等干燥介质的效率问题，干燥是最耗能的单元操作之一。

　　焦亚硫酸钠浆液经离心机等分离环节处理后固液分离得到固相湿物料，湿物料中还残余少量水分，需要进行干燥处理变成符合要求的成品。

6.1.2　干燥系统组成、功能

　　干燥机的分类有许多方法，表 6-1 所列为干燥机的标准及型号。

　　以上分类较为粗略，如流化床干燥机按附加标准就可分为逾 30 种类型。每种类型的干燥机都有其特点，必须了解市场上能够提供的各种干燥机的优点及其局限性。应注意的是，前面的分类并没有把一些新型的、可用于特殊场合的干燥技术包括进去，部分新型干燥技术可见 Kudra 和 Mujumdar 的相关文献，建议及时关注相关最新动态。

　　下面是由 Bakcr 提出用来对间歇式和连续式干燥机的分类方案，这一方案对间歇式干燥机的选择有较多限制，只有一小部分可进行间歇或连续方式的操作。

表 6-1　干燥机的分类

标准	型号	标准	型号
操作模式	间歇	干燥温度	沸点以下[①]
	连续[①]		沸点以上
热源输入形式	对流[①]、传导、辐射、电磁场、热传递方式的组合		冰点以下
		干燥介质与被干燥固体间的相对运动	并流
	间歇或连续[①]		逆流
	绝热或非绝热		错流
干燥机中原料的状态	静止	程数	单程
	运动、搅拌、分散		多程
操作压力	真空[①]	停留时间	短（<1min）
	常压		
干燥介质	空气[①]		中（1~60min）
	过热蒸汽		
	烟道气		长（>60min）

①是较为常用型号。

（1）间歇式干燥机

按床层类型、分散类型分类如下：

1）床层类型

接触方式（传导或间接形式），如真空槽、沸腾床和转鼓；对流（气流式槽）；特殊形式，如微波、冷冻及太阳能。

2）分散类型

流化床/喷射床；振动床式干燥机。

（2）连续式干燥机

按床层类型、分散类型分类如下：

1）床层类型

传导，如鼓式、板式、真空槽、沸腾床和转鼓（间接）；对流，如隧道式、旋喷式、穿流式和传送式；特殊形式，如微波、红外、冷冻及太阳能。

2）分散类型

流化床、振动床、转鼓式、旋流式、喷雾式及喷动式。在热能输入方式上对干燥机的分类可能是较为适用的，它能使人们区分出每种干燥机的主要特征。

直接接触式干燥机是一种最常见的对流式干燥机，由于干燥机内的蒸汽潜热没有完全利用即被排出，造成干燥机的热效率相对较低。尽管如此，此类干燥机约占工业用干燥机总数的 85%。虽然近来过热蒸汽在一些特殊场合应用，有较高的热效率并可使产品质量提高，但间接或直接加热的热空气作为干燥介质仍是最常见的。如果被干燥产品不是热敏性的或不会引起产品燃烧的话，可直接用燃气加热。在直接接触式干燥机中，干燥介质与物料直接接触，通过对流为干燥提供热能，同时干燥蒸发出的蒸汽又被干燥介质带出。

气体温度取决于物料，范围可达 50~400℃。对于有较强热敏性的物料需用去湿后的气体。当干燥易燃、易爆或需除去有机溶剂的固体物料时，需用如氮一类的惰性气体。汽化的惰性气体（含有溶剂蒸气）排出后经重新凝结可使溶剂被回收，再重新返回到干燥机中加热。

因为要处理大量体积的气体，而气体需经净化和产品回收（对于微粒状固体），这就成为干燥厂家的主要工作之一。气体温度越高，干燥热效率就越高，但温度要受产品质量的制约。

间接接触式干燥机包括不和干燥介质直接接触对物料供热的干燥机，例如：通过传导将传热介质（蒸汽、热空气及热流体等）的热量传递给湿物料。由于在湿物料一侧没有气体流动，为了不使干燥室内的水蒸气过于饱和，故抽真空或用适量的空气流动以带出已蒸发出的水分。用直接燃烧如煤泥等间接加热干燥机，可使物料表面温度从−40℃（如冷冻干燥）达到300℃。在真空下操作既可避免燃烧和爆炸，也易于通过凝结的方法回收溶剂，以免出现严重的环境问题。这类干燥由于不会被气体带出，特别适用于干燥一些有毒、含尘等物料。此外，真空操作还可降低需除去的液体的沸点，适合于以较快干燥速率处理热敏性物料。

可采用辐射（以电或天然气为热源）供热，或将全部湿物料置于微波或无线电频率范围的电介质场中。由于辐射热流可就地在较宽的范围内调节，所以干燥表面湿润的物料可达到较高的干燥速率，同时也需用对流（气流）或抽真空来带走已蒸发出的水分。辐射干燥机在某些特殊方面有较为重要的应用，如铜版纸或印刷电路板的干燥。但最常用的还是将对流与辐射联合干燥的应用，它有利于提高现有对流干燥器的生产能力。

微波干燥机设备较昂贵，操作费用较高。只有大约50%的线路功率可转变为电磁场，并只有一部分被物料吸收，所以其应用范围较为有限。但它在处理热敏性物料时对保证产品质量方面有独到之处，也可用在干燥的降速阶段的近结束部分以加快干燥速率。

在某些情况下，可以采用组合传热的模式，如对流与传导、对流与辐射及对流与介电场等。以上组合方式可减少热气流的用量，但会引起热效率降低。这类组合方式的应用，虽然增加了设备的投资费用，但可以能耗的减少来弥补，还可提高产品质量。不同传热方式是同时进行还是前后连续进行，主要取决于产品的不同。考虑到大量地增加了设计和操作参数，应选择合适的优化操作条件及数学模型。

6.2 干燥原理

不同的原料有以下不同干燥原因：便于操作，便于保藏，减少运输成本，获得理想的产品质量等。在许多加工中，不恰当的干燥可能会导致产品质量不可逆转的破坏。

干燥产品的尺寸可以从几微米到数十厘米（厚度或深度）；产品的空隙率可以从0%到99.9%；干燥时间可以从0.25s（纸绢干燥）到5个月（某些硬木种类）；生产能力可以从0.10kg/h到100t/h；生产速度可以从0m/s（静态）到2000m/s（纸绢）；干燥温度从低于三相点到高于液体的沸点；操作压力可以从0.1kPa到2500kPa。热能可以通过传导、对流、辐射、电磁方式连续或间接传送。

很明显，不可能有能够应用到所有或几个不同干燥设备的单一设定程序。当准备设计干燥设备或分析已有的干燥设备时，必须了解传热、传质和动量传递的基本原理和原料特性。实验室试验和试验规模，以及实际经验和熟悉原理对于开发一个新的干燥设备是必不可少的。

6.2.1 干燥机理

干燥是个很复杂的操作，它包括瞬时的传热、传质等过程，涉及物理或化学变化。反过来，这些变化会导致产品质量的改变和传热、传质机理的改变。物理变化包括收缩、膨胀、结晶、玻璃化转变。在某些场合，可能会产生期望的或不期望的化学或生化反应而导致固体产品在色泽、组织、气味或其他方面的变化。例如，在生产催化剂时，干燥条件会改变催化剂的内部表面积而显著影响催化剂的催化活力。

干燥是通过提供热量给湿物料实现液体的蒸发。如前面所述，热量的传递可以通过对流（直接干燥设备）、传导（接触或间接干燥设备）、辐射或将湿物料放置于微波或电磁场中来实现。超过 85% 的工业干燥设备是以热空气或直接燃烧气体作为干燥介质的对流型设备。超过 99% 的应用涉及水分的去除。所有的模式除了介电干燥（微波和电磁）以外，都是在被干燥物料的界面提供热量，所以热量主要由传导传递到物料内部。液体在传递到载气（或对于非对流型干燥设备采用的真空）前必须先传递到物料的界面。

物料内部水分的传递可能包括以下任一个或多个传质机理的组合：

① 液体扩散，湿物料的温度低于液体的沸点时。
② 水蒸气扩散，液体在物料内蒸发时。
③ 克努森（Knudsen）扩散，干燥发生在非常低的温度和压力时，如冷冻干燥。
④ 表面扩散（可能）。
⑤ 静水压差，当内部蒸发速率超过蒸汽由固体物料向环境传递的速率时。

另外，应当注意在干燥过程中由于被干燥物料的物理结构的改变，水分传递的机理随着干燥时间的流逝可能也会发生改变。

(1) 湿度测定

如前所述，绝大部分干燥设备是直接干燥（对流）类型。换句话说，热空气既是提供蒸发所需热能的介质，又是把从产品中蒸发的水分携带走的载体。例外有间接热传导干燥、冷冻干燥和真空干燥等，由于冷冻干燥和真空干燥的成本比常压干燥设备高很多，主要用于热敏性物料的干燥。

用热空气干燥意味着在一个绝热的干燥机内对空气进行加湿和冷却。因此，在设计与计算这类干燥设备时，必须知道湿空气的温湿特性。表 6-2 总结了空气-水系统的主要热力学和传递特性。表 6-3 列出了在干燥和湿度测定方面常遇到的一些专业术语的简要定义。

表 6-2 空气-水系统的主要热力学和传递特性

性质	方程式	备注
纯水蒸气压 P_v/Pa	$P_v = 100\exp[27.0214 - (6887/T_{abs}) - 5.32\ln(T_{abs}/273.16)]$	T_{abs}:热力学温度,K
空气绝对湿度 Y/(kg/kg)	$Y = 0.622RH\, P_v/(P - RHP_v)$	RH:相对湿度 P:分压,Pa
气体的比热容 c_{pg}/[kJ/(kg·K)]	$c_{pg} = 1.00926\times10^3 - 4.0403\times10^{-2}T + 6.1759\times10^{-4}T^2 - 4.097\times10^{-7}T^3$	T:热力学温度,K

性质	方程式	备注
空气的热导率 λ_g/[W/(m·℃)]	$\lambda_g = 2.425 \times 10^{-2} - 7.889 \times 10^{-5} T$ $- 1.790 \times 10^{-8} T^2 - 8.570 \times 10^{-12} T^3$	
密度 ρ_g/(kg/m³)	$\rho_g = PM_g/(RT_{abs})$	M_g：气体的摩尔质量，kg/mol
气体的速度 μ_g/(m/s)	$\mu_g = 1.691 \times 10^{-5} + 4.984 \times 10^{-8} T - 3.187$ $\times 10^{-11} T^2 + 1.319 \times 10^{-14} T^3$	
蒸汽的比热容 c_{pv}/[kJ/(kg·K)]	$c_{pv} = 1.883 - 1.6737 \times 10^{-4} T + 8.4386$ $\times 10^{-7} T^2 - 2.6966 \times 10^{-10} T^3$	
水的比热容 c_{pw}/[kJ/(kg·K)]	$c_{pw} = 2.8223 + 1.1828 \times 10^{-2} T - 3.5043$ $\times 10^{-5} T^2 + 3.601 \times 10^{-8} T^3$	

表 6-3　湿度测定和干燥中常遇到的术语的定义

术语/符号	意义
绝热饱和温度，T_{as}	在绝热条件下，未饱和气体和液体蒸发到达的气体平衡温度[对气-水系统，等于湿球温度（T_{wb}）]
结合水	与固体基质物料（或化学）结合的水分，表现在它的蒸气压比同温度下纯水的低
恒速干燥段	在恒定干燥条件下，每个干燥区域的蒸发速率是不变的干燥阶段
露点	未饱和的空气-蒸汽混合气体到达饱和的温度
干球温度	用一（干）温度计放置于蒸汽-气体混合气中所测得的温度
平衡含水量，X^*	在一给定温度和压力下，潮湿固体与气体-蒸汽混合气到达平衡时的水分含量（对于非吸湿性固体为零）
临界水分含量，X_c	在恒定的干燥条件下，恒定的干燥速率刚开始下降时的水分含量
降速干燥段	在恒定的干燥条件下，干燥速率随时间而下降的干燥阶段
自由水分含量，$X_f = X - X^*$	在给定的温度和湿度下，超过平衡水分含量的水分含量
湿热容量	每单位质量的干空气和它所结合的蒸汽的温度上升 1K 所需的热量[kJ/(kg·K)]
绝对湿度	每单位质量的干空气所含的水蒸气质量
相对湿度	在气体-蒸汽混合气体中水蒸气的分压与相同温度下的平衡蒸气压之比
非结合水	表现为蒸气压与相同温度下的纯水的蒸气压相等的固体中的水分
水分活度，A_w	固体中水分的蒸气压与相同温度下纯水的蒸气压之比
湿球温度，T_{wb}	当大量的空气-蒸汽混合气体与表面接触时的液体温度。在纯对流干燥恒速干燥段干燥表面到达的湿球温度

　　图 6-1 是空气-水蒸气的热力学性质图，它显示了在一个绝对大气压、0～130℃条件下，温度（横坐标）与湿空气的绝对湿度（纵坐标，kg 水/kg 干空气）的关系。按照热力学定义，可在图上绘出代表湿度含量的曲线和绝热饱和曲线。

　　湿度图上的绝热饱和温度和湿球温度的等式如下：

$$\frac{Y - Y_{as}}{T - T_{as}} = -\frac{c_s}{\lambda_{as}} = -\frac{1.005 + 1.88Y}{\lambda_{as}} \tag{6-1}$$

$$\frac{Y - Y_{wb}}{T - T_{wb}} = -\frac{\dfrac{h}{M_{air} K_y}}{\lambda_{wb}} \tag{6-2}$$

式中　Y——空气绝对湿度，kg/kg；

Y_{as}——绝热饱和空气绝对湿度，kg/kg；

λ_{as}——绝热饱和热导率，W/(m·℃)；

Y_{wb}——湿球空气绝对湿度，kg/kg；

λ_{wb}——湿球热导率，W/(m·℃)。

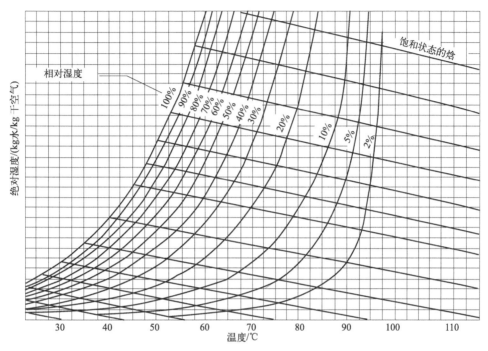

图 6-1 空气-水蒸气系统湿度图

比率$[h/(M_{air}K_y)]$，定义为湿度比，对空气-水蒸气混合物，其值处于 0.96～1.005 之间；因此，它约等于湿热容量 c_s。如果湿度的作用可忽略，对空气-水蒸气系统，绝热饱和温度（T_{as}）和湿球温度（T_{wb}）几乎相等。然而，必须注意的是，T_{as} 和 T_{wb} 是两个完全不同的概念。绝热饱和温度是气体温度和一个热力学实体。在湿度图上 Y_{as} 与 T_{as} 呈直线关系，代表气体在绝热干燥机内的路径。相反，湿球温度是与传热和传质速率相关的参数，它指的是液相的温度。在恒速干燥阶段，如果传热方式完全是对流传热，则干燥物料的表面保持着湿球温度。作为热质交换相似的结果，湿球温度与材料表面的几何形状无关。

许多工程手册提供了更为详细的、包括一些其他额外信息以及更宽的温度范围的湿度图。如 Mujumdar 给出了包括多种气-有机物蒸气系统的湿度图。

(2) 平衡水分含量

平衡水分含量是指在恒定的温度和湿度条件下，湿物料与空气达到平衡时的水分含量。在恒定温度下，平衡水分含量对相对湿度作图得到的曲线定义为吸湿等温线。将固体物料放置在不断增加湿度的空气中得到的等温线称为吸附等温线；将固体物料放置在不断降低湿度的空气中得到的等温线称为解吸等温线。很明显，由于后者的固体物料中水分含量逐渐降低，因此在干燥上更具有吸引力。大部分干燥物料都表现出"滞后现象"，即两条等温线之间的不一致。

图 6-2 是典型的吸湿等温线形状。它具有三个明显的区域（A、B、C），在每个不同的区域，水分与固体基质的结合有不同的结合机理。在 A 区域，水分被牢固地吸附，不能参与反应；在此区域，水分为单分子层吸附，因此吸附和解吸等温线没有明显的差别。在 B 区域，水分的结合较为松散。由于细微毛细管的限制作用，蒸气压低于同等温度下的平衡蒸气压。在区域 C，被截留的水分存在于较粗毛细管内。它可参与反应和作为溶剂。

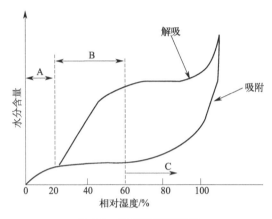

图 6-2　典型吸湿等温线

如今已提出许多假说来解释滞后现象，对此，读者可查阅相关参考文献（Bruin 和 Luyben，1980；Fortes 和 Okos，1980；Bruin，1988）。

图 6-3 显示了不同种类固体的平衡含水量曲线的形状。图 6-4 显示了在表 6-2 中定义的不同类型的含水量。解吸等温线也与外部压力有关。然而，在所有有价值的实际操作中，可忽略此因素的影响。

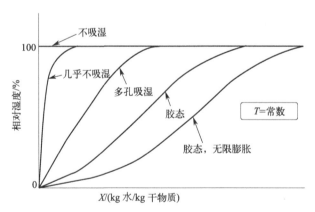

图 6-3　不同种类固体的平衡含水量曲线

按照 Keey 的报道，平衡水分含量与温度的相互关系可表示为：

$$\left[\frac{\Delta X^*}{\Delta T}\right]_{\Psi=常数}=-\alpha X^* \tag{6-3}$$

式中　X^*——干基平衡水分含量；

　　　T——温度；

　　　Ψ——空气的相对湿度。

参数 α 的范围是 $0.005\sim0.01\mathrm{K}^{-1}$。如果没有适用的数据，可用此关系式估计与温度有关的 X^*。

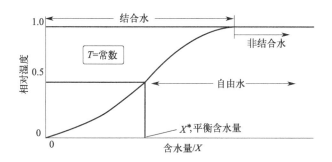

图 6-4　不同类型的含水量

对于吸潮的固体，吸附水分的焓比纯液体的低，其差值等于此结合能，该结合能也定义为湿焓，ΔH_w。它包括吸附热、水合热和溶解热，并可用下式估计：

$$\left.\frac{\mathrm{d}(\ln\Psi)}{\mathrm{d}\dfrac{1}{T}}\right|_{x=\text{常数}}=-\frac{\Delta H_\mathrm{w}}{R_\mathrm{g}T} \qquad (6\text{-}4)$$

以 $\ln(\Psi)$ 对 $1/T$ 作图是线性的，其斜率为 $\Delta H_\mathrm{w}/R_\mathrm{g}$，此处 R_g 是理想气体常数 $[R_\mathrm{g}=8.314\mathrm{kg/(kmol \cdot K)}]$。结合水蒸发所需的总能量为蒸发潜热和溶解热之和；后者是水分含量 X 的函数。对游离水来说，溶解热为零，且随着 X 的下降而增大。由于湿焓是降低结合水蒸发压力的原因，因此在同样相对湿度条件下几乎所有的食品材料的湿焓都是一样的。

对大多数食品，水的结合能是正数；它通常是水分含量的单调下降的函数。对非结合水，其值为零。对疏水性材料，水的结合能可以是负数。

通常，水吸附数值必须由实验测定。在文献报道中，有基于从理论到纯经验的 80 多个关系式。其中应用最广泛的两个分别是由 Wolf 等（1985）和 Iglesias 与 Chirife（1982）提出的。毛孔的组织和大小，以及在干燥过程中的凝胶化作用等，都会引起固体对水的结合能力产生变化。

(3) 水分活度

在食品材料中，可用于供微生物生长、芽孢发芽和参与各种化学反应的水与它的相对蒸气压或水分活度 A_w 有关。水分活度 A_w 定义为潮湿的食品系统内的水分分压 p 与在相同温度下纯水的饱和蒸气压 p_w 的比率。因此，水分活度 A_w 也等于周围湿空气的相对湿度，定义为：

$$A_\mathrm{w}=\frac{p}{p_\mathrm{w}} \qquad (6\text{-}5)$$

依据食品材料的种类的不同（如高、中、低吸湿性固体材料），可观察到不同形状的 X 对 A_w 的曲线。表 6-4 列出了微生物生长或芽孢发芽的最小 A_w。图 6-5 显示了不同种类食品的水分活度与水分含量的关系曲线图。Rockland 和 Benchat 提供了关于水分活度及其应用结果范围很广的汇编材料。

表 6-4　微生物生长或芽孢发芽的最小水分活度 A_w

微生物	A_w	微生物	A_w
在肉类上产生黏液的微生物	0.98	黑曲霉	0.85
假单胞菌属,蜡样芽孢杆菌芽孢	0.97	大多数霉菌	0.80
肉毒杆菌芽孢	0.95	耐高盐细菌	0.75
沙门菌	0.93	嗜旱真菌	0.65
大多数细菌	0.91	嗜高渗(压)酵母	0.62
大多数酵母	0.88		

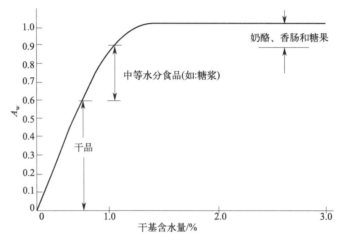

图 6-5　不同种类食品的水分活度与水分含量的关系

图 6-6 表示了在食品体系中,变质反应速率是 A_w 的函数这一一般规律。在干燥期间,除了微生物被破坏外(在 $A_w>0.7$ 时是最典型的),氧化、非酶褐变(美拉德反应)和酶促反应即使在很低的 A_w 下都能发生。因为变质反应通常不能被预测,所以在选择干燥过程时很有必要进行实验室或小规模试验以确保没有变质反应发生。

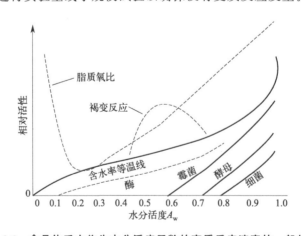

图 6-6　食品体系中作为水分活度函数的变质反应速率的一般规律

6.2.2　干燥动力学

考虑在固定干燥条件下湿固体的干燥过程,在大多数情况下,经过最初阶段的调整后，干基含水量 X 随时间 t 线性下降，同时伴随着蒸发的开始。然后是 X 随 t 的非线性下降，直到很长时间后，被干燥固体到达其平衡含水量 X^*，干燥过程结束。就自由水分（游离水）而言，可定义为：

$$X_f = X - X^* \tag{6-6}$$

在 $X_f = 0$ 时，干燥速率下降到零。按常规，在恒定干燥条件下，干燥速率定义为：

$$N = -\frac{m_s}{A} \times \frac{dX}{dt} \text{或} N = -\frac{m_s}{A} \times \frac{dX_f}{dt} \tag{6-7}$$

式中　N——干燥速率，$kg/(m^2 \cdot h)$；

　　　A——蒸发面积（可以与传热面积不同），m^2；

　　　m_s——干物质质量，kg。

如果 A 未知，则干燥速率可用单位时间（以 h 计）蒸发水的质量（以 kg 计）来表示。

N 对 X（或 X_f）的关系图称为干燥速率曲线，通常在恒定干燥条件下获得。注意，在实际干燥机中，被干燥材料通常处于不同的干燥条件（如不同的气-固相对速率、不同的温度和湿度、不同的流动方向）。因此，采用一种方法在操作条件范围外进行内插或外推有限的干燥速率数据是必要的。

图 6-7 所示为一典型的"教科书"式的干燥速率曲线，它显示了最初干燥速率 $N = N_c$ 常数的干燥阶段。在所谓的临界含水量 X_c 处，干燥速率 N 随着水分含量 X 的进一步减少而降低。此现象的机理与物料和干燥条件都有关。恒速阶段的干燥速率完全取决于外部传热和传质速率，因为在蒸发表面总有一层自由水存在。此阶段的干燥速率与被干燥物料无关。在 $X = X_c$ 时，N 开始下降，因为由于内部传质的限制，水分不能以 N_c 的速率向表面迁移。在这些阶段，被干燥表面首先变得部分未饱和，然后当它到达平衡含水量 X^* 时变得完全不饱和。Keey（1991），Mujumdar 和 Menon（1995），以及 Perry 等（1996）提供了干燥速率曲线的详细讨论。

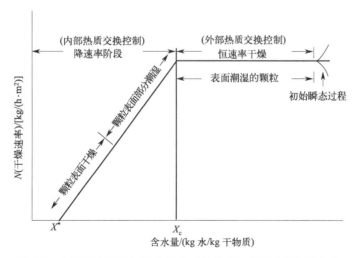

图 6-7　在恒定干燥条件下典型的"教科书"式的干燥速率曲线

应注意到，当干燥速率曲线形状呈现出急剧转变时，材料可能有不止一个临界含水量。这通常与由于组织或化学变化而导致干燥机理变化有关。此外，临界含水量 X_c 不是材料本身的特性，它取决于干燥速率，必须由实验确定，不同材料的大概含水量如表 6-5 所列。

表 6-5 不同材料的大概临界含水量

材料	临界含水量 /(kg 水/kg 干物质)	材料	临界含水量 /(kg 水/kg 干物质)
结晶盐,岩盐,砂,羊毛	0.05～0.10	一些食品,碳酸铜,淤泥	0.40～0.80
制砖黏土,高岭土,碎砂	0.10～0.20	铬革,蔬菜,水果,明胶,凝胶	>0.80
着色剂,纸,泥土,精纺羊毛制品	0.20～0.40		

使用经验或分析方法估计外部传热或传质速率，N_c 很容易计算，因此：

$$N_c = \frac{\sum q}{\lambda_s} \tag{6-8}$$

式中 $\sum q$——由于对流、传导和/或辐射的总热流量，W；

λ_s——在固态温度时的蒸发潜热，kJ/kg。

在完全的对流干燥中的恒速率干燥阶段，干燥表面总是处于水饱和状态，从而使液膜保持湿球温度。由于传热和传质的相似性，湿球温度也与被干燥物体的几何形状无关。

在降速率阶段，干燥速率是 X（或 X_f）的函数，对一给定的材料在一给定的干燥机内干燥，干燥速率和 X（或 X_f）的函数关系必须由实验确定。如果已知 N 对 X 的关系，则将固体水分含量由 X_1 减少到 X_2 所需要的时间可通过定义计算出：

$$t_d = -\int_{x_1}^{x_2} \frac{m_s}{A} \times \frac{\mathrm{d}X}{N} \tag{6-9}$$

表 6-6 所示为恒速率、线性降速率和由薄层液态水分扩散限制的降速率的干燥时间的表达式。下标 c 和 f 分别指恒速率和降速率阶段。根据不同的 N 函数形式或用于表示降速率的模型（如液体或蒸汽、毛细管、蒸发-冷凝的扩散模型），可获得不同的干燥时间计算分析表达式。对一些固体，降阶模型（蒸发表面变成了干物质）与实验观察结果很相符。所有降速率干燥模型的主要目的，是试图从不同的操作条件和不同的产品几何外形条件下外推得到可靠的干燥动力学数据。

表 6-6 不同干燥速率模型的干燥时间（恒定干燥条件）

模型	干燥时间
动力学模型 $N = -\dfrac{m_s}{A}\dfrac{\mathrm{d}X}{\mathrm{d}t}$	t_d=从初始含水量 X_1 到最终含水量 X_2 所需的干燥时间
$N = N(X)$（普通）	$t_d = \dfrac{m_s}{A}\displaystyle\int_{x_2}^{x_1}\dfrac{\mathrm{d}X}{N}$
$N = N_c$（恒速率）	$t_c = -\dfrac{m_s}{A}\times\dfrac{X_2 - X_1}{N_c}$
$N = aX + b$（降速率）	$t_f = \dfrac{m_s}{A}\times\dfrac{X_1 - X_2}{N_1 - N_2}\ln\dfrac{N_1}{N_2}$
$N = AX(X^* \leqslant X_2 \leqslant X_c)$	$t_f = \dfrac{m_s X_c}{AN_c}\ln\dfrac{X_c}{X_2}$
液体扩散模型 D_L＝常数, $X_2 = X_c$	$t_f = \dfrac{4a^2}{\pi D_L}\ln\dfrac{8X_1}{\pi^2 X_2}$
平板；一维扩散,蒸发表面水分含量为 X^*	X＝平均游离含水量 a＝从两边均匀干燥的平板厚度的 1/2

在表 6-6 中使用液态扩散模型，t_f 的表达式是通过解析偏微分方程而获得的：

$$\frac{\partial X_f}{\partial t} = D_L \frac{\partial^2 X_f}{\partial x^2} \tag{6-10}$$

其服从下列约束条件：

$$X_f = X_i，在 t=0 时，薄片的任意处$$
$$X_f = 0，在 x=a（最上层，蒸发表面）$$

$$和 \frac{\partial X_f}{\partial x} = 0，在 x=0（最底层，无蒸发表面） \tag{6-11}$$

该模型假设为一维扩散，其 D_L=常数，以及没有热效应。X_2 是在 $t=t_f$ 时的平均自由水分含量，它通过综合 $X_f(x，t_f)$ 分析结果和薄片厚度 a 后获得。表 6-6 中的表达式仅适用于长时间的干燥，因为它仅是通过保留偏微分方程中级数解的第一项而获得的。

固体中水分的扩散系数是温度和水分含量的函数。对强收缩性材料，用于定义 D_L 的数学模型必须解释扩散路径的变化。与温度有关的扩散系数可由如下的阿伦尼乌斯（Arrhenius）方程表示：

$$D_L = D_{L0} \exp\left(-\frac{E_a}{RT}\right) \tag{6-12}$$

式中　D_L——扩散系数；

　　　E_a——活化能，kJ/mol；

　　　R——摩尔气体常数，8.314J/(mol·K)；

　　　T——热力学温度，K。

一些原料的有效水分扩散的大致范围如表 6-7 所示。

表 6-7　一些原料的有效水分扩散的大致范围

原料名称	水分含量/(kg/kg 干基)	温度/℃	扩散系数/(m²/s)
苜蓿茎	3.70	26	$2.6 \times 10^{-10} \sim 2.6 \times 10^{-9}$
动物饲料	0.01~0.15	25	$1.8 \times 10^{-11} \sim 2.8 \times 10^{-9}$
苹果	0.10~1.50	30~70	$1.0 \times 10^{-11} \sim 3.3 \times 10^{-9}$
石棉水泥	0.10~0.60	20	$2.0 \times 10^{-9} \sim 5.0 \times 10^{-9}$
香蕉	0.01~3.50	20~40	$3.0 \times 10^{-13} \sim 2.1 \times 10^{-10}$
饼干	0.10~0.60	20~100	$8.6 \times 10^{-10} \sim 9.4 \times 10^{-8}$
胡萝卜	0.01~5.00	30~70	$1.2 \times 10^{-9} \sim 5.9 \times 10^{-9}$
黏土砖	0.20	25	$1.3 \times 10^{-8} \sim 1.4 \times 10^{-8}$
液体鸡蛋	—	85~105	$1.0 \times 10^{-11} \sim 1.5 \times 10^{-11}$
鱼肉	0.05~0.30	30	$8.1 \times 10^{-11} \sim 3.4 \times 10^{-10}$
玻璃丝	0.10~1.80	20	$2.0 \times 10^{-9} \sim 1.5 \times 10^{-8}$
葡萄糖	0.08~1.50	30~70	$4.5 \times 10^{-12} \sim 6.5 \times 10^{-10}$
高岭土	<0.50	45	$1.5 \times 10^{-8} \sim 1.5 \times 10^{-7}$
松饼	0.10~0.95	20~100	$8.5 \times 10^{-10} \sim 1.6 \times 10^{-7}$
纸（厚度方向）	0.50	20	5×10^{-11}
纸（平面方向）	0.50	20	1×10^{-6}

续表

原料名称	水分含量/(kg/kg 干基)	温度/℃	扩散系数/(m²/s)
意大利辣香肠	0.16	12	$4.7\times10^{-11}\sim5.7\times10^{-11}$
葡萄干	0.15~2.40	60	$5.0\times10^{-11}\sim2.5\times10^{-10}$
大米	0.10~0.25	30~50	$3.8\times10^{-8}\sim2.5\times10^{-7}$
海砂	0.07~0.13	60	$2.5\times10^{-8}\sim2.6\times10^{-6}$
大豆	0.07	30	$7.5\times10^{-13}\sim5.4\times10^{-12}$
硅胶	—	25	$3.0\times10^{-6}\sim5.6\times10^{-6}$
淀粉凝胶	0.20~0.30	30~50	$1.0\times10^{-10}\sim1.2\times10^{-9}$
烟叶	—	30~50	$3.2\times10^{-11}\sim8.1\times10^{-11}$
小麦	0.12~0.30	21~80	$6.9\times10^{-12}\sim2.8\times10^{-10}$
软木头	—	40~90	$5.0\times10^{-10}\sim2.5\times10^{-9}$
黄白杨	1.00	100~150	$1.0\times10^{-8}\sim2.5\times10^{-8}$

值得注意的是，D_L 并不是真实的物性参数，因此，在将通过单一几何形状（如片状、圆筒状或球状）所获得的扩散系数的关系式应用于实际操作中遇到的复杂的形状时，必须要小心，否则容易得出错误的计算结果。

扩散系数不仅与物料的几何形状有关，而且与干燥条件有关。在很高的活度条件下，扩散系数几乎没有差别，但在较低的活度水平时，由于被干燥物料本身的不同物理结构会产生数量级的差别。因此，有效扩散系数被认为是个集总特性，它并不真实地区分物料在干燥过程中水分的传递是通过液态或蒸汽扩散，毛细管或静水压扩散。此外，如果物料在干燥过程中发生玻璃化转变，扩散系数值将产生显著的差别。

Meel 首次提出在一个相对窄的操作范围上内插一给定的降速率曲线的简单方法。他发现标准化的干燥速率 $v=N/N_c$ 与标准化的自由水分含量 $\eta=(X-X^*)/(X_c-X^*)$ 关系图几乎与干燥条件无关。此图称为干燥速率特征曲线，如图 6-8 所示。因此，如果可以估计恒速干燥阶段的速率 N_c 和可以获得平衡水分含量的数据，那么，用此高度简化的方法可估计降速干燥曲线。但大范围的外推是不鼓励的。

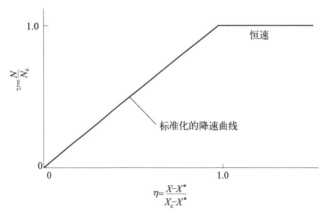

图 6-8　典型热性的干燥速率曲线

Waananen 等提供了 200 多篇有关多孔固体干燥模型的参考书目。那些模型用于叙述干燥过程，基本目的是工程设计、分析和优化。过程的数学叙述是依据控制过程内部传热和传质阻力的物理机理，以及结构和用于导出公式的热力学假设模型。在恒速率阶段，整个干燥速率是由传热和传质条件所决定的，如温度、气体流速、总压和蒸汽分压。在降速率阶段，内部传质速率决定干燥速率。由于可能不止一个机理对总传质速率有贡献，以及在干燥过程中有贡献的不同机理可能发生改变，干燥模型变得很复杂。

如以前已讨论的在液相中的扩散性的传质，是最普通的用于干燥模型的假设机理，它是在现场使用的压力低于液体沸点温度下发生的。在较高的压力下，多孔材料的毛细管孔的压力本质上也可能上升，产生一流体力学驱动的蒸汽流，反过来，则可能产生压力驱动的蒸汽流。

对于那些具有连续毛细管孔的固体，作为由于水和固体粒子之间的界面张力产生的毛细管力的结果，可能产生由表面张力驱动的蒸汽流（毛细管流）。对最简单的模型，可用一修正的泊肃叶流动方程与毛细管力方程结合以估计干燥速率。Geankoplis 表明用那种模型预测降速率阶段的干燥速率将与固体中的自由水分含量成比例。然而，对低水分含量固体，扩散模型也许更为恰当。

由于毛细管作用产生的水分流量可用液体的电导率参数和水分梯度来表示。在此场合的控制方程实际上和扩散方程是同一形式。

对某些材料和处于某些环境如冷冻干燥，"收缩边界"模型它包含"干"区和"湿"区之间的一移动边界，叙述的干燥机理通常比简单的扩散或毛细管模型更为可靠。薄层冷冻材料的冷冻干燥实验表明，干燥速率取决于向"干-湿"界面的传热速率，以及由多孔干燥层产生的影响从界面升华的蒸汽渗透的传质阻力。因在冷冻干燥中使用的是低压，克努森扩散影响可能是很大的。

当被干燥材料处于高强度的干燥条件时，通常不应用扩散或毛细管模型。如果物料内部能产生蒸发作用，会在毛细管组织内产生所谓的"蒸汽-锁"危险，导致充满液体的毛细管断裂。此现象会导致偏离经典的干燥曲线，如在高强度干燥条件时没有恒速率干燥阶段，但是在较温和的干燥条件时有恒速率干燥阶段。

本章资料中不同种类干燥设备和干燥过程的高级模型和计算过程，相关模型和估算方法是经一定简化处理的，将它们应用到实际中，对干燥设备的设计和放大时，都必须经过正确的实验室实验和/或小规模放大实验。尽管在这里没有涉及产品质量方面的考虑，但是认识到干燥不仅仅是传热和传质而且还是材料科学很重要。由于干燥对产品质量起重要作用，因此任何干燥设备的计算和说明书都必须进行全面、细致的考虑。

6.2.3 干燥时间计算

6.2.3.1 恒速干燥阶段

设恒速干燥阶段的干燥速率为 U_c，根据干燥速率定义，有积分边界条件为：开始时 $\tau=0$，$X=X_1$；终了时 $\tau=\tau_2$，$X=X_c$；

$$\mathrm{d}\tau=-\frac{G'}{U_c S}\mathrm{d}X \tag{6-13}$$

$$\int_0^{\tau_1}\mathrm{d}\tau=-\frac{G'}{U_c S}\int_{X_1}^{X_c}\mathrm{d}X$$

$$\tau_1=\frac{G'}{U_c S}(X_1-X_c) \tag{6-14}$$

式中 τ_1——恒速降燥的干燥时间，s；

  U_c——临界干燥速率，$kg/(m^2 \cdot s)$；

  X_1——物料的初始含水量，kg/kg 绝干料；

  X_c——物料的临界含水量，即恒速干燥段终了时的含水量，kg/kg 绝干料；

 G'/S——单位干燥面积上的绝干物料质量，kg 绝干料/m^2。

临界处的干燥速率U_c可从干燥速率曲线查得，也可用下式进行估算：

$$U_c = \frac{\alpha}{r_{t_w}}(t - t_w) \tag{6-15}$$

式中 t——恒定干燥条件下空气的平均温度，℃；

  t_w——初始状态空气的湿球温度，℃；

  α——对流传热系数，$W/(m^2 \cdot ℃)$；

  r_{t_w}——湿球温度下水的汽化热，kJ/kg。

对流传热系数 α 可用以下几种经验公式计算。

(1) 空气平行流过静止物料层的表面

$$\alpha = 0.0204(L')^{0.8} \tag{6-16}$$

式中 α——对流传热系数，$W/(m^2 \cdot ℃)$；

  L'——湿空气的质量流速，$kg/(m^2 \cdot h)$。

适用条件：$L' = 2450 \sim 29300 kg/(m^2 \cdot h)$，空气的平均温度为 45~150℃。

(2) 空气垂直流过静止物料层表面

$$\alpha = 1.17(L')^{0.37} \tag{6-17}$$

适用条件：$L' = 3900 \sim 19500 kg/(m^2 \cdot h)$。

(3) 气体与运动颗粒间的传热

$$\alpha = \frac{\lambda_g}{d_{p,m}}\left[2 + 0.54\left(\frac{d_{p,m}u_0}{\nu_g}\right)^{0.6}\right] \tag{6-18}$$

式中 $d_{p,m}$——对流传热系数，$W/(m^2 \cdot ℃)$；

  u_0——颗粒的沉降速度，m/s；

  λ_g——空气的导热系数，$W/(m^2 \cdot ℃)$；

  ν_g——空气的运动黏度，m^2/s。

由对流传热系数算出的干燥速率或时间，都是近似值，但通过 α 的计算式可以分析影响干燥速率的诸因素。例如空气的流速高、温度高、湿度低，都能促使干燥速率加快，但温度过高、湿度过低，可能会因干燥速率太快而引起物料变形、开裂或表面硬化。此外，若空气速度太快，还会产生气体夹带现象。所以，应视具体情况选用适宜的操作条件。

6.2.3.2 降速干燥阶段

降速阶段的干燥时间计算式仍可采用式(6-13)，先将该式改为

$$d\tau = -\frac{G'}{US}dX$$

积分边界条件：降速开始时 $\tau = 0$，$X = X_c$；

干燥终了时 $\tau = \tau_2$，$X = X_2$。

$$\tau_2 = \int_0^{\tau_2} \mathrm{d}\tau = -\frac{G'}{S}\int_{X_c}^{X_2}\frac{\mathrm{d}X}{U} \tag{6-19}$$

式中　τ_2——降速阶段干燥时间，s；

　　X_2——降速阶段终了时物料的含水量，kg/kg 绝干料；

　　U——降速阶段的瞬时干燥速率，$kg/(m^2 \cdot s)$。

其他符号与前同。

(1) U 与 X 呈线性关系

若 U 与 X 呈如图 6-9 所示的线性关系，这时任一瞬间的干燥速率与相应的物料含水量的关系为

$$\frac{U-0}{X-X^*} = \frac{U_c-0}{X_c-X^*} = k_x \tag{6-20}$$

式中　k_x——降速阶段干燥速率线的斜率，kg 绝干料$/(m^2 \cdot s)$。

式(6-20) 可以改为

$$U = k_x(X-X^*) \tag{6-20a}$$

将上式带入式(6-19)，得

$$\tau_2 = \int_0^{\tau_2}\mathrm{d}\tau = \frac{G'}{S}\int_{X_2}^{X_c}\frac{\mathrm{d}X}{k_x(X-X^*)}$$

积分上式，得

$$\tau_2 = \frac{G'}{Sk_x}\ln\frac{X_c-X^*}{X_2-X^*} \tag{6-21}$$

将式(6-20a) 代入式(6-21)，得

$$\tau_2 = \frac{G'}{S}\times\frac{X_c-X^*}{U_c}\ln\frac{X_c-X^*}{X_2-X^*} \tag{6-21a}$$

若平衡含水量 X^* 非常低，或缺乏平衡含水量 X^* 的数据，可忽略 X^*，假设降速阶段速率线为通过原点的直线，如图 6-9 中的虚线所示，$X^* = 0$ 时，式(6-20a)、式(6-21a) 变为

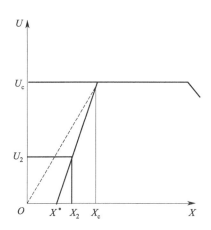

图 6-9　干燥速率曲线示意图

$$U = k_x X \tag{6-20b}$$

$$\tau_2 = \frac{G'}{S} \times \frac{X_c}{U_c} \ln \frac{X_c}{X_2} \tag{6-21b}$$

(2) U 与 X 呈非线性关系

若 U 与 X 呈非线性关系，则应采用图解积分法或数值积分法求式(6-20) 中的积分项。现通过例 6-1 加以说明。

【例 6-1】 在恒定干燥条件下进行干燥实验，经整理后获得的 X-U 关系列于例 6-1 附表中。若将物料由 $X_1 = 0.38$kg/kg 绝干料干燥至 $X_1 = 0.04$kg/kg 绝干料。试求所需的干燥时间。已知每千克绝干物料提供 0.0541m^2 干燥面积。

例 6-1 附表

X/(kg/kg 绝干料)	U/[kg 水/(m^2·h)]	X/(kg/kg 绝干料)	U/[kg 水/(m^2·h)]
0.4	1.48	0.145	1.223
0.36	1.482	0.13	1.149
0.32	1.485	0.115	1.032
0.28	1.52	0.1	0.914
0.24	1.51	0.085	0.756
0.205	1.5	0.07	0.725
0.19	1.5	0.055	0.453
0.175	1.415	0.04	0.25
0.16	1.295		

解： 先根据附表中数据绘出干燥速率曲线 X-U，如例 6-1 附图所示。由图可见该操作包括等速和降速两个干燥阶段。临界点的数据为

$$X_c = 0.19 \text{kg 水/kg 绝干料}, U_c = 1.5 \text{kg 水/(m}^2 \cdot \text{h)}$$

例 6-1 附图

1) 恒速阶段干燥时间

用式(6-14) 计算恒速阶段干燥时间：

$$\tau_1 = \frac{G'}{SU_c}(X_1 - X_c)$$

由题知 $\dfrac{G'}{S}=\dfrac{1}{0.0541}$ kg 绝干料$/m^2$

所以 $\tau_1=\dfrac{1}{0.0541\times1.5}(0.38-0.19)=2.341$(h)

2）降速阶段干燥时间

降速阶段干燥速率线不是直线，需按式(6-19) 计算干燥时间，即

$$\tau_2=-\frac{G'}{S}\int_{X_c}^{X_2}\frac{\mathrm{d}X}{U}$$

这里我们没有被积函数 U 和 X 直接的函数关系式，因此需借助数值积分法求解。采用辛普森公式

$$\int_{X_c}^{X_2}\frac{\mathrm{d}X}{U}$$

$$=-\int_{X_2}^{X_c}\frac{\mathrm{d}X}{U}$$

$$=-\frac{(X_c-X_2)}{3n}\left[\frac{1}{U_0}+\frac{1}{U_n}+4\left(\frac{1}{U_1}+\frac{1}{U_3}+\cdots+\frac{1}{U_{n-1}}\right)+2\left(\frac{1}{U_2}+\frac{1}{U_4}+\cdots+\frac{1}{U_{n-2}}\right)\right]$$

取 $n=10$，即将 $X_c=0.19$ kg 水/kg 绝干料至 $X_2=0.04$ kg 水/kg 绝干料分为 10 等份，期间每一 X 值对应的 U 值见本例附表，故

$$\int_{X_c}^{X_2}\frac{\mathrm{d}X}{U}$$

$$=\frac{-(0.19-0.04)}{3\times10}\left[\frac{1}{1.5}+\frac{1}{0.25}+4\times\left(\frac{1}{1.415}+\frac{1}{1.223}+\frac{1}{1.032}+\frac{1}{0.756}+\frac{1}{0.453}\right)\right.$$

$$\left.+2\times\left(\frac{1}{1.295}+\frac{1}{1.149}+\frac{1}{0.914}+\frac{1}{0.725}\right)\right]$$

$$=-0.1850$$

$$\tau_2=-\frac{G'}{S}\int_{X_c}^{X_2}\frac{\mathrm{d}X}{U}=\frac{0.1850}{0.0541}=3.420\text{(h)}$$

所以，总干燥时间为 $\tau=\tau_1+\tau_2=2.341+3.420=5.761$(h)

若假设降速阶段干燥速率线为通过原点的直线，如本例附图中虚线所示，则降速阶段干燥时间可用式(6-22b) 计算，即

$$\tau_2=\frac{G'}{S}\times\frac{X_c}{U_c}\ln\frac{X_c}{X_2}=\frac{1}{0.0541}\times\frac{0.19}{1.5}\ln\frac{0.19}{0.04}=3.648\text{(h)}$$

与数值积分法的计算结果相比，误差为

$$\frac{|3.420-3.648|}{3.420}\times100\%=6.7\%$$

6.3　主要设备

6.3.1　厢式干燥器

厢式干燥器一直是主流的干燥器，是一种外壁绝热、外形像厢体的干燥器。

厢式干燥器主要由一个或多个室或格组成，在其中放上装有被干燥物料的盘子。这些物

料盘一般放在可移动的盘架或小车上，能够自由移动、进出干燥室。其工作原理是热风通过湿物料的表面，达到干燥的目的。厢式干燥器为常压间歇操作，多采用强制气流的方法，可用于干燥多种不同形态的物料，尤其适用于易碎或相对昂贵的物料。空气流速和温度通常受被干燥物料性质的限制，因此，空气流速常保持在物料最细颗粒的自由降落速度以下。通常吹过盘面的平均气流速度为 1.0～1.5m/s，空气温度范围为 40～100℃，70%～95% 的空气循环使用。由于物料在干燥过程中处于静止状态，因此特别适用于不允许破碎的脆性物料。其缺点是间歇操作、干燥时间长、干燥不均匀、人工装卸料、劳动强度大。

按气体流动方式不同，分为平行流式（图 6-10）和穿流式（图 6-11）；根据处理量不同，分为搁板式和小车式等。厢式干燥器的优点是结构简单、制造容易、操作方便、适用范围广。

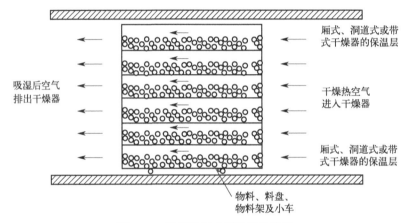

图 6-10　平行流厢式干燥器示意图

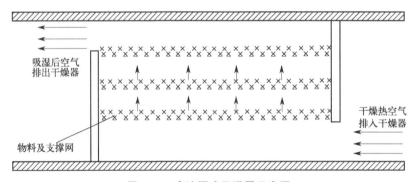

图 6-11　穿流厢式干燥器示意图

水平气流厢式干燥器整体为厢形结构，外壁包以绝热层，以防止热量损失。厢内支架上放有许多长方形料盘，湿物料置于盘中，物料在盘中的堆放厚度一般为 10～50mm；热空气由进风口送入，经加热后由挡板均匀分配，平行掠过盘间料层的表面，对物料进行干燥；热风速度在 0.5～3m/s 之间，通常取 1m/s 左右，实际设计应以尽量提高传热传质系数且又不将物料带出为原则。物料中水分的蒸发强度通常为 0.12～1.5kg 水/(h·m² 盘表面积)，体积传热系数一般为 230～350W/(m³·℃)。平行流厢式干燥器适用于染料、颜料等干燥末期易产生粉尘的泥状物料，药品等小处理量、多品种的粉状物料，以及电器元件、树脂等需要程序控制的块状物料，还适于兼有干燥和热处理的场合及除水量少而形状繁多的吸附水物料等。

穿流厢式干燥器的结构与平流式相同，只是将堆放物料的隔板或容器的底盘改为金属筛网或多孔板，可使热风均匀地穿流通过物料层；物料以易使气体穿流的颗粒状、片状、短纤维状为主，泥状物料经过成型做成直径 5～10mm 的圆柱也可以使用。物料层的厚度通常为 10～65mm。通过物料层的风速为 0.6～1.2m/s，物料中水分的蒸发强度约为 2.4kg 水/(h·m² 盘表面积)，体积传热系数一般为 3490～6970W/(m³·℃)。穿流厢式干燥器适宜于干燥通气性好的颗粒状、条状、块状等物料。

厢式干燥是一种间歇性干燥过程，通常在常压下工作，部分也在真空下工作。其优点在于对物料的适应性强，适用于小规模、多品种、干燥条件变动大的场合。但其最大缺点是热效率较低，产品质量不易均匀。

6.3.2　带式干燥器

带式干燥器是最常见的一种连续干燥装置，通常是一个长方形干燥室，一般装有进料装置、传送带、空气循环系统和加热系统等，如图 6-12 所示。它将湿物料均匀地置于一层或多层连续运行的带上，使物料由进料端向出料端移动，热风在湿物料上吹过，带走湿物料的水分。

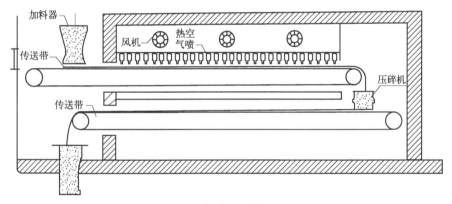

图 6-12　带式干燥器示意图

带式干燥器按带的层数分为单层带型、复合层带型（层数一般为 3～7 层）；按热空气流动方式分为垂直向下、垂直向上或复合式流动；按排气方式分为逆流、并流或单独排气。

传送带多为网状或多孔型。由于被干燥物料的性质不同，传送带可用帆布、橡胶、布胶或金属丝网制成。气流与物料成错流，被干燥的物料由提升机送至干燥器最上层的带层上，借助于带的移动，物料不断向前输送并与热空气接触而被干燥。物料在移动过程中从上一层自由洒落于下一层带上，如此反复运动，通过整个干燥器的带层，直至最后到干燥器底部，被干燥的物料从卸料口排出。

通常在物料的运动方向上分成许多区段，每个区段都可装有风机和加热装置。在不同区段上，气流方向及气体的温度、湿度和速度都可不同。例如，在干燥器最上层的湿料区段中，采用温度高、气流速度大于干燥产品区段的方法，使其传热传质速率高，以达到干燥效率高的目的；中段区域内的温度和相对湿度均不太高，可采用部分气体循环使用的方法；下段产品区域内，采用室温下的空气穿过物料进行冷却，降低出料物温，还可回收部分热量。蒸发的水分则由顶部风机抽走。带式干燥器适用于干燥粒状、块状和纤维状物料，例如中药饮片的干燥。

带式干燥器与其他干燥器相比有以下优点：a. 物料以静止状态堆放在输送带上，翻动少，可保持物料的形状；b. 采用复合通气，可改善干燥的均匀度和提高干燥速率；c. 可以同时连续干燥多种固体物料；d. 根据被干燥物料的不同，传送带的材料选择余地大；e. 带式干燥器操作灵活，可在完全密封的箱体内进行；f. 带式干燥器还可以对物料进行焙烤、烧成或熟化处理操作；g. 带式干燥器结构简单，安装、维修方便。缺点在于：a. 占地面积大；b. 运行时噪声较大；c. 生产能力、热效率均较低。

带式干燥器在工业上应用极广，广泛应用于食品、化纤、皮革、林业、制药和轻工业中，在无机盐及精细化工行业也常有采用。带式干燥器一般用于透气性较好的片状、条状、颗粒状和部分膏状物料的干燥，还应用于干燥小块的物料及纤维质物料。同厢式干燥器一样，带式干燥器通常也可分为平流和穿流两种形式。

6.3.3　气流干燥器

气流干燥也称为闪急干燥，是固体流化态原理在干燥技术中的应用。该法使加热介质（空气、惰性气体、燃气或其他热气体）和待干燥固体颗粒直接接触，并使待干燥固体颗粒悬浮于流体中，因而两相接触面积大，强化了传热传质过程，广泛应用于散状物料的干燥单元操作。气流干燥器属于对流传热式干燥类。气流干燥的本质主要是气力输送和传热传质。

典型的气流干燥装置如图 6-13 所示，主要由空气加热器、加料器、气流干燥管、旋风分离器、风机等组成。

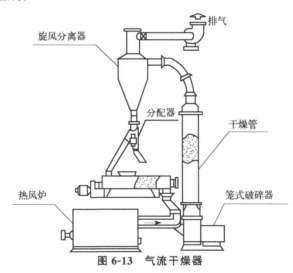

图 6-13　气流干燥器

气流干燥装置可分直接进料的、带有分散器的和带有粉碎机的。另外，还可以分为有返料、热风循环以及并流或环流操作的气流干燥装置。常见的气流干燥器有直管式气流干燥器、脉冲式气流干燥器、旋转闪蒸干燥器、气流旋转干燥器、粉碎气流干燥器等。

气流干燥器与其他干燥器相比有以下优点：

气固两相间传热传质的表面积大。固体颗粒在气流中高度分散，呈悬浮状态，这样使气固两相之间的传热传质表面积大大增加。

热效率高、干燥时间短、处理量大。气流干燥采用气固两相并流操作，这样可以使用高温的热介质进行干燥，且物料的湿含量越大，干燥介质的温度越高。

气流干燥器的结构简单、紧凑、体积小，生产能力大。气流干燥器的结构简单，在整个气流干燥系统中，除通风机和加料器以外，别无其他转动部件，设备投资费用较少。

干燥强度大。由于物料在气流中高度分散，颗粒的全部表面积即为干燥的有效面积，因此传热传质的强度较大。直管型气流干燥器的体积传热系数一般为2300～6950W/(m³·℃)，带粉碎机型气流干燥器的体积传热系数可达3470～11700W/(m³·℃)。

操作方便。在气流干燥系统中，把干燥、粉碎、筛分、输送等单元过程联合操作，流程简化并易于自动控制。

气流干燥器也有以下不足：

气流干燥系统的流动阻力降较大，一般为3000～4000Pa，因此必须选用高压或中压通风机，动力消耗较大。

气流干燥所使用的气速高、流量大，因此经常需要选用尺寸大的旋风分离器和袋式除尘器。

气流干燥对于干燥载荷很敏感，固体物料输送量过大时，气流输送就不能正常操作。

气流干燥器一般适用于粉末或颗粒状的物料，其颗粒粒径一般在0.5～0.7mm以下，至多不超过1mm。对于块状、膏糊状及泥状物料，应选用粉碎机和分散器与气流干燥串联的流程。气流干燥仅适用于物料湿分进行表面蒸发的恒速干燥过程。待干燥物料中所含的湿分应以润湿水、孔隙水或较粗管径的毛细管水为主。

6.3.4 流化床干燥器

流化床干燥器是利用固体流态化原理进行干燥的一种装置。流化床干燥器的干燥过程就是把颗粒状或块状湿物料放在孔板上（又称布风板），热空气从布风板下方穿过，热气流带动物料颗粒悬浮在气流中，并进行充分的水分和热量交换后，气体从容器顶部排出。在干燥器下部底层，离散化的物料颗粒在气态干燥介质中上下翻腾，犹如液体沸腾时的状态，所以流化床干燥器又称为沸腾床干燥器，如图6-14所示。

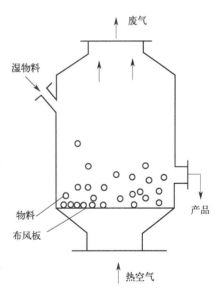

图6-14 流化床干燥器

在流化床干燥器中，尽管布风板出口射流对流化床的作用距离仅为0.2～0.3m，但布风板对整个流化床的流化状态具有决定性影响。在干燥过程中，如果布风板设计不合理，气流分布不均匀，造成沟流和死区，就会使流化床不能正常流态化。因此，布风板在保证气流分布均匀和不被堵塞的同时，还要保证直接暴露在高温介质中的布风板要能够补偿由于热膨胀所产生的应力影响。

总体上看，流化床干燥器的主要优点如下：

① 设备紧凑，物料与干燥介质的接触面积大，搅拌激烈，表面更新机会多，热容量大，热传导效果好，设备利用率高，可实现小规模设备大规模生产。

② 干燥速度大，物料在设备内停留时间短，适宜于对热敏性物料干燥。

③ 物料在干燥室的停留时间可由出料口控制，故容易控制制品的含水量。

④ 装置简单，设备造价低廉，除风机、加料器外，本身无机械装置，保养容易，维修费用低。

⑤ 密封性能好，机械运转部分不直接接触物料，对卫生指标要求较高的食品干燥十分有利。

流化床干燥器也在一定程度上存在物料黏结等不足。

目前流化床干燥装置，从其结构上看主要分为单层圆筒型、多层圆筒型、卧式床、脉冲式流化床、惰性粒子流化床、振动流化床、喷动流化床等。从被干燥的物料看，可以分为颗粒状物料、膏状物料、悬浮液和溶液等具有流动性的物料。

单层圆筒型流化床干燥器的结构简单、操作容易、检修方便、运转周期长，但干燥后所得产品的含水量不均匀；多层流化床干燥器改善了单层流化床的物料在床层停留时间分布不均匀、干燥后产品湿度不均匀的问题，物料停留时间变短，热利用率提高，在相同条件下设备体积较小；卧式流化床干燥器克服了多层流化床干燥器的结构复杂、床层阻力大、操作不易控制等缺点，气体压降比多层床低，操作稳定性也好，但热效率不及多层床高，主要适用于干燥各种难以干燥的粒状物料和热敏性物料；振动流化床干燥器是在普通流化床干燥器上施加振动而成的。在普通流化床干燥中，物料的流态化完全是靠气流来实现的；而在振动流化床干燥器中，物料的流态化和输送主要是靠振动来实现的。惰性粒子流化床是在普通流化床中放入数量适当的惰性粒子（惰性粒子的尺寸和形状、密度等随物料及操作条件的不同而变化），将溶液、悬浮液、泥浆、糊状物等物料，喷到被热气流流化起来的惰性固体粒子表面上，由热的惰性粒子和热气流共同与物料进行传热传质，将物料干燥，同时进行粉碎；干燥的粉体随气流一同排出干燥器，经分离后得到粉体产品。

6.3.5 喷雾干燥器

喷雾干燥（图 6-15）是采用雾化器将原料液分散为雾滴，并用热气体（空气、氮气或过热水蒸气）直接接触而获得粉粒状产品的一种干燥方法。

人们对喷雾干燥器常按照雾化方式进行分类，也就是按照雾化器的结构分类，将其分为离心式喷雾干燥器、压力式喷雾干燥器、气流式喷雾干燥器三种类型。物料的喷雾干燥过程可分为 3 个基本阶段：料液雾化为雾滴阶段；雾滴和干燥介质的接触、混合及流动，即雾滴的干燥阶段；干燥产品与气体的分离阶段。

原料液可以为溶液、乳浊液、悬浮液等，也可以是熔融液或膏状物料。根据需要，干燥产品可以制成粉状、颗粒状、空心球或团粒状等。

6.3.5.1 离心式雾化器

当料液被送到高速旋转的盘上时，料液在高速转盘（圆周速度为 90~160m/s）中受离心力作用，使料液在旋转表面上伸展为薄膜，并以不断增长的速度向盘的边缘运动，离

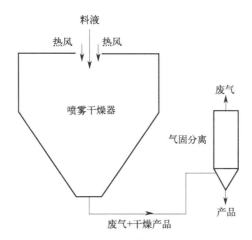

图 6-15　喷雾干燥器

开盘的边缘时，就使液体雾化。

6.3.5.2　压力式雾化器

压力式喷嘴（也称机械式喷嘴）是喷雾干燥广泛应用的雾化器形式之一。它利用高压泵使液体获得高压（2～20MPa），高压液体通过喷嘴时，将压力能转变为动能而高速喷出，从而分散为雾滴。

6.3.5.3　气流式雾化器

采用压缩空气或蒸汽以很高的速度（一般为 200～340m/s，也可以达到超声速）从喷嘴喷出，但液体流出的速度不大（一般不超过 2m/s）。因此，在两流体之间存在着很大的相对速度，从而产生相当大的摩擦力，使料液雾化。喷雾用压缩空气的压力一般为 0.3～0.7MPa。气流式雾化器也称喷雾干燥器。

喷雾干燥器与一般干燥器相比具有以下优点：

① 由于雾滴群的表面积很大，因此物料所需的干燥时间很短（以秒计）。

② 在高温气流中，表面润湿的物料温度不超过干燥介质的湿球温度。由于迅速干燥，最终产品的温度也不高。因此，喷雾干燥器特别适用于热敏性物料。

③ 根据喷雾干燥操作上的灵活性，干燥能力可从每小时数千克到数百吨，可以满足各种产品的质量指标。

④ 简化了干燥流程，在干燥塔内可直接将溶液制成粉末产品。

⑤ 喷雾干燥器容易实现机械化、自动化，减轻粉尘飞扬，改善劳动环境。

与此同时，喷雾干燥器也存在以下缺点：

① 当空气温度低于 150℃时，容积传热系数较低 [23～116W/（m^3·K）]，所用设备容积大。

② 对气固混合物的分离要求较高，一般需两级除尘。

③ 热效率不高，一般顺流塔型为 30％～50％，逆流塔型为 50％～75％。

④ 喷雾干燥一般应用于食品工业和生物工业。

6.3.6 回转圆筒干燥器

回转圆筒干燥器简称转筒干燥器，其主体是一个略带倾斜（也有水平的）并能回转圆筒体。湿物料通常由其高的一端加入，从低的一端流出。在转筒转动时，物料在转筒内部做翻抛运动，干燥介质可用热空气、烟道气或其他气体；热风由转筒的较低端吹入，由较高端排出，气固两相呈逆流接触。随着圆筒的旋转，物料先被抄板抄起，然后洒下，以改善气固两相的传热、传质过程，提高干燥速率。筒体每旋转一周，物料向出口端移动一定距离，物料前进的距离与洒落的高度和圆筒的倾斜角度有关。

转筒干燥器主要由给料箱、干燥转筒、出料箱、传动装置等四大功能部分组成，其结构示意如图 6-16 所示。

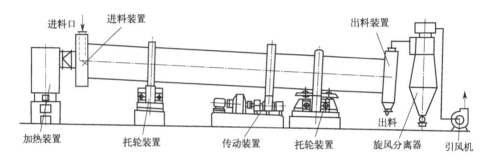

图 6-16 回转圆筒干燥器的结构示意

转筒干燥器具有以下优点：a. 机械化程度较高，生产能力大；b. 可连续操作、结构简单、操作方便、故障少；c. 干燥介质通过转筒的阻力较小；d. 运行和维修费用低、适用范围广、清扫容易。其缺点在于：a. 设备庞大、安装拆卸困难；b. 装置比较笨重，金属耗材多，传动机构复杂；c. 维修量较大，设备投资高，占地面积大；d. 热容量系数小，热效率低，物料在干燥器内的停留时间长，且物料颗粒之间的停留时间差异较大等。

国内现有的转筒干燥器的直径一般为 0.5～3m，长度为 2～27m，长径比为 4～10。气流速度由物料的粒度与密度决定，以物料不随气流飞扬为度，通常气流速度较低。物料在转筒内的装填量约为筒体容积的 8%～13%，物料沿转筒轴向前进的速度为 0.01～0.08m/s，其停留时间一般为 1h 左右。物料的停留时间，可通过调节转筒的转速来改变，以满足产品含水量的要求。

转筒干燥器主要适用于大颗粒、相对密度大的物料干燥，如磷肥、硫铵；有特殊要求的粉状、颗粒状物料的干燥，如发泡剂、酒糟渣、轻质碳酸钙、药渣等；要求低温干燥，且需大批量连续干燥的物料等；处理量大的物料、含水量较高的膏状物料或颗粒状物料。

6.3.7 转鼓干燥器

转鼓干燥器属于传导式干燥器，通过适宜的布膜方法在转动的鼓体外表面上涂布一层物料膜，随着转鼓的旋转，由转鼓内的加热介质通过鼓壁导热将湿物料加热、干燥；到刮刀处，物料干燥到要求的湿含量，并被刮刀刮下，产品通过输送装置送入下一工序进行后处理。湿物料中蒸发出的水分则进入大气。

转鼓干燥器主要由转鼓（包括圆柱形的筒体、端盖、端轴及轴承等）、布膜装置（包括料槽、喷溅器或搅拌器及膜厚控制器等）、刮料装置（包括刮刀、支撑架、压力调节器等）、传动装置（包括电动机、减速装置等）、加热介质（水蒸气等）的进气与冷凝液排液装置、产品输送装置等组成，如图 6-17 所示。

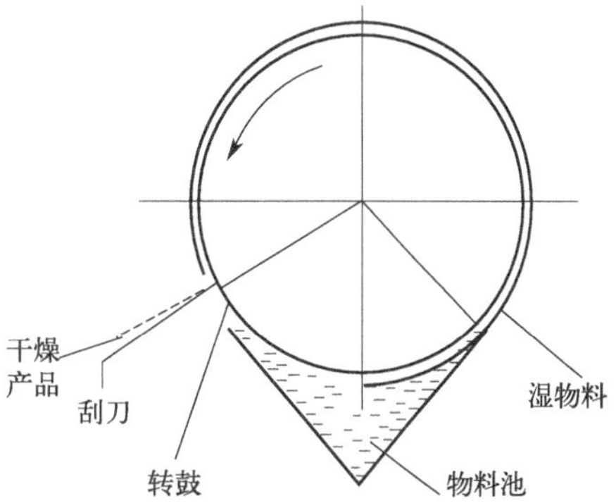

转鼓干燥器可用不同的方法进行分类。按转鼓数量，可分为单鼓、双鼓、多鼓；按鼓外环境操作压力，可分为常压操作、真空操作；按转鼓的布膜方式，可分为浸液式、喷溅式、辅辊式等。

图 6-17　转鼓干燥器

转鼓干燥器有以下几个优点：

① 热效率高，可达 70%～80%，蒸发 1kg 水分所需的热量为 3000～3800kJ（喷雾干燥器需 3500～5000kJ）。

② 动力消耗小，为喷雾干燥器的 1/30～1/10。

③ 干燥强度大，一般为 30～70kg/（h·m^2）。

④ 干燥时间短，一般为 5～30s，可用于热敏性物料的干燥。

⑤ 适用范围广，可用于溶液、悬浮液、乳浊液、溶胶等的干燥（对液相物料，必须有流动性和黏附性），对于纸张、纺织物、赛璐珞等带状物料也可采用。

⑥ 操作简单，便于清洗，更换物料品种方便。

其缺点如下：单台传热面积小（一般不超过 12m^2），生产能力低（料液处理能力一般为 50～2000kg/h）；结构较复杂，加工精度要求较高；产品含水量较高，一般为 3%～10%；刮刀易磨损，使用周期短；开式转鼓干燥器的环境污染严重。

6.4　运行维护

6.4.1　运行

6.4.1.1　流化床干燥器设计注意事项和安全措施

(1) 冷凝

一旦出口气体被增湿，那么可以得到 Y 值，出口气体的露点温度可以从湿度图中查出。为了避免气体在出口管道和分离器中冷凝，出口气体的温度必须高于露点温度 10℃以上。假如温度差小于 10℃，必须增大床体面积，这样可增加气体流量 $q_{m,g}$，反过来可避免出口气体增湿。

在大多数情况下为了贮藏和包装，我们需要把产品冷却到较低的温度。冷却时间可以用以下公式来计算。

$$t_R = \frac{m_s c_{ps}}{q_{m,g} c_{pg}} \ln\left(\frac{T_p - T_{in}}{T_{po} - T_{in}}\right)$$ (6-22)

式中　t_R——停留时间，s；

c_{ps}——物料比热容，kJ/（kg 干物料·℃）；

m_s——物料干重，kg；

$q_{m,g}$——空气质量流量，kg 干空气/s；

c_{pg}——空气比热容，kJ/（kg 干物料·℃）；

T_p——物料温度，℃；

T_{in}——入口空气温度，℃；

T_{po}——物料初始温度，℃。

（2）良好的分布板设计

对大规模加工过程，常规的分布板不能支撑较重的负荷，可以加固其结构或使用弯曲板。对于高温流化床操作过程可使用鼓风设计。应特别注意颗粒物料在分布板的堵塞、烧结和结块。

（3）有效的废气清洁系统

废气流会带走一些颗粒物，为了达到环保法规要求，必须将这些颗粒物进行分离。可以使用旋风、过滤袋以及电除尘器。

（4）细颗粒夹带

除非分离或除尘装置与流化床干燥设备相分开，否则减少细小颗粒夹带对于减轻气体清洁系统的负荷是非常重要的。排气口应该置于高于传输带的高度。

（5）高热量

当流化床干燥需要的热量较高时，可以使用内部或浸渍式加热器，这样可以减小干燥机的尺寸、气旋分离容量。

（6）最终水分含量

对于一些干燥过程，例如合成纤维的干燥，最终产品的水分含量必须低于其关键值。这主要是因为微量的潮湿样品可能会引起灾难性的后果。在这种情况下，建议使用多级流化床干燥来延长固体颗粒的停留时间。

（7）高值有机溶剂的回收

可以使用过热蒸汽或过热溶剂蒸气来回收高值有机溶剂。如果溶剂蒸气是易燃的话，使用和装卸过程要非常小心且注意密封。

（8）低干燥速率

原料的流态化是流化床干燥最基本的要求，这导致体积流量、压力下降，因而要求很高的抽吸功率及气体质量流量，而这些对于传热和传质是不利的。例如，在降速干燥时期，当干燥速率是由内部扩散所控制，而不是外部的传热和传质所控制，那么应该考虑使用机械辅助流化床干燥（如振荡器或搅拌床）。

（9）爆炸危害

对于去除有机溶剂或处理易燃固体原料时，由于燃烧和爆炸的危险，传统的热风流化床干燥机显然是不合适的。为了避免超过可燃性极限必须要采取一些防护措施。对于易燃原料来讲，应该安装破裂盘，同时还需严格控制氧气浓度，防止超过极限。

（10）物料夹带

由于流化床本身的特点，需要有大批量的气体来达到流化效果，因此会有一定的被干燥物质随气体带出，需根据不同应用场景需要考虑相应的应对方法。

（11）静电荷引起的燃烧

细小颗粒和干燥器壁的碰撞可能会产生大量的静电荷，从而引起燃烧。因此为了避免静电荷的产生和积累，所有内部金属零件都需接地。

6.4.1.2　喷雾造粒干燥机日常操作及注意事项

在日常生产过程中，开动设备前应进行必要的准备工作。

首先检查各个装置的轴承和密封部分连接处有无松动，各个机械部件的润滑油状况以及各个水、风、浆管阀口等是否处于适当位置，然后接通电源检查电压和仪表是否正常，最后检查料浆搅拌桶内料浆的量以及浓度等情况，若出现问题需及时排除。

随后依次开启送风机、抽风机，接着打开加热开关开始升温。当出料口温度达到设定温度时（130℃左右），启动料泵和除尘系统。当泵压达到 2MPa 后，打开喷枪开始造粒。

设备运行后，应及时观察雾化情况及料泵工作状况，若出现堵枪现象需立即清洗或更换喷嘴。设备正常运行后，还应定时收料、定时检查各系统运行情况，记录各工艺参数，并及时清理振动过滤筛。

造粒结束后，先关停加热装置，停止燃气机运行。然后关闭喷枪阀门，更换喷枪，拧下喷嘴并冲洗干净。当进口温度降低到 100℃ 以下后可停止送风机和抽风机的运行，接着清理干燥塔和除尘器内余料，关闭除尘器及气锤，最后关闭总电源，完成整个操作。

如遇到紧急情况，必须立即关停设备，即首先关停送风机和料泵。如果突遇停电，应拉出燃气机，使塔体自然降温，然后打开排污阀，排尽料浆管道内浆料，并清洗设备。

6.4.2　维护

6.4.2.1　流化床干燥器维护与保养

① 停止干燥器操作时应将产品收集罐内物料清理干净，保持干燥。

② 经常检查导热炉内的液位是否处于正常液位。

③ 经常检查风机并进行必要的清理。

④ 经常检查干燥器各管线、阀门、仪表等是否正常。

⑤ 运行一段时间后，要检查布袋除尘器中布袋上粉尘是否过多影响空气排出，同进回收部分硅胶。

6.4.2.2　喷雾造粒干燥机维护与保养

维持设备的正常运转是保证生产稳定运行的必要条件。定期的清理、维护以及保养有助于及时发现问题，解决潜在故障，减少停机时间，保证生产正常进行。

设备长时间运行或因操作不当，部分设备内会出现积料而影响正常运行，此时需停止生产进行清洗。对于干燥塔内积料的清理，应打开清扫门，清理漏斗底部积料，打开出料阀，用水冲洗塔内。

旋风分离器内积尘的清除，同样需要打开旋风分离器，清理积料，必要时也需用水冲洗。对于袋式除尘器的清理，应打开控制开关，连续敲打，然后打开清扫门，敲打布袋除尘器，最后更换过滤袋。

对于料浆管路系统的清理，应打开双向过滤器的排污阀，清洗过滤器滤网和管路，然后打开料泵，以水代料，清洗泵管、稳压包及管道。经过一段时间的运转，需对喷雾造粒干燥机进行必要的检查与养护。

对于供料系统，应检查过滤器、管道、阀门、喷嘴等，检查有无堵塞，定时清洗，检查喷嘴磨损情况以便及时更换。并检查料泵是否漏油，打压是否正常，油位是否正常等。

对于风机，应查看轴和轴承是否缺油发热，有无振动、噪声等，必要时清洗风叶和对风叶做平衡校正。

对于加热器，应检查热管是否正常，必要时清洗油管、油泵、油嘴的过滤网；另外，还应留意各电动机有无发热、振动、异声等情况，控制柜的仪表和电器工作是否正常等。

此外，在设备运转一定时间，需由维修人员对设备进行局部解体和维修保养。

6.5 常见问题分析

6.5.1 流化床干燥器常见故障和处理方法

(1) 发生死床

可采用降低物料水分含量、提高空气流量或选择适当时间停车、适当提高热空气温度、缓慢加大出料量等方法。

(2) 尾气含尘量过大

可采用选择适当时间停车，更换布袋除尘器内的布袋、适当降低空气流量和空气温度、选择颗粒较大的物料干燥等方法。

(3) 干燥器床层膨胀高度发生较大变化

如果床层膨胀高度大幅增加，应减小空气流量；反之，增加空气流量。

(4) 干燥器内空气温度发生较大变化

空气温度过高，减小导热油的循环量；反之，增加导热油的循环量。

(5) 干燥后产品湿含量不合格

① 如床层流化正常，先提高干燥器内空气的温度。

② 如流化不好，先加大空气的流量，再提高空气的温度。

③ 在保证正常流化的前提下，先调整空气温度至操作上限后，再调整加热空气的流量。

④ 空气流量和温度都已到操作上限后，则减小加料量。

⑤ 对湿物料进行预干燥。降低进料物料的含水量。

6.5.2 提高热效率的方法

提高热效率的主要方法如下：

① 使离开干燥器的空气温度降低，湿度增加（注意吸湿性物料）。

② 提高热空气进口温度（注意热敏性物料）。

③ 废气回收，利用其预热冷空气或冷物料。

④ 注意干燥设备和管路保温隔热，减少干燥系统的热损失。

6.5.3 烘干加料量大小的控制

如离心机料较干，加料量可大些，否则要小些；如预热器出口温度较高，可大些，否则要小些；如气温较高，可大些，否则要小些；干燥管较通，可大些，否则要小些。

6.5.4 烘干速度慢的原因及处理方法

烘干速度慢的原因及处理方法见表6-8。

表 6-8　烘干速度慢的原因及处理方法

原因分析	处理方法
离心料太湿	加强离心效果
蒸汽温度低或量小	提高供给
风机抽气量小	检修风机
干燥管堵	停车清理
干燥管漏气	消漏

第 7 章

包装储存系统

7.1　系统概述

7.1.1　基本概念

　　包装是一门新兴的工程学科，是现代商品生产、贮存、销售和人类社会生活中不可缺少的重要组成部分。关于包装，起初只认为它是容纳物品和保护产品的器具，而后又赋予其便于运输和便于使用的功能，再后来又增添了宣传产品与促进销售的作用。20 世纪末，在世界环境保护呼声日益高涨的情况下，它又必须具备无公害、易处理的环保性能。包装不是一个一成不变的概念，它的定义也与时俱进，不断被丰富。

　　国家标准《包装术语 第 1 部分：基础》（GB/T 4122.1—2008）的包装术语中，包装的定义是"为在流通过程中保护产品，方便储运，促进销售，按一定技术方法而采用的容器、材料及辅助物等的总体名称。也指为了达到上述目的而在用容器、材料和辅助物的过程中施加一定技术方法等的操作活动"。简单地说，包装是为了实现特定功能作用而对产品施加的技术措施。

　　烟气脱硫副产焦亚硫酸钠生产过程中，经干燥后分离工序和收尘分离回收的固体焦亚硫酸钠进入成品料仓，由包装工序包装成相应规格的产品后入库贮存。

　　本部分所提及的包装，是以产品为对象的狭义包装概念，其所要解决的问题归纳为如下三个方面：

　　第一，保证实现包装的功能。包装都有保护产品的功能，如要求防震、保鲜或防腐的产品，虽然在包装设计中已经做过考虑，但也必须按照规定的技术条件，严格执行工艺操作，才能确保包装的保护功能。

　　第二，尽量提高劳动生产率。这里的劳动生产率就是指单位时间内人均生产出合格包装件的数量。提高劳动生产率就要改进现有的工艺过程，采用新技术、新工艺、新材料和新设备，提高自动化程度，最大限度地增加包装件的产量。

　　第三，不断提高包装经济性。简单地说，就是在包装工艺过程中节约机器设备和原辅材料的费用，尽量降低工艺成本。为此要采用高效率包装设备，合理使用包装原辅材料，减少浪费。

包装工艺过程就是要得到优质、高产、经济的包装件，其中优质是前提，不能实现包装所规定的功能作用，也就谈不上生产率和经济性。

7.1.2 包装系统组成、功能

7.1.2.1 包装机械的组成

包装机械属于自动机范畴，种类繁多，结构复杂，新型包装机械不断涌现，很难将它们的组成分类。根据包装机械组成的共性，通常将包装机械分成下列八部分。

(1) 包装材料及包装容器的整理与供送系统

该系统是将包装材料（包括刚性、半刚性、挠性包装材料和包装容器及辅助物）进行定长切断或整理排列，并逐个输送到预定工位的系统。有的系统在供送过程中还能完成制袋或包装容器的竖起、定型、定位等工作，有的封罐机的供送系统还可完成罐盖的定向、供送等工作。

(2) 被包装物品的计量与供送系统

该系统是将被包装物品进行计量、整理、排列，并输送到预定工位的系统，有的还可完成被包装物品的定形、分割。

(3) 主传送系统

该系统是将包装材料和被包装物品由一个包装工位顺序传送到下一个包装工位的系统。单工位包装机没有传送系统。

(4) 包装执行机构

包装执行机构是直接完成包装操作的机构，即完成裹包、灌装、封口、贴标、捆扎等操作的机构。

(5) 成品输出机构

成品输出机构是把包装好的产品从包装机上卸下、定向排列等输出的机构。有的包装机械的成品输出是由主传送机构完成，或是靠包装产品的自重卸下。

(6) 电动机与传动系统

电动机是机械工作的原动力，传动系统是指将电动机的动力与运动传给执行机构和控制系统，使其实现预定动作的装置。通常由带轮、齿轮、链轮、凸轮、蜗轮、蜗杆等传动零件组成，或者由机、电、液、气等多种形式的传动组成。

(7) 控制系统

控制系统由各种手动、自动装置组成。在包装机中，从动力的输出、传动机构的运转、包装执行机构的动作及相互配合以及包装产品的输出，都是由控制系统指令操纵的。包括包装过程、包装质量、故障与安全的控制。

现代包装机械的控制方法除机械形式外，还有电气控制、气动控制、光电控制、电子控制和射流控制，可根据包装机械的自动化水平和生产要求选择。

(8) 机身

机身用于安装、固定、支承包装机所有的零部件，满足其相互运动和相互位置的要求。因此，机身必须具有足够的强度、刚度和稳定性。

7.1.2.2 包装机械的特点

包装机械既具有一般自动机的共性，也具有其自身的特性，主要特点如下：

① 大多数包装机械结构复杂，运动速度快，动作精度高。为满足性能要求，对零部件的刚度和表面质量等都有较高的要求。

② 包装机一般都采用无级变速装置，以便灵活调整包装速度、调节包装机的生产能力。因为影响包装质量的因素很多，诸如包装机的工作状态（机构的运动状态，工作环境的温度、湿度等）、包装材料和包装物的质量等。所以，为便于机器的调整，满足质量和生产能力的需要，往往把包装机设计成无级变速装置。

③ 成品输出机构包装机械是特殊类型的专业机械，种类繁多，生产数量有限。为便于制造和维修，减少设备投资，在各种包装机的设计中应注意标准化、通用性及多功能性。

④ 用于食品和药品的包装机要便于清洗，与食品和药品接触的部位要用不锈钢或经化学处理的无毒材料制成。

⑤ 进行包装时的作用力一般都较小，所以包装机的电动功率通常较小，单机一般为0.2～20kW。

⑥ 包装机械自动化程度高，大多采用微机控制，实现了操作、调整和控制的智能化。

7.2 主要包装工艺

7.2.1 袋装工艺

袋装是包装中应用最为广泛的工艺方法之一，所使用的材料为较薄的柔性材料，如纸、塑料薄膜、金属箔以及它们的复合材料等。袋装具有许多优越性，如操作工艺简单，包装成本低，销售和使用较为方便；既可用于销售包装，也可用于运输包装；尺寸变化范围大，有多种材料可供选用，适应面很广，既可包装固体物料，也可包装液体物料；袋装产品毛重与净重比值最小，无论空袋或包装件所占空间均少。但与刚性和半刚性容器包装相比，袋装强度差，大部分袋装件不能直立在货架上，展示性较差；包装件性能易受环境条件的影响，包装储存期较短；包装件的封口边和褶皱在一定程度上影响美观。

包装作业中，按纸袋来源分类，有预制袋和在线制袋装袋两种。预制袋装袋是采用预先制成的纸袋，在包装时先将袋口撑开，充填物料后封口完成包装。而在线制袋装袋则是在连续的包装作业时进行制袋，继而进行充填、封口完成包装。下面分大袋与小袋类型进行叙述。

7.2.1.1 大袋装袋工艺

大袋包装采用的纸袋通常都为预制袋。

(1) 操作方式

① 手工操作。人工取袋、开袋，把袋口套在放料斗下或充填管上，充填完毕后将袋移至封口工位进行缝合、黏合或热封。

② 半自动操作。在手工操作的基础上，附加某些机械辅助作业即成为半自动操作。通常由人工取袋、开袋，把袋口套在充填管上，其后由机械夹袋器夹袋，充填完成后，由

输送带将袋送至封口工位，进行机械封口。

③ 全自动操作。袋子从储袋器中取出，开袋并夹持，送往充填工位进行定量充填，其后送至封口工位进行封口，整个过程由机械操作自动进行。

（2）充填方法

充填是装袋工艺的主要环节之一，而充填方法与物料性质及其他因素相关。

（3）封合方法

大袋的封合方法较多，封合方法的选用与纸袋类型、材料以及包装要求有关。

阀门纸袋具有自折叠封合阀管，可用手工折叠后再封合，也可在阀管闭合后再折叠封合。

开口纸袋封口方法主要有三种，即缝合法、粘接封合法及捆扎法。

① 缝合法。缝合法是目前开口大袋最常用的封口法，其方法一般是夹持袋口两角，用棉线或尼龙线，用缝袋机进行缝合。应根据物料的颗粒度选择缝线针距以防物料散漏。缝线针距一般为 3～6mm，较大时要求缝合密度为 120～140 针/m。太稀疏会降低缝合强度，太密将降低纸的强度，使袋沿缝线处易破裂。

缝合形式如图 7-1 所示。缝合方法分为链式缝合和双锁缝合。链式缝合是将线头穿过袋壁形成环扣，每环套住前一环扣的单线缝合；双锁缝合是将线头穿过袋壁形成环扣，每一环皆由第二根横向线环锁住的双线缝合。二者各有特点，使用时根据袋重、袋的结构来选择。若是轻载袋，可用简易缝合法，将袋壁捏拢后缝合即可。缝合重载袋时，为了增加封口强度，采用先在袋口处加块纸板或耐撕裂材料后，再进行缝合。此外为提高封口的密封性，也采用袋口皱纹胶带粘接缝合。

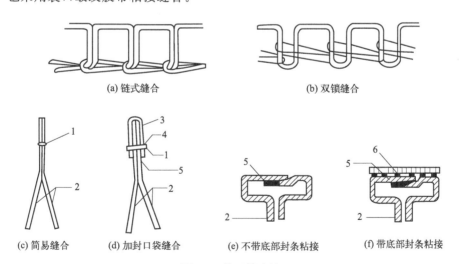

图 7-1　袋口缝合法

1—缝合法；2—袋壁；3—封口袋；4—软线；5—胶黏剂；6—底部封条

缝合式封口方法坚固而又经济，适应性强，使用时开口极为方便，封口速度快，可达10m/min 以上。但一般的缝合式封口处有缝合针眼，阻隔性能较差。

近年来，对应带 PE 内衬层的纸袋，采用了热封合与缝合的联合封口方法，使封口的密封性与封口强度都得到了保证，包装性能得到了进一步提高，适合于轻载袋、重载袋封口。

② 粘接封合法。开口袋封口也可采用粘接封合法，即在制袋时，在袋口处涂布热熔性胶黏剂，封口时加热，然后折叠加压进行封合，或在生产线上进行施胶加压封口。粘接式封合法密封性能较好，但由于目前技术水平与设备的限制，封口速度、封口强度较低，故粘接封合法一般适合于轻载袋封口。

③ 捆扎法。用布条、线绳或金属丝扎紧袋口是最简单快捷的封口方法，但一般也只适合于轻载包装袋；重载多层袋纸的挺度大，扎紧时易使纸张破损。

7.2.1.2 小袋装袋工艺

小纸袋多用预制袋。在线制袋所采用的包装材料多为纸塑复合材料，其装袋工艺与塑料小袋装袋工艺基本相同，整个工作过程可简述为制袋成型-填充-封口，适用于包装小颗粒状、茶叶、片剂、小块、粉末等物料。工作时包装材料从卷筒机滚出，经过定位传送，翻领成型器制袋成型，沿着立式供料管的外侧壁和成型器的内侧壁向下运动。再纵向封口、横封、供料、计量、填充、分离物料后快速切断，出产品，计袋数，自动输送带进入下一个工位，最后分组归类。

(1) 制袋成型器

制袋成型器用来将平面状包装材料折合成所要求的形状。成型器需要具有能够满足袋型需要、结构简单、成型阻力小及成型稳定质量好的特点。常见的制袋成型器如下。

① 三角形成型器如图 7-2(a) 所示，结构简单，通用性好，多用于扁平袋。

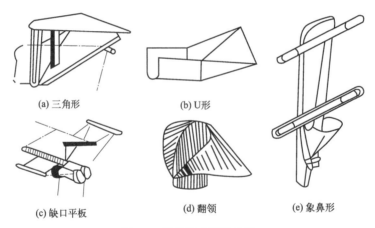

(a) 三角形　　　　(b) U形

(c) 缺口平板　　　(d) 翻领　　　(e) 象鼻形

图 7-2　常见袋成型器类型

② U 形成型器如图 7-2(b) 所示，是在三角形成型器的基础上加以改进而成，在三角板上圆滑连接一圆弧导槽（U 形板）及侧向导板，成型性能优于三角形成型器，一般用于制作扁平袋。

③ 缺口平板成型器如图 7-2(c) 所示，由 V 形缺口导板、导轨和双道纵封辊组成，适用于四面封口扁平袋成型。对材料和袋形规格的适应性强，运动阻力小，常用于立式包装机作单位小包装。

④ 翻领成型器如图 7-2(d) 所示，由内外两管组成，其外管呈衣服的翻领形，内管横截面依所需袋型而呈不同形状（圆形、方形、菱形等），并兼有物料加料管的功能：这种成型器成型阻力较大，容易造成拉伸等塑性变形，故对单层塑料薄膜的适应性较差，设

计、制造和调试都较复杂，而且一只成型器只能适用于一种袋宽。这种成型器成型质量稳定，包装袋形状精确。

⑤ 象鼻形成型器如图 7-2(e) 所示，成型过程平缓，成型阻力较小，对塑料单层薄膜的适应性较好，不但可制作扁平袋，还可制作枕形袋，但一个成型器只能适应一种袋宽，多用于立式连续制袋充填封口包装机。

(2) 封口装置

封口的方法通常有胶结和熔结两种。对于塑料薄膜作为包装袋的材料，要求封缝严密、牢固，一般采用熔结。所用热封方法有接触式和非接触式两大类，其中以接触式应用最广。热封装置的常见类型有以下几种。

① 滚轮式热封器。有两个回转运动的滚轮，加热元件置于滚轮内部，滚轮表面加工有直纹、斜纹或网纹。滚轮连续进行回转运动，对其间的薄膜加热、加压，使其热封，一般用于纵封，同时还兼有牵引薄膜前进的作用。

② 辊式热封器。属连续回转型，主要用于连续式横封。为适应不同的薄膜宽度，其辊筒较长，故而称之为辊式。图 7-3 为一辊式横封器，辊筒内装有加热元件，两辊筒由弹簧保持弹性压紧。由于薄膜是匀速移动，故辊筒的线速度与之相等而同步移动。

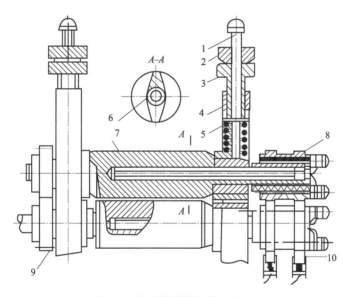

图 7-3　辊式横封器结构示意图

1—支杆；2—紧锁螺母；3—套筒；4—机架；5—加压弹簧；6—加热管；7—横封辊；8—滑环；9—齿轮；10—碳刷

③ 板式热封器。结构最为简单，使用也最为普遍，为间歇作业型。其加热元件为矩形截面的板形构件，一般采用电热丝、电热管使热板保持恒温。当被加热到预定的温度后，热板将要封合的塑料薄膜压紧在支撑板（或称工作台）的耐热橡胶垫上，即进行热封操作。这种板式热封器封合速度快，通常用于横封，所用塑料薄膜以聚乙烯类为宜，不适于遇热易收缩的聚丙烯、聚氯乙烯类薄膜。

④ 高频热封器。利用高频电流使薄膜熔合，属于"内加热"型。具有两个高频电极，相对压在薄膜上，在强高频电场的作用下，薄膜因有感应阻抗而迅速发热熔化，并在电极的压力作用下封合。这种"内加热"型热封器加热升温快，中心温度高但不过热，所得封

口强度大，适用于聚氯乙烯等感应阻抗大的薄膜。

⑤ 超声波热封器。超声波热封器为一种非接触式热封器，利用超声波的高频振动作用，使封口处的薄膜内部摩擦发热熔化而封口。主要工作部件是超声波发生器，常用压电式换能器将电磁波转变为超声波，再作用到需熔合的封口处。超声波热封也属于"内加热"，中心温度高且封口速度快，瞬间即可完成，封口质量好，特别适用于热变形较大的薄膜连续封合，但设备投资较大。

（3）传动机构

包装机正朝着连续化、高速化、自动化方向发展，同时为提高商品包装的装潢水平，往往使用有标卷带形式的包装材料。为保证独立单元等距分布商标图案的卷带图形完整，在完成产品包装过程中必须保证准确定位切断。为此，必须排除供送过程中拉伸变形和打滑等不利因素的影响。实际应用中，卷带需要设置有不同形式的等距色标或孔洞作为参照点，包装机用光电传感器来跟踪这些参照点，并依此实施自动补偿控制。

连续供送的定位切割补偿装置主要有随机补偿式和制动补偿式两种，其中随机补偿式是枕形包装机中国际上应用最为广泛的一种补偿方式。间歇供送的定位切割补偿装置主要有后退补偿式、前移补偿式及直接补偿式。

（4）切断装置

物料充填成型并封合后，由切断装置将其分割成单个的小袋。图 7-4 是一种滚刀切断装置，通过滚刀与定刀相互配合完成切断。滚刀刃与定刀刃呈 1°～ 2°夹角，保证两刀刃工作时逐渐剪断，降低切断时的冲击力。两刀刃间留有微小间隙，避免在无薄膜时的碰撞，此间隙靠调节螺栓调整固定刀来满足要求。

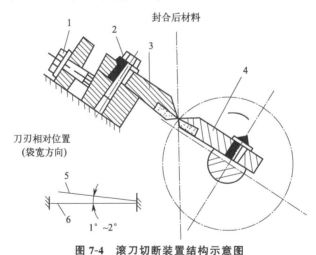

图 7-4　滚刀切断装置结构示意图

1—调节螺栓；2—固定螺栓；3—固定刀；4—活动刀；5—活动刀刃口线；6—固定刀刃口线

7.2.2　裹包工艺

裹包的类型很多，一般与产品特征、包装材料、封口方法等有关。按裹包的操作方式可分为手工操作、半自动操作和全自动操作三种；按裹包的形状可分为折叠式裹包和扭结式裹包等。此外，收缩包装和拉伸包装也属于裹包范畴。裹包工艺具体情况可参见相关工具书。

7.2.3 液体灌装工艺

将液体产品装入瓶、罐、桶等包装容器内的操作，称为灌装。液体灌装，是充填工艺的一种，只是由于液体物料与固体物料相比，具有流动性好、密度比较稳定等特点，所以将液体灌装单独进行介绍。

被灌装的液体物料涉及面很广，种类很多，有各类工业品、化工原料、医药、农药，以及食品、饮料、调味品等。由于它们的物理、化学性质差异很大，因此，对灌装的要求也各不相同。影响灌装的主要因素是液体的黏度，其次是液体内部是否溶有气体等。

由于液体物料性能不同，有的靠自重即可灌入包装容器，有的需要施加压力才能灌入包装容器，所以灌装方法也多种多样。根据灌装压力的不同可分为常压灌装、压力灌装和真空灌装等。按计量方式不同，可分为定液位灌装和容积灌装。

液体灌装工艺具体情况可参见相关工具书。

7.2.4 固体充填工艺

固体充填工艺，是指将固体物料装入包装容器的操作过程。固体物料的范围很广，种类繁多，形态和物理、化学性质也有很大差异，导致其充填方法也是多种多样，其中决定充填方法的主要因素是固体物料的形态、黏性及密度的稳定性等。

7.2.4.1 容积充填工艺

容积充填法，是将物料按预定容量充填到包装容器内。容器充填设备结构简单、速度快、生产率高、成本低，但计量精度较低。适用于充填视密度比较稳定的粉末状和小颗粒状物料。

（1）量杯充填

量杯充填是采用定量的量杯量取物料，并将其充填到包装容器内。充填时，物料靠自重自由地落入量杯，刮板将量杯上多余的物料刮去，然后再将量杯中的物料在自重作用下充填到包装容器中。适用于充填流动性能良好的粉末状、颗粒状、碎片状物料。对于密度稳定的物料，可采用固定式量杯，对于密度不稳定的物料，可采用可调式量杯。该充填方法充填精度较低，通常用于价格低廉的产品，但可进行高速充填提高生产效率。

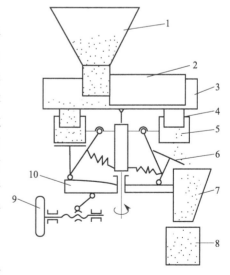

图 7-5 转盘式量杯充填

1—料斗；2—刮板；3—料盘；

4—上量杯；5—下量杯；6—底门；

7—卸料槽；8—包装容器；

9—手轮；10—凸轮

量杯的结构有转盘式、鼓轮式和插管式 3 种。

① 转盘式量杯充填装置如图 7-5 所示。量杯由上量杯 4 和下量杯 5 组成。旋转的料盘 3 上均布若干个量杯，料盘在转动过程中，料斗 1 内的物料靠自重落入量杯内，并由刮板 2 刮去量杯上面多余的物料；当量杯转到卸料工位时，凸轮 10 打

开杯底部的底门 6，物料靠自重经卸料槽 7 充填到包装容器 8 内。旋转手轮 9 可通过凸轮使下量杯的连接支架升降，调节上下量杯的相对位置，从而实现容积调节。

有的量杯充填系统带有反馈系统或称重检验系统。能对充填量进行抽样检测，并能自动调节量杯的容量，以纠正因物料密度变化而引起的质量误差。这种充填系统特别适合于流动性好的颗粒状物料的充填，并可实现高效充填。

② 鼓轮式定容充填，又称定量泵式定容充填。鼓轮的外缘有数个计量腔，鼓轮以一定转速回转，当转到上位时，计量腔与进料斗相通，物料靠自重流入计量腔；当转到下位时，计量腔与出料口相通，物料靠自重流入包装容器。计量腔容积有定容积型和可调容积型两种，适用于视密度比较稳定的粉末状物料的充填。

③ 插管式容积充填，是利用插管量取产品，并将其充填到包装容器中。充填时，先将插管插入储料斗中，插管内径较小，可以利用粉末之间及粉末与壁之间的附着力上料，然后提起插管，转到卸料工位，再由顶杆将插管内的物料充填到包装容器中，适用于充填带有黏附性的粉末状物料，如充填小容量的药粉胶囊。计量范围为 100～400mg，误差约为 70%。

（2）螺杆充填

螺杆充填是控制螺杆旋转的圈数或时间量取物料，并将其充填到包装容器中。充填时，物料先在搅拌器作用下进入导管，再在螺杆旋转的作用下通过阀门充填到包装容器内。螺杆可由定时器或计数器控制旋转圈数，从而控制充填容量。螺杆充填具有充填速度快、飞扬小、充填精度较高的特点，适用于流动性较好的粉末状细颗粒状物料，特别是在出料口容易起桥而不易落下的物料，如咖啡粉、面粉、药粉等。但不适用于易碎的片状、块状物料和视密度变化较大的物料。

螺杆充填过程如图 7-6 所示，储料斗 1 中装有旋转的螺杆 2 和搅拌器 3。当包装容器 4 到位后，传感器发出信号使电磁离合器合上带动螺杆转动，搅拌器将物料拌匀，螺旋面将物料挤实到要求的密度，在螺旋的推动下沿导管向下移动，直到出料口排出，装入包装容器内；达到规定的充填容量后，离合器脱开，制动器使螺杆停止转动，充填结束。螺杆每转一圈，就能输一个螺旋空间容积的物料，精确地控制螺杆旋转的圈数，就能保证向每个容器充填规定容量的物料。

（3）真空充填

真空充填是将包装容器或量杯抽真空，再充填物料。这种充填方法可获得比较高的充填精度，并能减少包装容器内氧气的含量，延长物料的保存期，还可以防止物料粉尘弥散到大气中。

真空充填有两种类型：一种是真空容器充填；另一种是真空量杯充填。

① 真空容器充填。真空容器充填，是把容器抽成真空，物料通过一个小孔流入容器，其充填容量的确定与液体物料灌装中的定液位灌装原理相似。

真空容器充填装置如图 7-7 所示。升降机构将包装容器 4 升起，使密封垫 3 紧紧压在容器顶部，并建立密封状态，通过抽气座 2 下部的滤网给容器抽真空，然后将料斗 1 中的物料充填到包装容器中，为了使容器内的物料充填得更紧密，多采用脉动式抽真空。最终充填容量由真空度和脉冲次数决定，基本容量由伸入容器的真空滤网深度决定，这个深度可通过改变密封垫的厚度来调节。

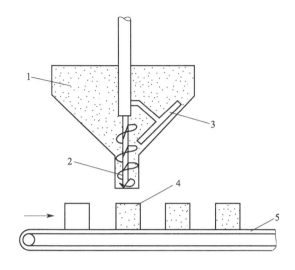 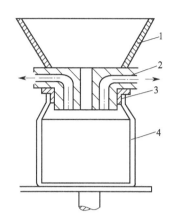

图 7-6 螺杆充填   图 7-7 真空容器充填

1—储料斗；2—螺杆；3—搅拌器；4—包装容器；5—传送带   1—料斗；2—抽气座；3—密封垫；4—包装容器

由于容器处于真空状态，故物料充填到容器内相当均匀、紧密，因而充填精度也比较高。这种充填方法的缺点是充填精度受容器容积的影响，如果容器的壁厚不等或不均匀，就会引起充填容积的变化。因此，要获得较高的充填精度，则要求每个容器都有相对恒定的容积，并有足够的硬度，使其抽真空时不内凹。如果使用非刚性容器，则应在容器外套上一个刚性密封套或放入真空箱内充填，以保证充填过程中包装容器不塌陷、不变形，以达到符合要求的充填精度。

另外，对于不同形式的物料，其最佳的真空压力是不一样的。真空度过高，某些物料会被压成粉末；真空度太低，可能达不到所需夯实作用。总之，真空度应根据物料的特征决定。

② 真空量杯充填。真空量杯充填又称为气流式充填，其方法是利用真空吸粉原理量取定量容积的物料，并用净化压缩空气将产品充填到包装容器内。这种充填方法属于容积充填，充填容量由量杯确定，可通过改变套筒式量杯深度的方法来调节充填容量。

这种充填方法克服了真空容器充填方法充填精度受包装容器容积变化影响的缺点，充填精度高，可达到±1%的精确度；充填范围大，可为 5mg～5kg；适用于粉末状物料的充填，适用于安瓿瓶，大小瓶、罐，大小袋等包装容器。

充填过程如图 7-8 所示，料斗 1 在充填轮 2 的上方，量杯沿充填轮的径向均匀分布，并通过管子与充填轮中心连接，充填轮中心有一个环形配气阀，用于抽真空和进空气。充填时，充填轮做匀速间歇转动，当轮中量杯口与料斗接合时，恰好配气阀也接通真空管，物料被吸入量杯；当量杯转位到包装容器上方时，配气阀接通空气管，量杯中的物料被净化压缩空气吹入包装容器中，完成充填。

（4）定时充填

定时充填是通过控制物料流动时间或调节进料管流量来量取产品，并将其充填到包装容器中。它是容积充填中结构最简单、价格最便宜的一种，但充填精度一般较低。可作为

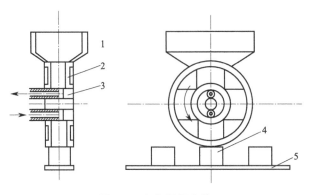

图 7-8 真空量杯充填

1—料斗；2—充填轮；3—配气阀；4—包装容器；5—输送带

价格较低物料的充填，或作为称重式充填的预充填。

① 计时振动充填。计时振动充填装置如图 7-9 所示。料斗 1 下部连有一个振动托盘进料器 2，进料器按规定时间振动，将物料直接充填到包装容器中。充填容量由振动时间控制，通过改变进料速率、进料时间或振动托盘进料器的倾角，可以调节充填容量；进料速率用改变振动器 3 的频率或振幅的方法来控制；进料时间由定时器 5 控制。

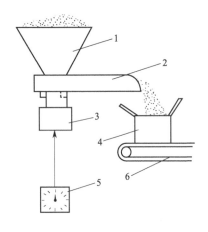

图 7-9 计时振动充填

1—料斗；2—振动托盘进料器；3—振动器；
4—包装容器；5—定时器；6—传送带

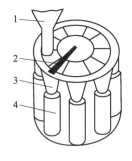

图 7-10 等流量充填

1—进料管；2—刮板；3—出料斗；4—包装容器

计时振动充填适用于各种固体物料，如粉末状物料、小食品一类的松脆物料以及蔬菜加工中的一些大的松散颗粒料或磨料等。

② 等流量充填。等流量充填装置如图 7-10 所示。物料以均匀恒定的流速落下，通过料斗落入进料管 1，再经过出料斗 3 进入包装容器 4，这样可以防止物料漏损。

充填容量由物料流动时间控制。由于物料是等流量流动，在相同时间内各容器的充填容量基本可以保持一致。

在充填过程中，容器移动速度及物料流速的变化都会影响充填容量，容器移动太慢，会导致充填过量；容器移动太快，又会导致充填不足。

为了保持物料在料斗中的料位，使物料稳定地流入容器，可采用振动或螺杆送料机构；为防止物料结团或结块，可添加搅拌装置。

（5）倾注式充填

倾注式充填过程如图 7-11 所示，物料以瀑布式流入敞口容器中。容器在下落的物料流中随输送带移动，并得到充填。在位置Ⅰ处，物料在振动中逐渐充填到包装容器中，这样可以使物料充填紧密；在位置Ⅱ处，停止充填，落入容器内的物料有一定倾角，以控制充填容量；外溢的物料又回到充填的物料流中；在位置Ⅲ处，容器进入倾斜的输送带上，使容器内物料恢复到平整状态，外溢的物料又回到充填的物料流中，充填结束。

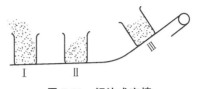

图 7-11　倾注式充填

在充填过程中，充填容量由容器移动速度、倾斜角度、振动频率及振幅决定。倾注式充填可实现高速充填，适用于各种流动性物料的充填。

7.2.4.2 称重充填

称重充填，是将物料按预定质量充填到包装容器的操作过程。其充填精度主要取决于称重装置，与物料的密度变化无关，故充填精度高。如果称重秤制造精确，计量准确度可达 0.1%，但其生产效率低于容积充填。

称重充填适用范围很广，特别适用于充填易吸潮、易结块、粒度不均匀、流动性能差、视密度变化大及价值高的物料。

称重充填分为净重充填和毛重充填两类。

（1）净重充填

净重充填是先称出规定质量的物料，再将其填到包装容器内。这种方法，称重结果不受容器皮重变化的影响，是最精确的称重充填法。但充填速度低，所用设备价格高。

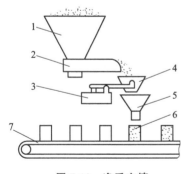

图 7-12　净重充填

1—储料斗；2—进料器；3—秤；4—秤盘；
5—落料斗；6—包装容器；7—传送带

净重充填广泛用于要求充填精度高及贵重的、流动性好的固体物料，还用于充填酥脆易碎的物料。这种充填方式特别适用于质量大且变化较大的包装容器。尤其适用于对柔性包装容器进行物料充填，因为柔性容器再充填时需要被夹住，而夹持器会影响称重。

净重充填装置如图 7-12 所示。物料从储料斗 1 经进料器 2 连续不断地送到秤盘 4 上称重；当达到规定的质量时，就发出停止送料信号，称准的物料从秤盘上经落料斗 5 落入包装容器 6。净重充填的计量装置一般采用机械秤或电子秤，用机械装置、光电管或限位开关来控制规定质量。

为达到较高的充填精度，可采用分级进料的方法，先使大部分物料快速落入秤盘上，再用微量进料装置，将物料慢慢倒入秤盘上，直至达到规定的质量。也可以用电脑控制，对粗加料和精加料分别称重、记录、控制，做到差多少补多少。采用分级进料方法可提高充填速度，而且阀门关闭时，落下的物料流可达到极小，从而提高了充填精度。

由于计算机系统应用到称重充填系统中，产品称重计量方法发生了巨大变化，计量精度也有了很大的提高。计算机组合净重称重系统，采用多个称量斗，每个称量斗充填整个净重的一部分。微处理机分析每个斗的质量，同时选择出最接近目标质量的称量斗组合。由于选择时产品全部被称量，消除了由于产品进给或产品特性变化而引起的波动，因此计量非常准确。

（2）毛重充填

毛重充填是物料与包装容器一起被称量。在计量物料净重时，规定了容器质量的允许误差，取容器质量的平均值。毛重充填装置结构简单、价格较低、充填速度比净重充填速度快。但充填精度低于净重充填。

毛重充填适用于价格一般的流动性好的固体物料、流动性差的黏性物料，特别适用于充填易碎的物料。由于容器质量的变化会影响充填精度，所以，毛重充填不适于包装容器质量变化较大，或物料质量占包装件质量比例很小的包装。

毛重充填装置如图 7-13 所示。储料斗 1 中的物料经进给器 2 与落料斗 3 充填进包装容器 4 内；同时计量秤 5 开始称重，当达到规定质量时停止进料，称得的质量是毛重。

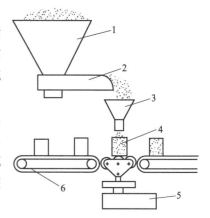

图 7-13 毛重充填

1—储料斗；2—进给器；3—落料斗；4—包装容器；5—计量秤；6—传送带

为了提高充填速度和精度，可采用容积充填和称重充填混合使用的方式，在粗进料时，采用容积式充填以提高充填速度，细进料时，采用称重充填以提高充填精度。

7.2.4.3　计数充填

计数充填，是将产品按预定数目装入包装容器的操作过程，在被包装物料中有许多形状规则的产品，这样的产品，大多是按个数进行计量和包装的。因此，计数充填在形状规则物品的包装中应用甚广，适于充填块状、片状、颗粒状、条状、棒状，以及针状等形状规则的物品，也适于包装件的二次包装，如装盒、装箱、裹包等。

计数充填法分为单件计数充填和多件计数充填两种。

（1）单件计数充填

单件计数充填是采用机械、光学、电感应，以及电子扫描等方法或其他辅助方法逐件计算产品件数，并将其充填到包装容器中。

单件计数充填装置结构比较简单。例如，用光电计数器进行计数的充填装置，物品由传送带或沿槽输送，当物品经过光电计数器时，将光电计数器的光线遮断，表明有一件物品通过检测区，计数电路进行计数，并由数码管显示出来，同时物品被充填到包装容器中，当达到规定的数目时，发出控制信号，关闭闸门，从而完成一次计数充填包装。

（2）多件计数充填

多件计数充填是利用辅助量或计数板等，确定产品的件数，并将其充填到包装容器内。产品的规格、形状不同，计数充填的方法也不同。常将物品分为有规则排列和无规则排列的两类。

① 有规则排列物品的计数充填。有规则排列物品的计数充填是利用辅助量如长度、面积等进行比较，以确定物品件数，并将其充填到包装容器内。常用的有长度计数、容积计数、堆积计数等，分别如图 7-14、图 7-15 和图 7-16 所示。一般用于形状规则、规格尺寸差异不大的块状、条状或成盒、成包物品的充填。

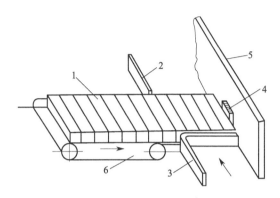

图 7-14　长度计数充填

1—物品；2，3—挡板；4—触电开关；5—推板；6—传送带

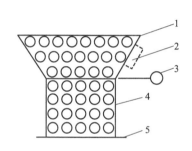

图 7-15　容积计数充填

1—料斗；2—振动器；3—阀门；4—计量箱；5—底门

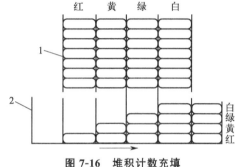

图 7-16　堆积计数充填

1—料斗；2—包装容器

② 无规则排列物品的计数充填。无规则排列物品的计数充填，是利用计数板，从杂乱的物品中直接取出一定数目的物品，并将其充填到包装容器中。可以一次充填得到规定数量的物品，也可以多次充填得到规定数量的物品。几种典型计数方式如图 7-17、图 7-18 和图 7-19 所示。适用于难以排列的颗粒状物品的计数充填。

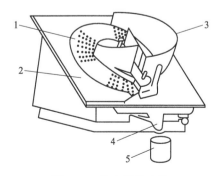

图 7-17　转盘计数充填

1—计量盘；2—底板；3—防护罩；4—落料槽；5—包装容器

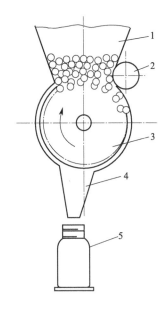

图 7-18 转鼓式计数充填

1—料斗；2—拔轮；3—计数鼓轮；

4—落料斗；5—包装容器

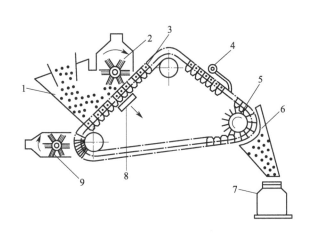

图 7-19 履带计数充填

1—料斗；2—拔料毛刷；3—计数履带；

4—探测器；5—径向推头；6—落料斗；

7—包装容器；8—振动器；9—清屑毛刷

7.2.5 真空、充气包装工艺

7.2.5.1 真空、充气包装系统

真空、充气包装系统主要由气源、气体混合器、真空充气包装机，以及管路、减压阀、压力表和开关等附件组成，如图 7-20 所示。

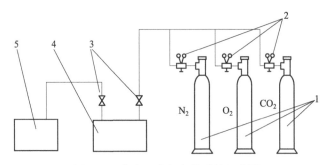

图 7-20 真空、充气包装系统示意图

1—气源；2—减压阀；3—开关；4—气体混合器；5—包装机

7.2.5.2 气源与配气技术

一般小批量生产采用的气源为钢瓶装压缩气体。二氧化碳用食品级，氮用脱水精氮。钢瓶灌满时压力可达 15MPa，一般有 10～12MPa。

各种压缩气体经减压阀减压后，进入气体混合器进行各种产品所需的最佳比例混合，然后才引入充气包装机进行充气包装。

混合器的配气原理简述如下。

假定减压后的气体为理想气体，其状态方程：

$$PV = nRT \tag{7-1}$$

式中　P——气体压力，Pa；

　　　V——气体体积，m³；

　　　n——气体物质的量，mol；

　　　R——摩尔气体常数，8.314J/（mol·K）；

　　　T——热力学温度，K。

由上式可知，在一定温度下，令 V 一定，则气体物质的量 n 只与其分压 P 有关。控制进入定容 V 的气体混合器内各气体的分压，便可实现气体按所需的比例混合。例如，欲配 70%CO_2+30%N_2 的混合气，并假设所需混合气总压为 P。先将定容 V 的混合器内空气抽除，再先后送入 $0.7P$ 的 CO_2 和 $0.3P$ 的 N_2 则可得所需比例的混合气。配气结果可用奥氏气体分析仪或气相色谱仪检验。

7.2.5.3　真空、充气包装工艺参数

工艺参数要根据产品特性和包装袋容积来确定。下面将结合腔室式包装机讨论参数的确定。

（1）抽真空

为使包装内氧降至最低，应有较大的真空度。一般要求腔室内真空度为 10～30Torr（1Torr=1mmHg=133.32Pa）。

真空包装机抽真空后，包装内难以做到绝对无氧。经测定，包装内还有 1.6%～2.2%的 O_2，如果包装内还有 2%～5% O_2，则霉菌、酵母的繁育基本同在空气中一样。

抽真空时间根据产品对真空度要求和包装容积，经实验确定。

（2）充气

引入充气包装机的混合气体要有一定的压力。对于腔室机，一般以 0.15～0.3MPa 为宜。压力过小，则因腔室大，充气慢，充气量不足；压力过大，则包装袋可能胀破。一般重启后包装袋内压力以不大于 0.12MPa 为宜。充气时间也依袋容积而定，以袋饱满为原则。

（3）热封合

热封合质量是真空充气包装密封性的重要保证。一般要求热封密度稍大，这样热封强度较高。热封温度和热封时间可根据包装材料确定，一般用较高热封温度的复合材料。因为随生产连续进行，热封条温度升高，故热封时间要及时调整。

7.2.6　吨袋包装工艺

吨袋（FIBC），又称柔性集装袋、集装袋、太空袋等，是一种中型散装料袋，是集装单元器具的一种，配以起重机或叉车，就可以实现集装单元化运输。可以选择叉取托盘运输，也可以选择无托盘吊带运输。料带尺寸，包装规格可根据用户的仓储运输特点灵活设计。现为工厂原材料包装逐渐倾向的包装方式。

吨袋便于装运大宗散装粉、粒状物料，具有容积大，可导静电，料袋选材可符合美国

食品药品监督管理局（FDA）满足包装食品要求，便于装卸等特点，是一种常见的包装材料之一。它的特点是结构简单、自重轻、可以折叠、回空所占空间小、价格低廉。适用于工厂原材料的仓储、大宗散料转运等。

现在工厂机械化、提高生产效率是大势所趋，一个吨袋可以装 300～2000kg 的物料，而采用一般的小袋包装一般每袋是 25～50kg，而且包装后要先码垛，方便后面的运输，一垛一般是 40 袋，相当于一个吨袋的包装量。由图 7-21、图 7-22 可见吨袋包装的运输效率高、仓储方便且无需码垛，一袋即相当于小包装的一垛，无需专用设备即可实现无托盘仓储、装车。减少了大量的劳动力、设备成本和材料成本。

图 7-21　吨袋装车

图 7-22　吨袋仓库储运便捷

卷袋式全自动吨袋包装的工艺流程为：人工将包装袋放置在供袋机的供袋盘上（1.5～2h/次），供袋机自动供袋、送袋、开袋口，装袋机自动取袋、移袋、套袋到夹袋器，夹袋器夹袋完毕后，发出准备就绪信号。电子定量秤中进行全自动称重计量经夹袋器给料到料袋中，以满袋每袋 500～1000kg 装袋，装完物料的包装袋（以下简称料袋）在皮带输送机上输送，输送前与夹袋器的撑杆经手递手配合，完成夹口整形、夹口输送到热封合工位，皮带输送机停止再由夹口整形机手递手传递给热合机，热合完成后再经皮带输送机输送到吊带整形位经整形后，输送到缓存位料袋在皮带输送机等待叉车叉取入库，工艺流程如图 7-23 所示。

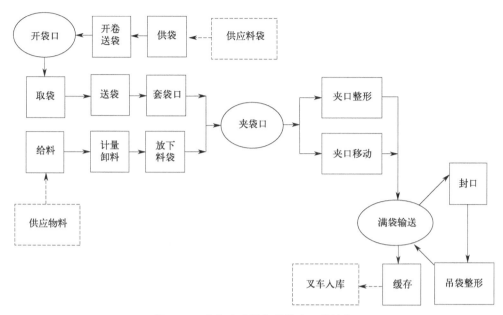

图 7-23 全自动吨袋包装线流工艺流程

如图 7-24 所示为全自动吨袋包装线流工艺流程图，当供袋单元 1 把卷袋提升，分拣为单袋通过皮带输送机将包吨袋袋口送到指定袋口托板（光电检测到位），开袋机构吸盘组件下降吸住开袋口上升完成开袋口（磁环开关＋负压检测开袋口完成），控制系统接到开袋完成指令信号，发信号给装袋单元 2，其取袋机构在等待位由移袋机构平移到取袋位，电机驱动取袋机构选择 90°，其撑袋机构伸入袋口（光电检测取袋成功）反向选择 90°，并移动至夹袋器 3 下方，同时夹袋器下降伸入料袋口并将袋口夹紧，然后夹袋器上升到下料位置，给系统下料信号。给料装置 5 使用户缓存料仓中的物料流动到电子定量秤 4 中，保证称重时物料稳定，当控制系统接到包装袋已经到位后，即开始充填物料，下料装置通过称重控制器的控制，经粗、精给料定量计量一定量的物料到料袋中，填充完毕与夹袋器集成在一起的整形撑杆将袋口撑平后手递手传递给夹口整形单元的夹口机构，装完物料的包装袋（以下简称料袋）在皮带输送机上输送，输送前夹口整形机单元 6 与夹袋器的撑杆机构经手递手传递配合，完成夹口整形、夹口整输送与皮带输送机同步同速将料袋输送到热封合工位，夹口整形和垛盘输送机 9 停止到封口机 7 位置，再由夹口整形机手递手传递给封口机 7，封口机热封合袋口完成后松开料袋，再经皮带输送机输送到提袋整形装置 8 下方，此时挂袋机构是摆向外侧，升降气缸是缩回状态在高位，送袋口气缸是缩回状态的初始状态，料袋到位后光电开关发信号给系统，系统控制垛盘输送机停止，挂袋机构降到低位并摆到中间位置挂住料袋的单吊带，升降气缸缩回上升拎起料袋，磁环开关感测到高位后，送到袋口气缸伸出，将内衬袋口送入外袋内侧，吊带整形完毕，放下料袋各气缸恢复到初始位置，由垛盘输送机输送到缓存位料袋在垛盘输送机 9 上等待叉车叉取入库。

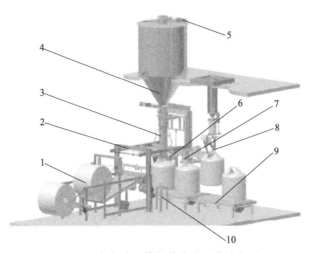

图 7-24   全自动吨袋包装线流工艺流程图
1—供袋单元；2—装袋单元；3—夹袋器；4—电子定量秤；5—给料装置；6—夹口整形单元；
7—封口机；8—提袋整形装置；9—垛盘输送机；10—料袋限位机构

7.3   主要设备

7.3.1   装袋设备

目前装袋设备及其配套装置的种类很多，由于包装功能、生产能力以及袋的形状和尺寸、所用材料不同，装袋设备及其配套装置的差别很大。选用时必须根据产品、企业和市场的具体情况进行综合考虑。在选择装袋设备时应考虑如下几点。

对于小计量、大批量包装作业，在线制袋装袋是首选的包装形式。包装机械的选择，应主要考虑计量精度、包装尺寸调整范围、物料的适应性、生产速度等是否满足生产要求；对于大计量、特殊袋型的包装作业，则通常采用预制袋装袋作业。

充填的计量装置要选择适当。包装颗粒或粉末状物料时，只有物料密度及其稳定性能控制在规定范围内的才能选用容积式计量，否则通常应选用称量式计量。而对于液体产品，目前主要采用容积式计量。

封合方式选择的首要依据是包装材料，其次是物料性质、密封性要求以及充填状态。

对于纸制大袋，目前缝合法/粘接封合法应用最为常见，对应带 PE 内衬层的纸袋，采用热封合与缝合的联合封口方法，其封口品质有保障。

对于纸制小袋，封口方式主要有缝制封口、粘胶带封口、绳子捆扎封口、金属条开关扣式封口、热封合等。对应常用的纸塑小袋，热封合法应用最广。热压方式应与所用包装材料的热封性能、封口尺寸等相适应，以保证封合强度与外观质量。

充填粉末物料时，由于包装材料表面带有静电，袋口部位易被物料所污染，从而影响封口品质。因此，装袋机必须具有防止袋口部分被粉末污染的装置，如静电消除器等。

近年来，纸制大袋的包装技术与设备研究较为活跃。下面介绍几种国内外大袋包装方式及设备。

7.3.1.1   纸袋封口缝合自动包装

此类包装多为牛皮纸袋或多层牛皮纸袋制作，先缝合袋口然后包上折成鞍状的热熔胶纸带，封住针孔，既增强封口的牢度，又达到密封的要求。如需严防物料泄漏，还需内衬塑料袋。封合时，先热封内衬塑料袋，然后包上折成鞍状的皱纸带缝合，进行密封。此种包装应根据物料的堆码度、运输、储藏等条件选择牛皮纸袋的层数。

目前为此种包装方式而设计的包装设备已相当成熟，仅包装过程就有除尘、缝纫、剪线辫、压合、冷却、计数等工序，由可编程逻辑控制器（PLC）自动控制完成。并设计有缝纫机断线、断纸带、卡链、过载等故障的警示系统，避免了高速生产中成批漏缝、漏包的差错，保证生产安全。这种方式的自动包装机采用光机电一体化、微机控制的先进技术，工艺成熟，是国际上应用较广的先进设备。

7.3.1.2　纸袋折口热封自动包装

此类包装有三种不同方式，但都是先折袋口然后热封，目前在欧美国家较为盛行。根据包装需要，纸袋可以内衬塑料，也可以不内衬。现分别介绍如下。

①　纸袋折口热压自动包装。此种纸袋制成类似中式信封的袋口，一侧为单层或多层袋口舌、表面有热熔胶涂层。袋口的封合过程为：开袋口预热内袋、透过外层热封内衬袋、压痕、折袋口舌、热压、密封、冷却，完成包装作业。

此种包装袋也可以设计有单向排气阀，在封合时排出袋内部分气体，以防止受压时爆袋。但这种包装方式的制袋工艺难度较大，制约了推广和应用。

②　纸袋折口侧封胶带自动包装。这种包装方式与上述包装方式不同之处是袋口两侧是平的，根据包装的要求，纸袋可以是一层也可以是多层的，袋口可以进行一次或两次折叠。此种包装的过程是：除尘、热封内袋、滚压、修剪内袋、压痕（一道或两道）、折口（一次或两次）、一侧胶合纸带、剪纸带、热压、冷却。该包装方式采用设备的部分机构较为复杂，增加了制造难度。

③　纸袋折口包带自动包装。这种方式的包装过程是：先热封内袋，然后压痕、折叠袋口，再包上折成鞍状的热熔胶纸带，经过剪纸带、加热、压合，完成包装。目前，此种包装方式设计的设备也已日趋成熟，采用光机电一体化技术，温度可控、变频调速、工艺先进，是新一代纸制大袋包装设备。

7.3.1.3　袋成型-填充-封口机

（1）枕型装袋机

1）象鼻成型器制袋式装袋机

如图 7-25 所示，该装置可完成纵缝对接封合、装填封口及切断工作。全机除计量装置外，还由象鼻成型器、匀速回转的纵封辊、不等速回转的横封辊和回转切刀等组成。

单张卷筒薄膜经多道导辊和光电管被引入象鼻成型器，将薄膜卷折成圆筒状，被连续回转的纵封辊加热加压热封定形，包装料袋自上而下地连续移动，就是纵封辊连续回转牵引薄膜的结果。横封辊不等速回转，分别将上、下两袋的袋口和袋底封合，纵封辊的转轴轴线与横封辊回转轴线成空间垂直，因而获得枕式袋，被包装物料经计量装置计量后由导料槽落入袋内，封好口的连续袋由下面回转切刀与固定切刀接触时切断分开。

2）翻领成型器制袋式装袋机

图 7-26 所示为立式间歇运动的翻领成型器制袋式装袋机，可完成制袋、纵封（搭接或对接）、装填、封口及切断等工作。平张卷筒薄膜经多道导辊引上翻领成型器，由纵封

辊封合定形、搭接或对接成圆筒状，以计量装置计量后的物料由加料斗通过加料管导入袋底，横封器在封底同时拉袋向下，并对前一满袋封口，又在两袋间切断使之分开，全机各执行机构的动作可由机、电、气、液配合自动完成。

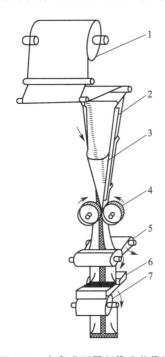

图 7-25　象鼻成型器制袋式装袋机

1—卷筒薄膜；2—象鼻成型器；3—加料斗；

4—纵封辊；5—横封辊；6—固定切刀；7—回转切刀

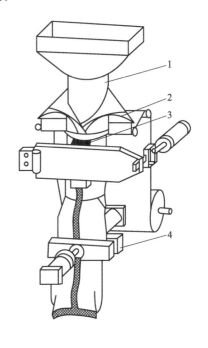

图 7-26　立式间歇运动的翻领成型器制袋式装袋机

1—加料管；2—翻领成型器；3—纵封辊；4—横封辊

3）筒形袋装袋机

筒形袋装袋机是一种间歇式转盘形包装机，这类包装机采用筒状卷料薄膜作包装材料，每次先封底缝，然后再切下作为包装袋，并由间歇回转工序盘上的夹持手将包装袋从一个工位移向另一个工位，完成装料、整形、封口等工序。

图 7-27 所示为带有筒状薄膜开袋器的装袋机，先开袋后夹持，再被封底缝，这类机型在国内外较稀少，但开袋形式十分独特。使用较广的是图 7-28 所示的机型，往往是先封底缝、切断，再被夹持，然后开袋、装填物料、封口等，这种机型与立式或卧式直线型装袋机相比，在工位动作的设计安排上灵活性较大，对一些难装或多种物品混装的袋装产品，适应性特别强。

（2）三面封口扁平式装袋机

1）三角形成型制袋式装袋机

图 7-29 所示为卧式间歇运动三角形成型器的制袋

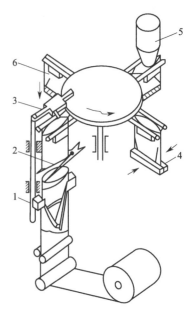

图 7-27　带有筒状薄膜开袋器的装袋机

1—开带器；2—切断刀；3—拉带手；

4—封底器；5—装袋；6—封口与卸袋

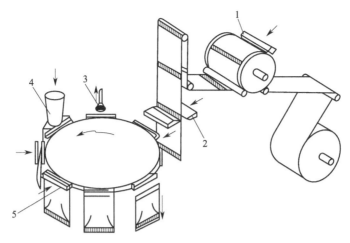

图 7-28　筒形装袋机

1—封底器；2—切刀；3—开袋吸嘴；4—加料斗；5—封口器

式装袋机。对折后的薄膜上口有一块隔离板，帮助袋口张开，薄膜料袋的间歇移动靠牵引辊间歇回转带动，制成开口向上的空袋后，可先行装填，而后横封、切断，也有空袋制成后先行分切交由带夹持手的直线输送链式间歇回转工序盘，在每次运动停歇的工位上进行装袋、封口及卸料等。

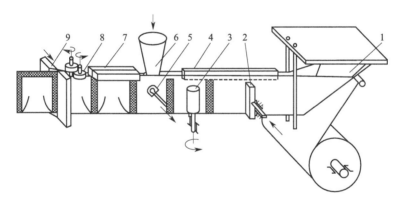

图 7-29　卧式间歇运动三角形成型器制袋式装袋机

1—三角形成型器；2—纵封器；3—牵引器；4—隔离板；

5—开袋吸头；6—加料管；7—横封器；8—牵引辊；9—切刀

2）象鼻成型器制袋式装袋机

如图 7-30 所示，与图 7-25 所示机型极为相似，这是因不等速回转的横封辊的回转轴线与纵封辊回转轴线相互平行，导致成品不再是枕式袋，而是三面封口扁平袋。

3）U 形成型器制袋式装袋机

如图 7-31 所示，与图 7-29 的机型在工作原理上基本相似，仅成型器形式不同而已。

(3) 四面封口扁平式袋装机

袋形为四面封口扁平袋的制袋式装袋机如图 7-32、图 7-33 所示。图 7-32 中，双卷筒单张薄膜经导辊引至双道纵封辊，薄膜成对合筒状。

图 7-33 是单卷筒平张薄膜经三角形缺口导板 1 的缺口尖端处的剖切片 2 将运动着的薄

膜中央剖切为 2 片，并经此导板分成 2 路，再往下先对合纵封，再装料，而后横封、切断。

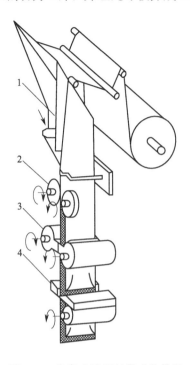

图 7-30　象鼻成型器制袋式装袋机

1—象鼻成型器；2—加料斗；3—纵封辊；4—横封辊

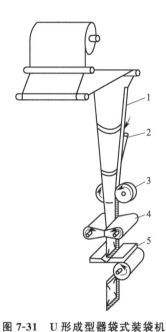

图 7-31　U 形成型器袋式装袋机

1—切刀；2—U 形成型器；3—纵封辊；4—横封辊；5—切刀

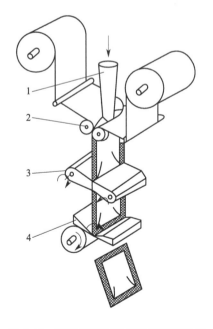

图 7-32　双卷筒四面封口扁平袋装袋机

1—加料管；2—双道纵封辊；3—横封器；4—切刀

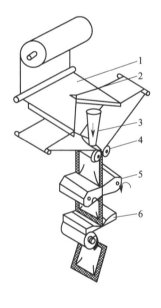

图 7-33　单卷筒四面封口扁平袋装袋机

1—缺口导板；2—剖切片；3—加料管；

4—双道纵封辊；5—横封器；6—切刀

（4）自立袋式装袋机

1）尖顶角形袋制袋式装袋机

这类装袋机与图 7-31 所示机型有许多相似之处，应用翻领式成型器制袋，薄膜经过成型器和 4 个均布的折痕滚轮，再经纵封器合后成搭接圆筒状，料管下端部分由圆形截面变成方形截面。图 7-34 所示为尖顶角形制袋式装袋机，折角板使两端收口，横封器横封上、下两道封口并切断，烫底器将立袋底部烫平底。

2）塔形及立方柱形制袋式装袋机

这种机型是间歇制袋装填机，如图 7-35 所示，主要用来包装流质饮料。卷筒包装材料经打印装置和过氧化氢消毒液槽后，走上最后一道导辊被引导向下，在数次成型环的作用下，同象鼻成型器功能一样，将平张包装材料卷折成圈筒状。包装材料接缝在运动中经无菌空气加热。包装材料通过最后一道成型环时，被压合成纵封缝。流质物料由泵打入进料管引入圆筒状袋内，无菌热空气在料管外进入折成的圆筒内可直达液面，液面上又有螺旋式加热器，既使材料内壁进行杀菌消毒，又使液面上形成无菌空气层。

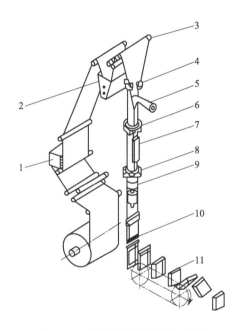

图 7-34　尖顶角形制袋式装袋机
1—圆形料管；2—翻领成型器；3—导辊；
4—折痕辊轮；5—纵封器；6—拉袋装置；
7—方形料管；8—折角板；9—横封器；
10—切刀；11—烫底器

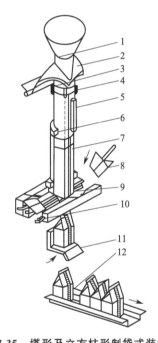

图 7-35　塔形及立方柱形制袋式装袋机
1—打印装置；2—双氧水槽；3—刀辊；
4，6，8—圆形成型器；5—加热器；7—纵封器；
9—加热器；10—横封成型切断装置；
11—折角装置；12—输出槽

7.3.2　裹包机械

裹包机种类很多，从用途上分有通用和专用裹包机；从自动化程度上分有半自动和全自动裹包机等。它们可以单独使用，也可以配置在生产线中使用。选用裹包机时应考虑以下因素。

半自动裹包机械多属于通用型，更换产品尺寸和裹包形式较易，但机械调整与调试对操作人员的要求高。这种裹包机械多属间歇式作业，生产率一般为 100～500 件/min。

全自动裹包机械多属于专用裹包机械，一般只能包装单一品种的产品，包装的可调性较小。机械作业有间歇式和连续式。生产速度分为中速、高速和超高速，中速为 100～300 件/min，高速为 600～1000 件/min，超高速可达 1200～1500 件/min。包装速度可根据产品的大小、形状和裹包形式，以及单件或多件包装而选用。

裹包用的材料都是较薄的柔性材料，机械对材料的力学性能要求较严格，尤其是高速和超高速机械，对材料性能要求较为苛刻，往往由于材料不符合要求而不能保证裹包质量，或导致机器不能正常工作。所以，在选购裹包机械时必须考虑设备对材料的选择性及其适用材料的价格，以及供应情况。

机械的自动化程度越高，功能越完善。一般都具有质量监测、废品剔除、产品显示记录和故障报警等辅助功能。其中，检测和控制系统一般都采用微电脑控制，因此对现场操作人员和维修人员的技术水平、管理水平要求较高。

7.3.2.1 双端复折式裹包机

图 7-36 所示为双端复折式裹包机的工艺过程。送纸辊 10 和 12 将已切断的包装材料 11 供送到预定位置，推料板 13 将包裹件以步进方式从位置Ⅰ推送到位置Ⅱ。在推送过程中形成对物品的三面裹包；在位置Ⅱ，先由侧面折纸板 1 向上折纸，然后下托板 2 向上推送，包装材料又被固定折纸板折角形成侧面搭接四面裹包，并使物品到达位置Ⅲ，在此由侧面热封器 3 完成侧面热封，在堆满 4 件后，折角器 9 将前侧面包装材料折角并将物品推至位置Ⅳ，此过程中另一侧的折角由固定折角器（未画出）完成；在位置Ⅳ，先用端面折纸板 4 向上折纸，再由上托板 5 将物品向上推送至位置Ⅴ，此过程中两端上部折边被固定折纸板折叠，然后左右端面热封器 6 和 8 进行热封，完成裹包，最后由输出推板将包装成品输出。这类裹包机可用于小盒装食品的玻璃纸或 BOPP 等薄膜的外裹包，生产能力为 80～200 包/min。

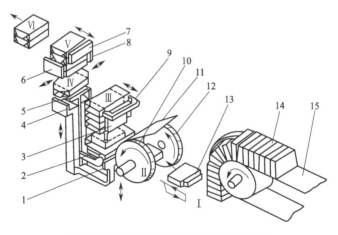

图 7-36 双端复折式裹包机的工艺过程

1—侧面折纸板；2—下托板；3—侧面热封器；4—端面折纸板；5—上托板；6，8—端面热封器；
7—输出推板；9—折角器；10，12—送纸辊；11—包装材料；13—推料板；14—被包装食品；15—输送带

7.3.2.2 间歇回转型扭结式裹包机

图 7-37 为某间歇回转式包装机（BZ350）的外形图，主要由料斗 7、理糖部件 6、工序盘 12 以及传动系统等组成，可实现单层或双层包装材料的双端扭结包。

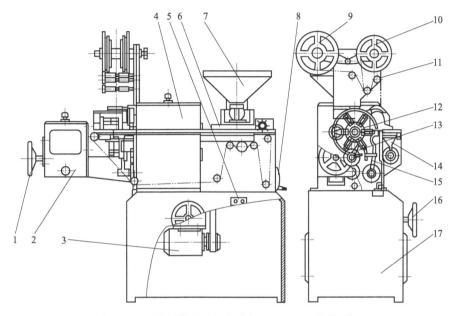

图 7-37　间歇回转式糖果包装机（BZ350）的外形图

1—调试手轮；2—纽结部件；3—电机；4—主体箱；5—按钮；6—理糖部件；7—料斗；8—张紧机构；9—商标纸；
10—内衬纸；11—张带辊；12—工序盘；13—打糖杆；14—送糖杆；15—接糖杆；16—调速手轮；17—底座

7.3.2.3 热收缩包装机

热收缩包装机的主体结构是由薄钢板焊接成的一个热收缩腔，见图 7-38。在收缩腔与外壁之间留有空隙层，在空隙层顶部放有石棉 1，起隔热保温作用。在较宽的侧面空隙层里装有电器元件。收缩腔内装有红外线加热管、顶部灯管、侧面灯管和底部灯管，分别由 3 个开关控制。主动辊 5 与直流减速电机同轴，直接由电机驱动。由控制面板上的转动

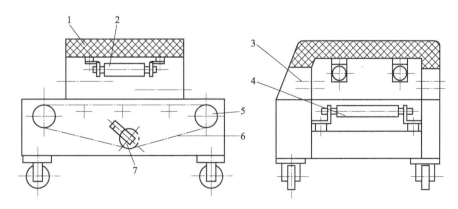

图 7-38　热收缩包装机简图

1—石棉；2—顶部灯管；3—侧面灯管；4—底部灯管；5—主动辊；6—输送链；7—张紧轮

旋钮通过电路直接控制电机做无级调速，使输送网的输送速度在一定范围内调整，以适应合理的收缩包装。

7.3.2.4 贴体包装机

贴体包装机有手动式、半自动式和全自动式几种。图 7-39 所示为型号 POSIS-PAG 连续式自动包装系统，自动化程度很高，包装效果也很好。

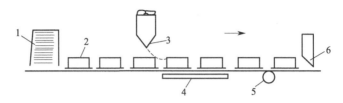

图 7-39 POSIS-PAG 连续式自动包装系统
1—衬底供给装置；2—物品；3—塑料薄膜挤出头；4—抽真空装置；5—切缝器；6—切断刀

图 7-40 所示为贴体包装机工作原理图。衬底纸板 1 以单张供给，或以卷盘式带状供给。衬底纸板印刷后，一般涂有热熔树脂或黏合剂涂层。被包装物品 2 由人工或自动供给到衬底纸板上所要求的位置。输送机 11 上有孔穴，在输送机载着衬底纸板通过抽真空区段时，对衬底纸板抽真空，使受热软化的塑料薄膜贴附在被包装物品上，并与衬底纸板黏合。薄膜 6 经导辊 4 送出后，再由真空带吸着薄膜两侧边送进。加热装置由热风循环电动机 8、加热器 7 和热风通道等组成。在热风循环电动机 8 驱动下，热风强制循环，使薄膜受热均匀。最后由切断装置按包装要求裁切，完成包装过程。

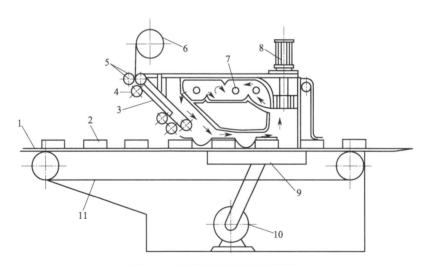

图 7-40 贴体包装机工作原理图
1—衬底纸板；2—被包装物品；3—真空输送带；4—导辊；5—松卷辊；6—薄膜；7—加热器；
8—热风循环电动机；9—真空箱；10—真空泵；11—输送机

7.3.3 灌装机械

灌装机械是对物体进行灌装的机械，是包装机中的一类产品。灌装机械主要分为液体灌装机械、膏体灌装机械、食用油灌装机械、浓酱型灌装机械等，从生产的自动化程度来讲分为半自动灌装机和全自动灌装生产线。

在选择灌装方法时，除应考虑液料本身的特性（黏度、密度、含气性、挥发性）外，还必须认真分析产品的工艺水平要求，以及灌装机设备的结构与运转情况。灌装机械具体情况可参见相关工具书。

7.3.4　充填机械

选择固体物料充填系统时要考虑许多因素。首先根据被包装物料的情况，选择所使用的方法，相应地也就决定了所使用的充填系统。

7.3.4.1　充填的计量精度

对重量要求严格的产品，计量精度要求可达±0.1%，在选用充填方法和设备的选型时应充分注意到充填的计量精度问题。

7.3.4.2　生产速度

生产速度因充填系统的自动化程度不同而不同，一般取决于充填所需要的时间。

由于设备与材料的影响，生产速度与实际产量是不同的。实际产量取决于充填量、充填精度以及容器大小和产品装卸要求等。例如，系统的生产速度为 30 件/min，则每班干8 小时产量为 14400 件，但由于机器检修、待料停工以及操作不当等，实际产量可能仅为11000 件。

7.3.4.3　变换物料品种的灵活性

充填系统变换产品品种时的复杂性是不同的。一般而言，充填系统的生产速度愈高，变换品种时愈困难；如果充填的物料品种较少，而且其物理特性相近，变换品种较易实现。

7.3.4.4　可调容量式充填机

可调容量式充填机是采用可随产品容量变化而自动调节容积的量杯量取产品，并将其充填到包装容器内的机器。

图 7-41 所示为可调式量杯定容计量充填装置。通过调节上量杯 3 和下量杯 4 的相对位置改变计量杯的容积大小，用以补偿物料表观密度变化造成的数量差。微调时，可以手动，也可以自动，自动调整的信号可以根据对最终产品的质量或物料密度的检测获得。

当料盘 10 转动时，料仓 1 内的物料靠自重直接灌入量杯，并由刮板 2 刮去杯顶面的物料。当转到卸料位时，由凸轮 8 打开下量杯 4 的底门 9，物料靠自重卸入容器内。旋转手轮 7 可通过凸轮 8 让下量杯 4 中的连接支架在垂直轴上做上下升降运动，实现上下量杯相对位置的调整，即计量容积的调整。也可使用物重自动检测装置来测量物料密度瞬时变化造成的数量差，

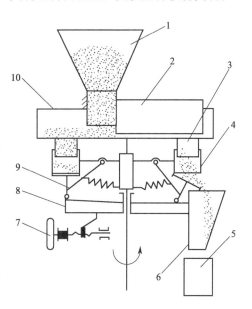

图 7-41　可调式量杯定容计量充填装置

1—料仓；2—刮板；3—上量杯；
4—下量杯；5—包装容器；6—输送带；7—手轮；
8—凸轮；9—底门；10—料盘

发出调节信号，由伺服电机带动调节机构，实现量杯容积的自动微调。

量杯式充填机适用充填流动性能良好的粉末状、颗粒状、碎片状的物料，计量范围一般在200mL以下为宜。

量杯式计量装置的生产能力可通过下列公式计算：

$$Q = Gmn \tag{7-2}$$

式中　G——单个计量杯的量值，$G = V\rho$；

　　　V——单个计量杯的计量容积；

　　　ρ——计量物料的散堆密度；

　　　m——量杯个数；

　　　n——充填机的转速。

7.3.4.5　净重式充填机

净重式充填机是指称出预定质量的产品，并将其充填到包装容器内的机器。由于称量结果不受容器皮重变化的影响，因此是最精确的称量充填法。

如图7-42所示，充填过程是用一个进料器2把物料从贮料斗1运送到计量斗3中，由称量机构4连续称量，当计量斗中物料达到规定重量时即通过落料斗5排出，进入包装容器。进料可用旋转进料器、皮带、螺旋推料器或其他方式完成，并用机械秤或电子秤控制称量，达到规定的重量。

为了达到较高充填计量精度，可采用分级进料方法，即大部分物料高速进入计量斗，剩余小部分物料通过微量进料装置缓慢进入计量斗。在采用电脑控制的情况下，对粗加料可分别称量、记录、控制，做到差多少补多少，称量精度很高，如500g物料其精度可达±0.5g。净重式充填机应用于要求充填精度高及贵重的流动性好的物料，还用于充填易碎的物料，特别适用于质量大且变化较大的包装容器。

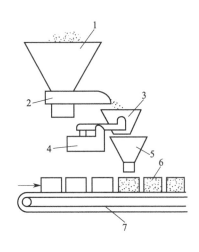

图7-42　净重式充填机
1—贮料斗；2—进料器；3—计量斗；4—称量机构；
5—落料斗；6—包装件；7—传送带

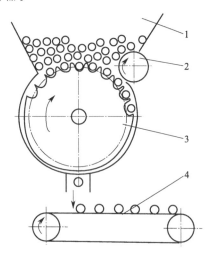

图7-43　转鼓式计数充填装置示意
1—料斗；2—拨轮；3—计数转鼓；4—输送带

7.3.4.6　转鼓式计数充填装置

转鼓运动时，各组计量孔眼在料斗中搅动，物品靠自重充填入孔眼。当充填物品的孔眼转到出料口时，物料靠自重落入包装容器中（图 7-43）。这类计数机构主要用于小颗粒物品的计数。

单件计数充填适用于物料呈杂乱堆积而需要计数包装的情况，如颗粒状的药片等，它们都有一定的重量和形状，但难于排列，包装时常以计数方式进行，主要用于规则颗粒物品的集合包装计数。

7.3.5　真空/充气包装机

7.3.5.1　机械挤压式真空包装机

图 7-44 所示为机械挤压式真空包装原理。包装袋充填结束后，在其两侧用海绵等弹性物品将袋内的空气排除，然后进行封口的包装方式称为机械挤压式。这种方法最简单，但真空度低，用于要求真空度不高的场合。

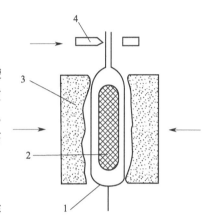

图 7-44　机械挤压式真空包装原理

1—包装袋；2—被包装物；

3—海绵垫；4—热封器

7.3.5.2　插管式真空包装机

插管式真空包装机最大特点是没有真空室，操作时将包装袋直接套在吸管上，直接对塑料袋抽气或抽气-充气，省去真空室后使结构大大简化，体积小，质量轻，设备投资少，造价低，使用中故障发生率也降低；同时抽真空及充气时间的缩短使生产率明显提高，平均可比室式真空包装机提高 2～3 倍；缺点是产品真空度低于室式真空包装机。

图 7-45 所示为插管式真空包装原理，塑料袋 4 的开口处插入抽气-充气管嘴 1 后，橡胶夹紧装置即将袋口夹紧，由真空泵抽出袋内空气然后封口。

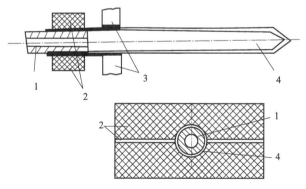

图 7-45　插管式真空包装原理

1—抽气-充气管嘴；2—夹紧装置；3—热封装置；4—塑料袋

有的插管式真空包装机的扁形管嘴直接装置在热封装置上，利用上、下热封杆橡胶夹住袋口进行抽真空或抽真空后充气，热封时将扁形管嘴抽出袋口。只 1 次抽气时，真空度不是很高，若经多次抽、充气（如 2～3 次），则可提高真空度，经多次抽、充气的机型又称为呼吸式真空包装机。

插管式真空包装机常有单工位和双工位之分。每个工位一般有 1～2 个吸管。在充气种类上也有 1 种及多种之分，充 1 种气体最常见，充多种气体时气体种类最多一般不超过3 种。

7.3.5.3　热成型真空包装机

热成型真空包装机是将"热成型-充填-封口机"与"真空充气包装机"二者结合起来形成一种高效、自动、连续生产的多功能真空包装机，简称热成型真空包装机。基本结构主要包括包装材料供送装置、热成型装置、充填装置、槽孔开切装置、抽真空封口装置、无氧气冲洗装置、成品切割装置和控制系统等，图 7-46 是该机型的结构示意图。工作过程为：底膜从底膜卷 9 被输送链夹持送入机内，在热成型装置 1 加热软化并拉伸成盒型包装容器；成型盒在充填部位 2 充填包装物，然后被从盖膜卷 4 引出的盖膜覆盖，进入真空热封室 3 实施抽真空或抽真空-充气，再热封；完成热封的盒带步进经封口冷却装置 5、横向切割刀具 6 和纵向切割刀具 7 将数排塑料盒分割成单件送出机外，同时底膜两侧边料脱离输送链送出机外卷收。

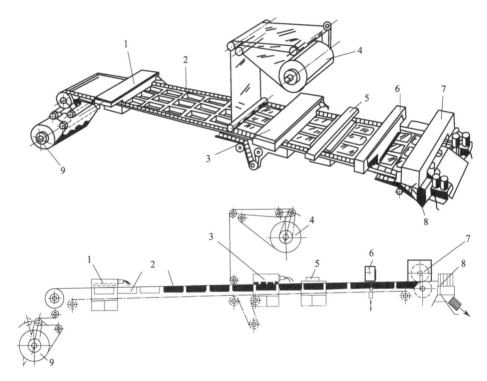

图 7-46　热成型真空包装机结构示意图

1—热成型装置；2—包装盒充填部位；3—真空热封室；4—盖膜卷；5—封口冷却装置；
6—横向切割刀具；7—纵向切割刀具；8—底膜边料引出；9—底膜卷

7.3.5.4　充气包装机

充气包装机是将产品装入包装容器，用氮、二氧化碳等气体置换包装容器内的空气并完成封口工序的机器。

真空充气包装,又称气调包装或气体置换包装,是在真空后再充以 2～3 种按一定比例混合的气体,适用范围远远大于真空包装,除包装后需要高温杀菌的食品或为了减少体积的包装必须采用真空包装外,其余采用真空包装的食品均可以真空充气包装替代,而许多不宜采用真空包装的食品也可采用真空充气包装。

充气包装机与真空包装机基本相同,差别是在抽真空后,加压封口前增加一充气工序。因此前面所介绍的具有充气功能的真空包装机都可用作充气包装,但除插管式真空包装机外,其他类型真空充气包装机充气时均不能直接充入塑料袋内。图 7-47 为充气包装机结构示意图。推袋器 4 的作用是将袋口压住,以保证充气后的封口质量。

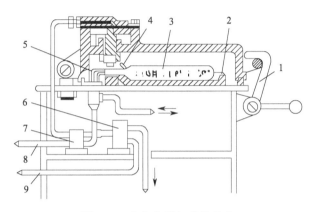

图 7-47　充气包装机结构示意

1—锁紧钩;2—盛物盘;3—包装制品;4—推袋器;5—充气嘴;6—阀;7—充气转换阀;
8—惰性气体进气阀;9—压缩气体进气管

7.3.6　吨袋包装机

吨袋包装机是根据商家不同的需求,同时针对相关物料的各自包装储运特点一对一进行制定。相比较其他机械具有先进性、耐用性,易损件少,同时价格更加低廉,其操控简单。有相同产能要求时吨袋包装相对小袋包装的配套设备的投入更少,主要参数对比见表 7-1。因为吨袋包装的每一袋物料的重量大,所以相对小袋包装在相同的产能下其包装速度就相对低很多,输送速度、动作节拍相对较低,所以吨袋包装线更稳定、使用寿命更长。

表 7-1　吨袋包装线与小袋包装线主要参数对比

名称	包装质量/(kg/袋)	包装精度	产能/(t/h)	价格/(万元/套)
小袋包装线	25～50	±0.1％～±0.2％FS	20～50	150～300
吨袋包装线	500～1500	±0.1％～±0.2％FS	10～60	50～150

注:FS 代表全量程,表示测量范围的大小;％FS 表示全量程的百分数。

吨袋包装线一般根据物料特性,使用相应的供料方式,给料形式一般有重力给料、皮带给料、振动给料、螺旋给料等。加料过程中粗、精给料的切换一般是通过控制下料口的大小或控制给料机的电机变频调速实现的,设备性能稳定,包装精度较高,操作者熟练程度对速度影响较大。半自动吨袋包装线方案的一般形式见图 7-48,其具备以下技术特点。

① 可编程的电控系统,控制过程高度可靠,国内现阶段多为半自动人工上袋,自动化水

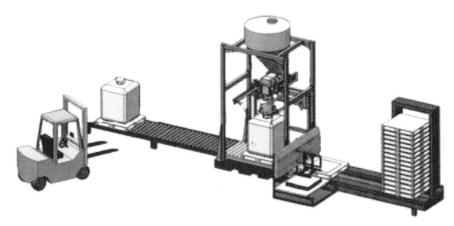

图 7-48 半自动吨袋包装线

平相对国外产品低。

② 防尘除尘设计先进，吨袋包装的除尘点少、好控制，且速度相对小袋包装慢很多，除尘时间可以适当加长，降低工作环境下的粉尘污染。

③ 称重系统一般采用毛重又可分为上称重、下称重、净重这几种方式计量，采用全面板触摸式操作及参数设定，具有重量累计显示及自动去皮、自动校零、自动落差修正等功能，灵敏度高，抗干扰能力强。

可见使用吨袋包装线包装能提高包装效率，降低劳动强度，相对于小袋包装吨包装线的总体设备投入成本要低。而且总体占地面积小，但自动化水平相对小包装要低，国内多为半自动、低速包装机。随着吨袋包装的需求增多，吨袋包装设备的需求也逐年增多，对设备的自动化水平和包装速度也有了更高的要求。更趋向高速、高精度的全自动吨袋包装线。

7.4 运行维护

7.4.1 运行

7.4.1.1 真空包装机注意事项

① 在使用之前要检查真空包装机的电源是三相还是两相，电源要接地，防止静电的产生。

② 检查真空包装机的真空泵的油位是否在规定的位置，一般要求真空泵的油保持在 1/2～3/4 的位置。

③ 一般的包装物抽真空的时间 20～30s，主要看包装物的大小。

④ 根据包装物的材料，调整好封口的温度以及封口的时间。（注：热封最长时 6s。一般双层复合薄膜温度调节在 2～3 挡，时间调节在 3～4s。各种包装材料先试验其最佳温度和时间。随着工作时间的延长，适当减少挡位或缩短时间。）

⑤ 接通电源，调整好抽真空的时间以及封口的时间之后，盖上真空室的盖子，真空工作开始。

⑥ 把物品包装袋均匀地排列在真空包装机封口条上，并置于压袋条下。

⑦ 合上其中之一真空包装机真空室，稍加压力，整个包装过程从真空、封口一次性完成了。

⑧ 真空包装机过程中，如发现不正常现象，可按急停按钮，提前回气，重新工作。

⑨ 工作暂停时，将带锁开关置于"关"的位置，停止使用时，切断电源，做好清洁工作。

7.4.1.2　吨袋包装机的具体操作步骤

① 包装前的准备，由人工把空托盘放到称重平台下的包装位置上。

② 套袋，操作工按一下按钮，升降架将会自动下降到套袋位置，操作工将包装袋的吊带挂到包装机的挂钩上；再把进料口套到包装机夹袋管上，按下启动按钮，夹袋装置就会自动夹袋，把包装袋的装口夹住；使其处于密封的状态，升降架自动上升到人工设置的适合这种口袋的包装位置。

③ 快加料，包装机自动控制打开重力式加料机构，开始快加料，同时包装机自动打开吸尘阀进行负压除尘。加料过程中，称重仪表连续检测包装袋中物料的重量，当包装袋中物料的重量达到人工设定的快加量值时，快加料结束。

④ 慢加料，快加料结束后包装机自动切换成慢加料，当慢加料到物料的质量等于定量值时，加料过程结束，包装机自动停止加料器，关闭截断门。

⑤ 卸袋，加料过程结束后，四个挂袋气缸动作使挂袋钩自动松开吊带，夹袋装置自动打开，松开包装袋的进料口。

吸尘阀在延时一定的时间后自动关闭，等装满料的包装袋落到托盘上后，由操作工按下输送按钮启动链板输送机将料袋输送出包装位置，待叉车来把托盘运走。

7.4.2　维护

7.4.2.1　真空包装机维护与保养

① 真空包装机应在温度−10~50℃，相对湿度不大于85%，周围空气中无腐蚀性气体，无粉尘、无爆炸性危险的环境中使用。

② 为确保真空包装机正常工作，真空泵电机不允许反转。

③ 杂质过滤器应该经常拆洗（一般1~2个月清洗一次，如包装碎片状物体应缩短清洗时间）。

④ 连续工作2~3个月应打开后盖，对滑动部位及开关碰块加润滑油，对加热棒上的各个连接活动处应视使用情况加油润滑。

⑤ 加热条、硅胶条上要保持清洁，不得粘有异物，以免影响封口质量。

⑥ 加热棒上，加热片下的二层黏膏起绝缘作用，当油破损时应及时更换，以免短路。

⑦ 真空包装机在搬运过程中不允许倾斜放置和撞击，更不能放倒搬运。

⑧ 真空包装机在安装时必须有可靠接地装置。

⑨ 严禁将手放入加热棒下，以防受伤，遇紧急情况立即切断电源。

⑩ 工作时先通气后通电，停机时先断电后断气。

7.4.2.2　吨袋包装机维护与保养

① 一定要做的是确保包装机的整机处在平稳状态。

② 要注意观察包装机在使用之前各个部位的轴承是不是确保有正常的温度。

③ 注意不加载重物的时候，微机的显示数字确保为"00.00"。

④ 要及时并多检查包装机的吊挂机构是否有松动的现象。

⑤ 要注重检查包装机的闸板在开启与关闭的时候是否确保运转灵活，并且运转起来既可靠，又到位。

⑥ 包装机在运行的过程中还要注意机器的出料机构的皮带是否有着适度的松紧。

⑦ 保证包装机给出料机构的动力头主轴加润滑油起到润滑作用。

⑧ 保证包装机的上轴承与下轴承之间每三个月能够润滑一次。

7.5　常见问题分析

7.5.1　袋成型-充填-封口机常见故障分析

(1) 横封切断位置不正确

主要是由薄膜在牵拉供送过程中的定位不准确所致。在袋长和封切位置有严格要求的情况下，都应在包装薄膜上印制色标，并用识标光电管进行检测、控制切封位置。在这种情况下，光线的强度、光点的大小及反射光的位置都会影响光电检测控制装置的正常工作。可以采用光度计来测量感应头上的光通量，并将光源强度调节到所推荐的数值。光敏度控制器用于调节电眼光敏元件的灵敏度，并确定对该元件起作用的光线变化范围，必须调得足够低，以防止光电管对薄膜的跳动或外界光线波动所产生的散乱信号做出感应。其次，利用摩擦送膜时，送料辊或同步齿形带与薄膜间的打滑，也可致使封切位置不准，这时应适当增大送料辊或同步齿形带对薄膜的压力。

(2) 封口有烧结、起泡现象

加热过度或封口时间太长会导致此类现象，应调低加热温度、缩短封口时间。封口停顿时间应根据材料种类和厚度来调整，材料薄的停顿时间要短一些，厚的则要长一些。

(3) 封口不牢固

可能有以下 3 种原因：

① 热封加热器的加热温度偏低或封口时间偏短，应检查相应加热器的热封温度是否偏低。先把热封头相应的温控器热封温度预定值调高一些，然后进行热封，查看封口牢固程度，再做进一步调整，直到封口牢固为止。如封口处塑料出现熔化，说明热封温度偏高，应将相应温控器热封温度预定值调低一些。在调整热封温度的同时也可适当延长热封时间，以使热封温度和时间均在合适的范围内。

② 热封器封口工作面出现凹凸不平，可能是工作时相互碰撞所致，可对该热封头表面进行仔细修整，直至平整为止；如不能修复应及时更换。

③ 充填粉末状物料时，因袋口部位黏附粉尘而不能封合。这多数是由于薄膜材料带静电，可采用静电消除装置予以消除。

(4) 横封器切袋异常

出现切不断及袋封口处的抗压强度不够现象，主要原因可能是：横封头黏附有异物，应立即清除；横封头上的聚四氟乙烯隔热板因机器振动发生松动，应紧固该隔热板；横封压力不够，应仔细调整，使其压力适宜；横封器切断刀刃口磨损或有伤痕，应研磨刀口使之锋利或更换新刀。

（5）电炉温度忽高忽低

屋形袋包装机，加热封合盒底、盒顶用的电炉温度出现忽高忽低的现象，在排除了其他电气故障的情况下，多数是由温控线的质量问题引起的，可选合适的温控线替换。

（6）液体包装机供液不足、供液量时大时小

定量泵连杆紧固螺钉松动，使定量连杆在可变曲柄上的位置发生变化会造成此类现象，应重新调整定量泵连杆位置，使充填量符合要求后，再拧紧该螺钉；也可能是定量泵曲柄滑块未压紧，应重新调整使该滑块压垫压紧为止。

7.5.2　焦亚硫酸钠包装操作注意事项

密闭操作，加强通风。操作人员必须经过专门培训，严格遵守操作规程。建议操作人员佩戴自吸过滤式防尘口罩，戴化学安全防护眼镜，穿防毒物渗透工作服，戴橡胶手套。避免产生粉尘。避免与氧化剂、酸类接触。搬运时要轻装轻卸，防止包装及容器损坏。配备泄漏应急处理设备。倒空的容器可能残留有害物。

用内衬聚乙烯塑料袋的塑料编织袋包装，每袋净重 25kg 或 50kg。包装袋（桶）上应涂刷牢固的标志，内容包括产品名称、等级、净重和生产厂名称。包装密封，应防空气氧化。注意防潮。

7.5.3　焦亚硫酸钠储运注意事项

运输时应防雨淋和日光暴晒。严禁与酸类、氧化剂和有害有毒物质混运。装卸时要轻拿轻放、防止包装破裂。失火时，可用水和各种灭火器扑救。贮存于阴凉、干燥、通风良好的库房。远离火种、热源。保持容器密封。应与氧化剂、酸类、食用化学品分开存放，切忌混储。不宜久存，以免变质。贮存区应备有合适的材料收容泄漏物。

第 **8** 章

清洁生产与安全防护

8.1 清洁生产

8.1.1 尾气净化

8.1.1.1 基本概念

尾气处理系统用于处理干燥机系统尾气、反应器尾气、设备尾气等，系统尾气均需经碱液喷淋洗涤塔吸收等适当处理后通过烟囱排空。

工业二氧化硫副产焦亚硫酸钠工艺系统产生的废气主要是反应釜尾气、烘干尾气及离心尾气以有组织的形式排放的 SO_2 气体、离心机装置产生的无组织 SO_2 以及干燥过程中产生的微量的含尘尾气等。

8.1.1.2 尾气净化系统组成、功能

(1) 有组织废气处理措施

通过旋风除尘器的干燥尾气热风含有少量的焦亚硫酸钠粉尘，和离心机离心时分离出来废气通过碱液喷淋洗涤塔吸收后通过烟囱（排气筒）排空。

碱液喷淋法是采用碳酸钠或氢氧化钠等碱性物质吸收烟气中 SO_2 的方法，原料碱便于运输、贮存，碱的溶解度高，吸收能力强。该法采用 Na_2CO_3 或 $NaOH$ 作为起始吸收剂，在与 SO_2 气体的接触过程中，发生如下化学反应：

$$2Na_2CO_3 + SO_2 + H_2O \longrightarrow 2NaHCO_3 + Na_2SO_3 \tag{8-1}$$

$$2NaHCO_3 + SO_2 \longrightarrow Na_2SO_3 + H_2O + 2CO_2 \uparrow \tag{8-2}$$

$$2NaOH + SO_2 \longrightarrow Na_2SO_3 + H_2O \tag{8-3}$$

吸收开始时，主要按照上面三个反应生成 Na_2SO_3，Na_2SO_3 具有吸收 SO_2 的能力，能继续从气体中吸收 SO_2：

$$Na_2SO_3 + SO_2 + H_2O \longrightarrow 2NaHSO_3 \tag{8-4}$$

吸收过程的主要副反应为氧化反应：

$$Na_2SO_3 + \frac{1}{2}O_2 \longrightarrow Na_2SO_4 \tag{8-5}$$

从以上反应可知，循环吸收液中的主要成分为 Na_2SO_3、$NaHSO_3$ 和少量的 Na_2SO_4。

尾气净化系统包括尾气吸收塔、循环泵、烟囱等。

1）尾气吸收塔

尾气吸收塔的主要作用是吸收除去尾气中的有害物质，使尾气达标排放。常见的尾气吸收塔可参见"2.3　净化系统设备"或相关工具书。

2）循环泵

循环泵是尾气处理系统中重要的设备，通常采用离心式。它的作用是将碱液循环池中的碱液抽出进入塔内进行喷淋脱酸。它是湿法脱酸工艺中流量最大、使用条件最为苛刻的泵。

工作介质（浆液）的性质要求泵的过流部件必须具有良好的耐蚀耐磨性能，从防磨的角度看，硬度越高或弹性越好，其耐磨能力越强，因而所用的材料主要有橡胶和金属。按所使用的材料分，循环泵可分为"胶泵体＋铁叶轮"、全金属、烧结 SiC 和 SiC 树脂泵等几种。

目前，"胶泵体＋铁叶轮"和全金属循环泵运用均很广泛，一般来说，"胶泵体＋铁叶轮"循环泵要较全金属的便宜一些。但它也有一些缺点，如其扬程比全金属要小；部件几何尺寸、配合间隙较难严格控制；橡胶弹性对浆液动能吸收带来效率损失；其总效率要比全金属低 5％左右。

全金属泵有一个突出的优点：即使叶轮或泵体出现局部磨蚀或腐蚀，其流量扬程能满足要求且无过大的振动仍可继续使用，而衬胶原则上不行，一旦衬胶出现破坏，即使只有一小块，腐蚀和磨蚀加速，此泵将很快失效。

浆液泵的使用寿命一般为 2～8 年，泵体和叶轮均为衬胶时取低限。

选择循环泵时，要注意以下几点：

① 分析循环浆液的物化性质（如固体颗粒浓度、组分、颗粒大小、Cl^- 浓度、pH 值等），确定泵的材质。

② 对泵运行的可靠性进行评估，确定所需的备品。

③ 对浆液中的含气量进行预测，确定泵必需的汽蚀余量，并对气体对泵性能（流量、扬程、汽蚀等）的影响进行评估。

④ 总流量一定时，对泵使用的台数和布置方式进行经济、运行可靠性的评价。例如，总流量需要 $10000m^3/h$ 时，既可采用一台 $10000m^3/h$ 的泵，又可采用两台 $5000m^3/h$ 的泵，这需要具体情况具体分析。

⑤ 对泵的使用生命周期成本进行综合评估，即要考虑到初期投资、使用寿命和运行费用、维护和保养费等。

⑥ 如选用国产设备，耐酸耐磨金属泵为首选。

⑦ 一般厂家提供的泵的性能参数是以常温清水测得的性能，应注意液体密度和黏度对泵性能造成的影响。液体密度变化时对泵的流量、扬程和效率不产生影响，只有泵的轴功率随之变化；液体黏度影响泵的扬程、流量和效率。一般随着液体黏度的增大，泵的流量减少，扬程降低，轴功率增加，效率下降，泵的必需汽蚀余量增大。

3）烟囱

净化后的尾气通过烟囱排放，烟囱材质可为钢制或其他适宜材质，高度参照《大气污染物综合排放标准》（GB 16297—1996）要求。烟囱上设有烟气取样口，周边设置取样平台，便于烟气取样监测操作。

（2）无组织废气处理措施

项目无组织排放的工艺废气主要是离心尾气中未被离心机正上方设集气罩收集的少量气体。通过生产过程中加大排气量，定期检修维护保证集气装置的性能，保证废气收集率，降低无组织废气的排放量。

8.1.1.3 设备运行维护

（1）吸收塔

1）日常维护

塔设备在日常运行过程中，受到内部介质压力、操作温度的作用，还受到物料的化学腐蚀和电化学腐蚀作用，能否长期正常运行、及时发现隐患并排除，都与运行中的检查维护有很大关系。因此，为了保证塔设备安全稳定运行，必须做好日常的检查维护，并认真记录检查结果，以作为定期停车检修的历史资料。塔设备日常维护的项目如下：

① 塔设备及其所属零部件必须完整、可靠，材质符合设计要求。

② 操作人员应经过考核合格后持证上岗，要做到"四懂、三会"（即懂结构、懂原理、懂性能、懂用途；会使用、会维护保养、会排除故障）。

③ 操作人员严格按照操作规程进行启动、运行及停车，严禁超温、超压。

④ 塔类设备运行中，操作人员应按岗位操作法的要求，定时、定点、定线进行巡回检查，每班不少于2次。检查内容包括塔设备运行中温度、压力、流量是否正常；仪表及安全装置是否灵敏、准确；设备及附属管线有无泄漏；塔体振动情况及楼梯、平台、栏杆等是否牢固、可靠；塔设备及管道附件的绝热层是否完好。

⑤ 发现异常情况，应立即查明原因，及时上报，并由有关单位组织处理，当班能消除的缺陷应及时消除。

⑥ 经常保持设备及环境的整洁，及时消除跑、冒、滴、漏。

⑦ 认真填写运行记录。

⑧ 严格执行交接班制度，未排除的故障应及时上报，故障未排除不得盲目开车。

⑨ 出现下列情况之一时，操作人员应采取紧急措施停止塔的运行并及时报告有关部门：

a. 塔的操作压力、介质温度或壁温超过规定的工艺指标，采取措施后仍不能得到有效控制并恢复正常状态时。

b. 安全附件或工况测试仪表失灵，采取措施后仍无法保证安全生产时。

c. 塔体或主要零部件出现裂纹、鼓包、变形或漏气、漏水现象，有破坏危险；或塔设备及管线、视镜等部位的密封失效发生泄漏，难以保证安全运行，或者严重影响人身健康和污染环境时。

d. 塔设备管道发生严重振动、晃动，危及安全运行。

e. 塔设备所在岗位发生火灾或相邻设备发生事故直接危及塔设备的安全运行。

f. 发生安全守则中不允许塔设备继续运行的其他情况。

2）设备检查

塔设备应定期进行检查，塔的定期检查分为外部检查和内外部检查，塔的外部检查一般每季度应进行一次，塔的内外部检查每年应进行一次。

如有下列情况之一的塔设备，内外部检查的周期应缩短：

① 工作介质对塔的腐蚀情况不明时。

② 通过定点测厚发现腐蚀严重又未采取防腐措施时。

③ 工况条件差的。

④ 塔在运行中或在外部检查中发现有泄漏、变形，处于危险状态时。

⑤ 首次检查的。

塔设备的外部检查（用肉眼或 10 倍放大镜）一般在塔设备运行条件下进行，并应做好记录和分析。外部检查的内容如下：

① 检查塔设备的保温层是否完好，有无漏气或漏液现象；对无保温层的塔设备应检查防腐层是否完好以及塔体外表面的锈蚀情况；检查塔体的密封部位、焊缝、开孔接管处、连接过渡部位等有无泄漏、裂缝及变形，特别应注意转角、人孔及接管的焊缝处有无泄漏。

② 塔的液位计、自动调节装置、进出口阀门等是否完好，有无漏液、漏气迹象；塔体有无超温或局部过热。

③ 塔的各紧固件是否齐全，有无松动；安全栏杆、平台是否牢固。

④ 塔的基础有无下沉、倾斜或裂纹等现象，基础螺栓和螺母有无松动、裂纹、腐蚀等。

⑤ 塔设备运行中有无异常声响或振动，塔与管道或相邻的构件之间有无摩擦。

⑥ 塔的防雷、防静电装置、放空阻火器、防火呼吸器、安全阀等安全附件、接地线及现场检测仪表是否齐全、完好、准确。

⑦ 对腐蚀严重的部位进行定点测厚。

塔设备的内外部检查，是在塔设备停车或大修时进行，每年一次。

属于下列情况之一的塔设备，在投运前必须进行内外部检查：

① 停用两年以上需要恢复使用的。

② 由外部调入的。

③ 变更塔的主要结构的，如更换塔节、封头以及进行局部补焊的。

④ 更换衬里的。

⑤ 根据塔的技术状况，设备管理部门或塔的使用单位认为有必要进行内外部检查的。

内外部检查的内容如下：

① 外部检查的全部项目，对有保温层的塔设备应部分或全部拆除保温层进行检查。

② 清洗塔的内、外表面至金属检查塔体内壁，重点检查焊缝、修补部位、开孔接管处、封头过渡区以及应力集中部位有无介质腐蚀、冲刷、磨损。

③ 塔的所有焊缝、封头过渡区以及应力集中部位有无裂纹、断裂及变形。对宏观检查中怀疑存在裂纹部位用 10 倍放大镜检查，或用磁粉、着色法进行表面探伤，如果发现有表面裂纹时还应对其相应的外侧进行检查。表面探伤方法和评定标准应执行国家现行的有关标准。

④ 在宏观检查中发现有局部或均匀腐蚀时，应进行多点测厚以查明腐蚀深度和分布情况；对局部蚀坑除测量其面积大小外，还应测量蚀坑的深度；对内壁涂有防腐层的塔设备，应检查防腐层的完好情况，破损部位应查明腐蚀深度和分布情况。

⑤ 有衬里的塔设备，要检查衬里是否有凸起、开裂及其他损坏现象，发现衬里有破损部位，应查明腐蚀深度和分布情况；上述缺陷可能影响塔的本体时，应将该处的衬里部分或全部更换，并检查塔体是否有腐蚀或裂纹。

⑥ 塔设备经宏观检查（对有损检验要求的还应进行无损检验）合格后，按设计图样要求进行耐压试验或气密性试验。

所有检查结果予以记录，发现缺陷予以处理。

3）注意事项

① 塔内有压力时，禁止进行任何修理或紧固工作。

② 易燃、易爆介质的塔设备，在彻底进行置换、清洗并分析合格前，严禁用铁器敲打除锈防腐。

③ 设备单机或系统停车时，塔设备的降温、降压都必须严格按照操作规程缓慢进行。

（2）循环泵

1）日常维护

① 检查装置的管路和设备情况，关闭出口阀门。

② 打开入口阀门，将阀门转到最大位置后回转一圈。

③ 打开管路下方的阀门，观察水是否进入泵体内。

④ 打开放空阀门，使泵体内的空气排出，防止出现气缚现象。

⑤ 启动以前先对电动机和泵盘车，判断是否转动自如。

⑥ 按下启动按钮，泵开始运转。

⑦ 慢慢打开出口阀门，观察流量和压力表的参数变化。

⑧ 根据参数变化进行现场调整。

2）泵启动注意事项

① 泵启动时，应先打开入口阀门，关闭出口阀门使流量为零，其目的是减小电动机的启动电流。但出口阀也不能关闭太长时间，否则泵内液体因叶轮搅动而使温度很快升高，而产生汽蚀。所以，待泵出口压力稳定后立即缓慢打开出口阀门，调节所需的流量和扬程；关闭出口阀门时，泵的连续运转时间不应过长。

② 往复泵、齿轮泵、螺杆泵等容积式泵启动时，必须先开启进、出口阀门。

③ 泵启动时，对于高温（或低温）泵，要做预热（或预冷）时要慢慢地把高温（或低温）液体送到泵内进行加热（或冷却）。泵内温度和额定温度的差值在25℃以内。开启入口阀门和放空阀门，排出泵内气体，当预热到规定温度后再关好放空阀门。

④ 对大黏度油品泵如果不预热，油会凝结在泵体内，造成启动后不上量，或者因启动力矩大，使电机跳闸。

⑤ 泵在启动时检查加入轴承中的润滑脂或润滑油是否适量，强制润滑时，要确认润滑油的压力是否保持在规定的压力。

⑥ 蒸汽泵的汽缸，在启动时应以蒸汽进行暖缸，并及时排出冷凝水。

⑦ 水泵启动时应将泵内充满水。充水时，打开放气阀，待泵内充满水后将放气阀

关闭。

⑧ 耐酸泵启动时，应使出口阀全开，以免因酸液在泵壳内搅动升温而加剧对泵的腐蚀。

⑨ 用脆性材料（如硅铁、陶瓷、玻璃等）制造的泵，在启动时应严防骤冷或骤热，不允许有大于 50℃温差的突然冷热变化。

3）泵运行中的注意事项

① 泵在运行中，要注意填料压盖部位的温度和渗漏。正常的填料渗漏应不超过每分钟 10～20 滴。

② 在泵运行中，若泵吸入空气或固体，会发出异常声响，并随之振动。

③ 在泵运行中，如果备用机的逆止阀泄漏，而切换阀一直开着，要注意因逆流而使备用机产生逆转。

④ 泵在正常运转中调节流量时，不能采用减小泵吸入管路阀门开度的方法来减小流量，否则会造成泵入口流量不足而使泵产生汽蚀。

⑤ 在泵运行中，对于需要冷却水的轴承，要注意水的温度、水量，设法使轴承温度保持在规定范围内。

4）停车注意事项

① 泵运行中因断电而停车时，先关闭电源开关，后关闭排出管道上的阀门。

② 泵在停车时，对轴流泵，在关闭出口阀之前，先打开真空阀。

③ 泵在停车时，至轴封部位的密封液体，在泵内有液体时，最好不要中断。

④ 热油泵在停车时要注意，各部分的冷却水不能马上停，要等各部分温度降至正常温度时方可停冷却水；严禁用冷水洗泵体，以免泵体冷却速度过快，使泵体变形；关闭泵的出口阀、入口阀、进出口连通阀；每隔 15～30min 盘车 180°，直至泵体温度降至 100℃以下。

⑤ 对于出口管未装单向阀的离心泵，停泵时应先逐渐关闭出口阀门，然后停止电机；若先停电机就会使高压液体倒灌，导致叶轮反转而引起事故。

⑥ 低温泵停车时，当无特殊要求时泵内应经常充满液体；吸入阀和排出阀应保持常开状态；采用双端面机械密封的低温泵，液位控制器和泵密封腔内的密封液应保持泵的滞浆压力。

⑦ 输送易结晶、易凝固、易沉淀等介质的泵，停泵后应防止堵塞，并及时用清水或其他介质冲洗泵和管道。

⑧ 离心泵应先关闭排出管道上的阀门，再切断电源，等泵冷却后再关闭其他的阀门。

⑨ 泵在停车时，对于淹没状态运行的泵，停车后把进口阀关闭。

8.1.2　废水处理

8.1.2.1　基本概念

废水处理系统主要用于处理生产工艺中产生的废水及生活废水。利用工业烟气二氧化硫副产焦亚硫酸钠生产过程中，生产废水主要为水洗塔洗涤二氧化硫产生的酸性废水、反应釜尾气处理废水、离心机尾气处理废水和干燥尾气洗涤废水、离心机母液；生活废水主要为职工日常生活产生的废水。

吸收液（碱液）与烟气接触后，主要生成含有烟尘、硫酸盐、亚硫酸盐等的呈胶体悬浮状态的废渣液，废渣液的 pH 值低于 5.7，呈弱酸性，直排会造成二次污染。所以，这类废水必须适当处理，达标后才能外排。

8.1.2.2　废水处理系统组成、功能等

在废水中加入 Na_2CO_3 时，主要反应是 Na_2CO_3 与 $SO_2 \cdot 7H_2O$ 的反应，生成的 Na_2SO_3 氧化成 Na_2SO_4；另有少量的 $SO_2 \cdot 7H_2O$ 转化为 H_2SO_4，进一步与 Na_2CO_3 反应，生成 Na_2SO_4。

$$Na_2CO_3 + SO_2 \cdot 7H_2O \longrightarrow Na_2SO_3 + CO_2 \uparrow + 7H_2O \qquad (8\text{-}6)$$

$$2Na_2SO_3 + O_2 \longrightarrow 2Na_2SO_4 \qquad (8\text{-}7)$$

$$2SO_2 \cdot 7H_2O + O_2 \longrightarrow 2H_2SO_4 + 5H_2O \qquad (8\text{-}8)$$

$$Na_2CO_3 + H_2SO_4 \longrightarrow Na_2SO_4 + H_2O + CO_2 \uparrow \qquad (8\text{-}9)$$

焦亚硫酸钠生产废水处理工艺流程如图 8-1 所示。

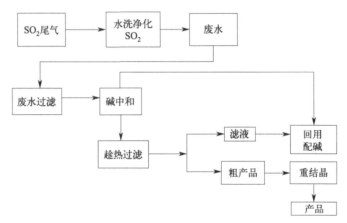

图 8-1　焦亚硫酸钠生产废水处理工艺流程

（1）注意事项

用碳酸钠作中和剂，不能一次性全部配成溶液，与废水反应。因为一次性配成饱和溶液，反应后得到固态产物，需蒸发大量的水分，能耗大；若配成过饱和溶液，反应太剧烈，将会有废气 SO_2 放出，造成二次污染。实验结果表明，在饱和碳酸钠溶液中和完毕后，逐次分批加入固体碳酸钠，逐次分批滴加废水，逐渐析出晶体的方式最佳。

用水配碱，单程收率较低，但母液回用配碱，可增加收率，重复利用多次，最后碱的利用率可达 100%。但重复利用时为防止 Fe、Pb 含量超标，需投加 Na_2S 去除。

在生产工艺废水中，主要有水中悬浮物、管道和设备上的沉积物、污垢等。

悬浮物主要包括粗大的悬浮杂质、灰土、泥土、其他无机和有机杂质等。悬浮物的主要来源：从空气和补充水中进入；补充水处理后的生成物残余部分；生产过程中对循环水的污染；在循环系统中，由于化学反应和其他作用产生的悬浮物，如腐蚀产物和黏垢脱落等。针对粗大悬浮物采用格栅过滤；对于细小悬浮物采用过滤设备和杀菌剂混凝沉淀。

管道和设备上的沉积物主要有泥垢和盐垢等。泥垢是以悬浮杂质、泥土等为主要成分的沉积物。盐垢主要是以浓缩的盐类为主要成分的沉积物，由循环水中的盐类浓缩以及工

艺物料渗漏引起盐类成分沉淀而产生的。针对泥垢的控制,主要是加分散剂、混凝剂来处理;对于盐垢的控制,主要是用加酸、软化、除盐、加阻垢分散剂等方法来处理。

污垢主要是金属腐蚀及木材腐蚀,其由电化学、微生物、酸等原因引起。污垢是以微生物繁殖为根本原因所产生的沉积物;金属酸腐蚀是由从空气进入水中的 H_2S、SO_2 等腐蚀性气体以及酸的污染所引起的;木材由真菌和氯的氧化作用引起腐朽。金属腐蚀的控制主要采取加缓蚀剂、杀菌剂等方法;木材杂质的控制主要采用防腐处理和杀菌等方法。

(2) 吸收液处理方式

对于吸收液的处理,由于硫的回收方式不同使用不同的工艺:

1) 亚硫酸钠法

在溶碱槽中加入碳酸钠、水和母液,用压缩空气、蒸汽进行搅拌,配制成相对密度为 1.29～1.30 的碱液,并加入碳酸钠量的 1/120000 对苯二胺作阻氧化剂,加入碳酸钠量 5% 的相对密度 1.20 的苛性碱液以沉降铁离子和重金属离子,配成的碱液用泵送入吸收塔循环槽中。在吸收塔尾气与亚硫酸钠、亚硫酸氢钠溶液逆流接触,脱硫后放空。吸收液循环吸收至 pH 值为 5.3～5.6,相对密度为 1.24 的高浓度亚硫酸氢钠溶液送入中和槽,用相对密度为 1.20 碳酸钠溶液进行中和至 pH 值为 6.5～7.0,以 0.4MPa 蒸汽间接加热至沸腾,搅拌排尽 CO_2,加入少量相对密度为 1.12 的硫化钠溶液除尽铁和重金属离子,再加入少量活性炭脱色。最后加入苛性钠调节溶液 pH=12,使 $NaHSO_3$ 全部转变成 Na_2SO_3,经真空过滤以除尽杂质,制得含量 21% 亚硫酸钠清液,送入蒸发罐以 0.4MPa 蒸汽夹套加热并不断加入亚硫酸钠溶液连续操作浓缩成晶浆后在离心机脱水,母液则循环使用。含水 2%～3% 的结晶在干燥机中用热空气进一步烘干后包装。冷空气一般是用电炉加热到 200～250℃。

工艺流程如图 8-2 所示。

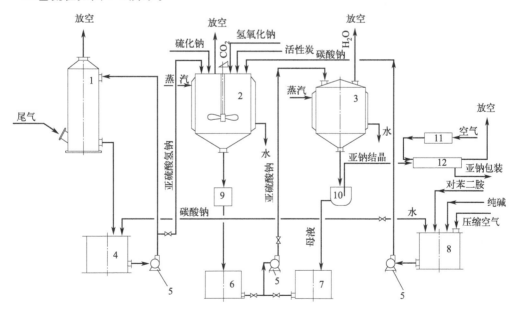

图 8-2　亚硫酸钠法吸收液处理工艺流程

1—吸收塔;2—中和槽;3—浓缩槽;4—循环槽;5—泵;6—中和液地下槽;

7—母液地下槽;8—溶碱槽;9—过滤器;10—离心机;11—电加热器;12—烘干机

有工程应用的吸收塔有填料塔、泡沫塔和湍动塔等。填料塔操作气速较低，运行稳定，气体净化度高，造价高，填料易堵塞；湍动塔操作气速可达 3m/s，设备造价低，阻力降比填料塔大。

吸收塔、循环槽等设备可用碳钢制造、内衬铅板。泡沫塔塔盘可用铸硬铝制作，特殊条件时，设备可用 1Cr18Ni9Ti 制作。中和槽内壳用不锈钢。浓缩槽、溶碱槽可用碳钢制作。

工艺管道可用 PVC、输送碱性介质管道用黑铸铁管或不锈钢管、玻璃钢管或钢塑管。亚硫酸钠溶液设备管道不宜用玻璃钢。

2）回收 SO_2 工艺（亚硫酸钠循环法）

流程如图 8-3 所示。已除尘降温的烟道气进入吸收塔底同亚硫酸钠溶液逆向接触，净化气由塔顶排出。塔底吸收液中主要是亚硫酸氢钠送往蒸发结晶罐，经蒸汽加热分解为二氧化硫气体和亚硫酸钠。气相二氧化硫和水蒸气的混合气经换热器使蒸气凝结，二氧化硫经干燥后加以回收。亚硫酸钠渐被浓缩后析出，结晶的亚硫酸钠通过离心分离，用冷凝水溶解再作为吸收液循环使用。

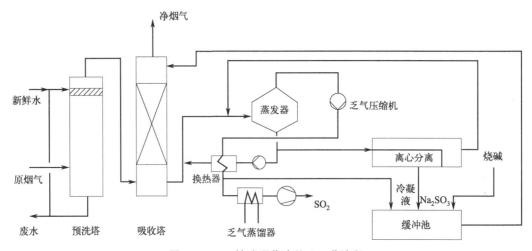

图 8-3　W-L 钠法吸收液处理工艺流程

3）回收硫酸钠和 SO_2 的工艺

电站烟气脱硫装置的工艺流程如图 8-4 所示。

烟气经预洗器除去飞灰并将气体温度降到 49～54℃，进入吸收塔 2 与 Na_2SO_3/$NaHSO_3$ 溶液接触脱除烟气中 SO_2，吸收塔顶出来的净化气经再热器加热后送烟囱。从吸收塔底出来的富液经富液槽 3、富液泵 4 送至蒸发结晶器 5。

亚硫酸氢盐富液的再生是在强制循环的真空蒸发器（单效或双效）中完成的。温度增加和水蒸气蒸馏能使亚硫酸氢盐分解变成亚硫酸盐，而从溶液中结晶出来形成浆状物。蒸气和二氧化硫被带出塔顶而进入冷凝器。在大型装置中，第一个冷凝器是第二效蒸发器的热交换器，SO_2 和蒸气最终被冷却到尽可能低的温度以减小真空泵的负荷，为下一步操作提供较纯的 SO_2，通常产品气应含 SO_2 85％左右。离开蒸发器经过再生的吸收剂（泥浆）与从分离器 7 来的解吸蒸气的冷凝液结合在一起。此液体被送入吸收剂溶解槽 8、泵 9 送经贫液槽 10，再由泵 11 送回吸收塔。

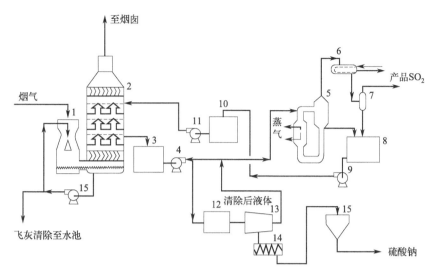

图 8-4　魏尔曼-洛德法吸收液处理工艺流程图

1—预洗器；2—吸收塔；3—富液槽；4—富液泵；5—蒸发结晶器；6—冷凝器；7—分离器；8—溶解槽；

9、11—泵；10—贫液槽；12—结晶槽；13—离心机；14—输送器；15—料仓

魏尔曼-洛德法的吸收剂循环和所有碱基 SO_2 脱除法一样，由于气流中存在有氧气而发生氧化会产生硫酸盐。此外，在再生温度条件下可能按下列反应发生重新分配：

$$2NaHSO_3 + 2Na_2SO_3 \longrightarrow 2Na_2SO_4 + Na_2S_2O_3 + H_2O \qquad (8\text{-}10)$$

形成的这两种不活泼的盐类必须从再生溶液中清除。在该法中为连续地从吸收溶液中抽出一小部分去沉淀或加工。另一种加工方法是采用部分冷冻结晶操作，产生的固体约含有 70%硫酸钠和 30%亚硫酸钠，而抽出的吸收液成分中含有 7.1%硫酸盐、5.7%亚硫酸盐和 21%亚硫酸氢盐。

（3）生活废水处理方式

生活污水收集后由相关部门处理。

8.1.3　固体废物处理

8.1.3.1　基本概念

固体废物是指人类在生产建设、日常生活和其他活动中产生的，在一定时间和地点无法利用而被丢弃的污染环境的固体、半固体废物。露天存放或置于处置场的固体废物，其中的化学有害成分可通过环境介质（大气、土壤地表或地下水体等）直接或间接传至人体，造成健康威胁。同时，固体废物的任意露天堆放，不但占用一定土地，而且积累的存放量越多，所需的面积也越大，势必使可耕地面积短缺的矛盾加剧。即使是固体废物的填埋处置，若不着眼于场地的选择评定以及场基的工程处理和埋后的科学管理，废物中的有害物质还会通过不同途径而释放进入环境中，乃至对生物包括人类产生危害。

具体来说，固体废物污染对自然环境的影响分以下几方面。

（1）对大气的影响

堆放的固体废物中的细微颗粒、粉尘等可随风飞扬，从而对大气环境造成污染。

（2）对水环境的影响

固体废物弃置于水体，将使水质直接受到污染，影响水资源的充分利用。此外，堆积的固体废物经过雨水的浸渍和废物本身的分解，其渗滤液和有害化学物质的转化和迁移，将对附近地区的河流及地下水系和资源造成污染。

（3）对土壤环境的影响

固体废物及其淋洗和渗滤液中所含有害物质会改变土壤的性质和土壤结构，并对土壤中微生物的活动产生影响。

工业烟气脱硫副产焦亚硫酸钠生产过程中，产生的固体废物主要为危险废物和一般废物，其中危险废物为水洗塔洗涤二氧化硫产生的稀硫酸，一般固体废物包括职工生活产生的生活垃圾以及原料仓库产生的废原料包装袋。

8.1.3.2 固废处理系统组成、功能等

（1）危险废物

水洗塔洗涤二氧化硫产生的稀硫酸为危险废物，处理时需委托具有资质的第三方进行。

（2）一般废物

工业烟气脱硫副产焦亚硫酸钠生产过程中产生的一般固废包括职工生活产生的生活垃圾以及原料仓库产生的原料包装袋。其中，生活垃圾由环卫部门统一清运；废原料包装袋由厂家回收进行综合利用。

▶ 8.1.4 其他污染处理

8.1.4.1 有色烟羽

（1）有色烟羽的定义

烟气从烟囱口排入大气的过程中，因温度降低，烟气中部分气态水和污染物会发生凝结，在烟囱口形成雾状凝结物。此凝结物会因天空背景色和天空光照、观察角度等原因发生颜色的细微变化，称为"有色烟羽"，通常为白色、灰白色或蓝色等颜色。

（2）白色烟羽的形成及治理技术

随着电力等行业烟气超低排放工作的推进，烟气中的颗粒物、SO_2、NO_x 等污染物都得到不同程度的有效控制。但由于湿法脱硫后烟气温度较低，饱和湿烟气与环境空气接触并逐步降温的过程中形成绵延几百米乃至数公里的白色烟羽，造成视觉污染，给周围居民生活造成较大困扰；同时高湿环境促进一次污染物的二次转化，并形成逆湿层阻碍污染物的进一步扩散，是局部雾霾形成的来源之一。

调整烟气排放温度和含湿量是消除白色烟羽的主要手段，常见的消除白色烟羽技术有以下几种。

① 烟气加热技术。烟气加热技术是对脱硫出口的湿饱和烟气进行加热，使得烟气相对湿度远离饱和湿度曲线，避免湿烟羽产生。加热技术按换热方式分为两大类：间接换热与直接换热。直接换热的主要代表技术有热二次风混合加热、燃气直接加热、热空气混合加热等。直接加热技术一次投资较低，但运行费用高，实际应用案例较少。间接换热的主

要代表技术有回转式 GGH、管式 GGH、热管式 GGH、低低温烟气处理系统（MGGH）、蒸汽加热器等。其中低低温烟气处理系统应用前景最为广阔。

② 烟气冷凝技术。烟气冷凝技术是对脱硫出口的湿饱和烟气进行冷却，使得烟气沿着饱和湿度曲线降温，在降温过程中含湿量大幅下降，从而减少湿烟羽产生。主要代表技术有：相变凝聚器、冷凝析水器、脱硫零补水系统、烟气余热回收与减排一体化系统等。在烟气中气态水冷凝为液滴过程中，还能够捕捉微细颗粒物、SO_3 等多种污染物，实现烟气多污染物联合脱除。

③ 烟气冷凝再热技术。烟气冷凝再热技术是前述两种方式组合使用。单纯加热和冷凝方式都有各自的限制，若采用冷凝再热技术，将加热和冷凝结合起来使用，综合了加热技术和冷凝技术的特点，对于湿烟羽治理有更宽广的环境温度、湿度适用范围。

此外，有研究提出了一种控制线进行精确调整烟气含湿量和排烟温度的方法，如图 8-5 所示，饱和湿度曲线上方点对应的液态水，下方点对应气态水。未经过脱白处理的烟气（对应 A 点）与环境空气（对应 C 点）混合，混合气体状态落在 AC 连接线上，形成大量白色烟羽。消除白烟可以将烟气温度升至 M 点或冷却到 A_2 点，使 A_2C 和 MC 连接线始终位于饱和湿度线下方，但这两种方法能耗大，对极端天气的适应性差。先将烟气冷凝到 A_1 点再升温至 M_1 点可以大大降低脱白装置的运行能耗。采用控制线消除白色烟羽方法，针对当地气相环境和烟气特点，计算各时间段的烟气升温和降温的成本，根据项目需求得到最优的消白设计方案。在运行过程中根据实时气相和烟气条件利用控制线计算出 A_1，调整运行参数来降低消白装置的运行成本。

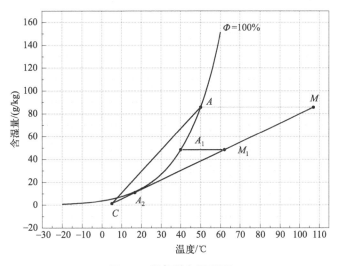

图 8-5　烟气脱白原理图

利用控制线进行调节湿法脱硫后烟气白色烟羽的方法是绘制饱和空气焓湿度曲线，或等同曲线；之后获取所在城市或地区逐年的温度、湿度随时间变化数据，每天至少一个数据；将步骤前述获取的数据绘制于所得饱和空气焓湿度曲线中；获取的图表中的每个气象点对饱和线做切线，切线的右下侧即为脱白控制区，烟气调节至该区域便可达到优于上述特点气象点时的脱白，脱白控制线与饱和线在低温侧围成的区域则构成脱白天数控制区，落在该区域内的点数即为发生白烟的天数。该方法有助于对历年的气象数据和排烟参数进行梳理，确立科学的白烟控制目标，和经济合理的冷凝-升温工艺的温度点控制路径，给工程建设提供决策和设计依据。

(3) 其他有色烟羽的形成及治理技术

蓝色或黄色的有色烟羽主要是因为燃烧过程中产生了较多的 SO_2、SO_3 和 NO_x 等污染物，与水分及细微的烟尘颗粒物凝聚成一种粒径与蓝光、黄光波长相当的气溶胶细颗粒物，被其光波相当的细颗粒所散射。烟羽拖尾越长，意味着细颗粒质量浓度越高。烟羽的色度主要受烟气中可凝结物和亚微米颗粒质量浓度的影响。

"蓝色烟羽"主要为烟羽中 SO_3、NH_3 气溶胶在光照条件下反射引起的，多发生于燃煤电厂、钢铁企业及砖瓦企业等。SO_3、NH_3 的排放成为影响烟羽颜色和不透明度最主要的因素。在大多数情况下，当烟气中硫酸气溶胶、NH_3 气溶胶的浓度超过 $10\sim20\mu L/L$ 时则会出现可见的蓝烟烟羽，而且气溶胶的浓度越高，烟羽的颜色越浓，烟羽的长度也越长，严重时甚至可以落地。因此消除蓝色烟羽，关键是减少排放烟气中 SO_3、NH_3 的浓度。

当气溶胶中亚微米级颗粒较少，而以高含量、更细小的纳米级颗粒为主时，颗粒远小于可见光波长，则会产生瑞利散射，虽然此时烟羽不透光，但对蓝色光的散射作用较强，光线透过烟羽后呈现黄棕色，形成"黄色烟羽"。

"灰色烟羽"主要为白色烟羽发生在光线较暗的情况下，特别是在阴雨天气和傍晚时分，在人为视觉上感觉"发暗、发黑"。

消除有色烟羽是一个综合治理的过程，建议从以下方面着手：控制烟气 SO_3 的生成及排放，降低其排放水平，控制 NO_x 的排放并合理喷氨；去除亚微米颗粒和酸雾，减少酸性气溶胶的产生。根据以上情况分析，治理方案包括：加装 SCR 脱硝催化剂备用层或更换初装催化剂层，完成 SCR 脱硝系统提效。通过喷氨优化调整试验，改善 SCR 脱硝反应器出口 NO_x 分布均匀性，降低整体氨逃逸。在满足超低排放要求下，合理选择催化剂和喷氨方案，防止出现氨逃逸过高和 SO_2 转化率过高的情况。

实施低低温烟气处理系统（MGGH）改造，即在空气预热器与静电除尘器入口增加低低温省煤器，在脱硫塔出口增加烟气换热器，以提高烟囱排烟温度。加装 MGGH 后，一方面可提高低低温省煤器对于 SO_3 的脱除效率；另一方面，排烟温度提高后能够抑制水蒸气的凝结，进一步降低烟羽出现概率。

8.1.4.2 噪声

(1) 噪声的定义

工业噪声是指机械设备运转时产生的噪声，会对环境与人体造成较大危害，必须采取正确的降噪措施。工业烟气脱硫副产焦亚硫酸钠生产过程中的噪声源主要为空压机、引风机和各种泵类等设备。

(2) 主要噪声控制措施

噪声污染控制的基本方法主要从噪声的三要素考虑，声源削减源头控制，利用噪声的衰减，切断传播途径，合理布局，降低或减弱对人体健康的影响。

1）优化设计、合理布局

　　根据工艺布置和设备产生噪声的情况，进行厂房和绿化设计，合理安排空间布局，优选植被等措施。在不影响工艺及生产的条件下，尽可能根据设备噪声的情况，适当调整设备空间的布局，增加绿化带等减少噪声的污染。在车间布置中，对于人体健康影响较大的产生高声压和频率噪声的工艺车间，应尽可能布置在厂区的一侧，而且尽量靠近植被的绿化带，以利用优选出的植被的吸声降噪特性达到降低污染的目的。而其他建筑物布置在另一侧，保持两者之间有合适的距离，利用噪声的衰减特性，从而避免机械噪声的传导干扰。

　　2）噪声源控制，安装消声器

　　对于气体扰动所产生的噪声污染中，加装消声装置对气体动力噪声吸声降噪非常有效的方法。通常需要在化工机械的吸气口和排出口，如通（送）风机等设备的安装消声器可以迅速有效降低风机吸排气的噪声，降噪效果可达到 60％以上。具体使用可根据设备的情况，加装不同类型的消声器。

　　3）控制振动源，降低声辐射

　　设备振动的能量越大，辐射的噪声污染越大，所以对噪声源的抑制可以从控制振动源着手。在振动源控制中，设备选型和设计改造方面，电机加装变频器，优化设备的结构型式及调控设备合理的转速，提高设备加工精度及装配质量，同时在设备运转中添加润滑剂等，使设备达到最优化设计和最高效合理的使用，从而降低声辐射。

　　4）设备上采取隔声措施

　　随着材料科学的发展，在设备上加装隔声材料，采取隔声措施，也是一种非常有效的措施。可以在设备（如引风机）的吸入口，加装吸声罩或吸声屏。

　　5）振动与抗震措施

　　在实际工作中，确保高精度工艺过程和设备的稳定规范操作，减少设备的振动，避免噪声的产生，在设备的设计和制作中应尽量避免各种不利的影响因素，保证设备的制造精度，将设备的振动造成的影响控制在允许范围以内。同时在设备安装过程中，在满足机械结构刚度和强度的前提下，在设备底部设置柔性弹性底盘或底座，并且放置减振材料，如橡皮或软木等形成约束阻尼，从而减少因机械振动所产生的声辐射，降低机械性噪声。

　　6）设备间作隔声与吸声处理

　　如果车间较大或需要员工长期在车间工作，应该把产生噪声的主要化工机械设备用适宜的密封罩密闭起来。密封设置、噪声源机房或受噪声危害的其他车间，设计中应采用吸声结构，采用吸声消声材料如室内用纤维板、软质纤维材料、多孔纤维材料、玻璃棉和泡沫塑料等；以切断噪声的传播途径，起到减噪降噪效果。

　　7）管道系统的噪声控制

　　在管道排出口产生高速高频噪声，可通过增大排出口直径，降低排出口流速，较少降低流体液面高度等措施减噪降噪。实验表明，排出口流速降低 30％，噪声强度可降低 20％～30％，因此可适当增大消声器出口的直径，或在排出口设置多孔板，从管口排出高速流体，尽可能将噪声源限制在排出口附近。此外，在排出口铺金属丝网，将流体进行细分，是便捷有效的方法之一，它不仅可以吸收排出口发生的噪声，而且可以吸收在阀门处发生、传播的噪声。

　　8）加装变频，加强自我防护

在主要电机上加装变频器，根据系统需求，优化调整电机的转速，可以明显起到降低能源消耗，提高工作效率，同时可以有效降低设备噪声。

8.1.4.3 废水零排放技术

(1) 零排放技术概述

工业生产中实现零排放指的是无限制地减少污染物排放，最终达到排放量为零的目标，所有这样目标的技术均属于零排放技术。零排放技术包括通过控制生产过程中产生的能源和资源消耗的技术活动，提高能源或资源利用率的技术活动，将可再生资源和能源取代不可再生资源和能源的技术活动。关于废水零排放的阐述，国家在工业用水节水术语这一国家标准中明确指出，零排放是企业或主体单元的生产用水系统达到无工业废水外排。根据这一阐述，工业废水零排放目标的实现需要针对生产过程中产生的废物进行科学治理。生产过程中的废物去向包括以下路径：

① 进行资源回收利用，重新用于生产中；

② 对废物进行分离提纯，得到的产物作为其他行业的原材料使用；

③ 将生产过程中产生的废物进行转移，以更加稳定的状态进行集中收集和处理。

(2) 废水零排放工艺技术要点

1）有机废水处理

常采用的处理方式包括对废水进行物理化学处理、生物化学处理、深度处理。其中，物理化学处理工艺可将废水经过隔油池去除油污和废水中的皂化物。然后废水经过气浮池去除废水中的低密度油污和大部分悬浮物。如果废水中含有的悬浮物含量较高，可通过絮凝沉淀池进行沉降处理，去除废水中的大部分悬浮物和胶体物质。生物化学处理采用的方法可以是缺氧/好氧技术、厌氧/缺氧/好氧技术、活性污泥技术、氧化沟技术、生物反应器技术。缺氧/好氧技术和厌氧/缺氧/好氧技术是通过创造缺氧和好氧的交替环境，将废水中的有机物和含氮物去除。活性污泥技术和氧化沟技术是创建不同批次或区段的好氧缺氧环境，利用活性污泥中的微生物实现对废水的硝化和反硝化。生物反应及技术包括生物滤池和流化床，因此废水进入生物滤池不容易发生堵塞，同时由于采用了流化床技术可以提高处理效率，利用生物载体上的生物膜加快硝化和反硝化进程，实现废水脱氮目标。深度处理是在生物化学处理的基础上进一步去除废水中的有机物，同时改善废水的可生化性。一般采用臭氧氧化技术、化学氧化技术，利用氧化工艺来提高废水可生化性。如在曝气生物滤池中可以降低废水中的氨氮和化学需氧量（COD）；采用活性炭吸附技术可以起到净化效果，提高废水出水水质稳定性，避免因水质波动时引起生物膜变形和膜污染的情况。反渗透膜技术在废水零排放中的应用较广泛。利用纳米级的反渗透膜在一定压力条件下对废水中的有机物进行去除，对废水中的胶体、重金属离子、细菌等也有较好的处理效果。

2）含盐废水处理

低盐废水处理可采用混凝沉淀＋过滤＋超滤＋反渗透技术，废水经过混凝沉淀后，废水中的胶体物质和悬浮物（SS）被去除。之后对废水进行过滤，进一步去除废水中的胶状物和杂质。超滤工序去除废水中的 SS 和 COD，可以为反渗透工序提供进水水质保证。反渗透技术具有脱盐功能，可对废水中的盐进行去除，得到净化水进行利用。浓盐水处理可采用过滤

＋脱钙脱镁技术＋膜浓缩技术，浓盐水经过机械过滤装置将废水中的胶体物质和 SS 去除，经过脱钙脱镁工序去除废水中的镁离子、钙离子，降低水的硬度，避免废水处理和使用中的结垢问题。膜浓缩技术可提高浓盐水浓度，为后续废水回收利用创造条件。高浓度盐水处理可采用蒸发设备或蒸发塘对废水进行蒸发浓缩，随着蒸汽蒸发促进废水内盐分结晶，在能量提供上可采用太阳能和机械能，驱动高浓度盐水蒸发，实现盐的结晶。

高盐废水结晶技术具体分为多级闪蒸技术、多效蒸发技术、机械蒸汽再压缩技术。多级闪蒸技术中，高盐废水被加热到一定温度后，然后进入压力呈梯度降低的容器中进行闪蒸汽化。高盐废水经过多级闪蒸后得到淡水，在海水淡化领域中和化工废水处理中应用效果较好。多效蒸发技术是在单效蒸发技术基础上发展起来的，利用单效蒸发中产生的蒸汽为后效单元提供加热蒸汽，后效的操作压力和溶液的沸点降低，形成连续的蒸汽利用体系，后效的加热室是前一效的冷凝器，通过多个蒸发器串联运作，实现多效蒸发过程。这种技术的优势在于以系统的整合性实现对热能的高效循环利用，减少了资源能源损失。机械蒸汽再压缩技术利用自身来产生二次蒸汽，因此可减少对外界能源的需求量。利用蒸汽压缩机将蒸汽压缩，提高压力、温度、增加热焓，蒸汽进入换热器被冷凝，实现对蒸汽潜热的利用。机械蒸汽再压缩技术是从液态转变为气态的过程中，需要吸收定量的热能，然后利用再蒸汽冷凝和冷凝水冷却的过程中释放的热能来提高能量利用率。除了系统启动过程中需要生产蒸汽以外，整个蒸发过程不需要生产蒸汽。与传统的热力蒸汽再压缩技术相比，机械蒸汽再压缩技术的连续性更强，在过程中可脱离对蒸汽的依赖，提高了二次蒸汽利用率，不仅设备紧凑度更高，工艺复杂性降低，而且具有更强的节能效果。另外，由于高盐浓水中的含盐量高，在蒸发过程中水中的盐容易附着在设备管路表面，引发严重的结垢问题，导致生产安全性降低，换热器的效率降低。为了避免换热管位置容易结垢的情况出现，采用在线清洗技术及时清理附着的盐晶，提高高盐废水蒸发中热量利用效率，降低换热管堵塞事故风险。

在蒸发结晶等过程中应加强对节能降耗技术的研究，降低能耗，实现节能减排双赢目标。

8.1.4.4 多污染物脱除技术

烟气多污染物联合脱除工艺主要包括湿法联合脱除工艺、电催化氧化联合脱除工艺、选择性催化还原（SCR）＋湿法脱硫及移动床活性焦联合脱除工艺等。

（1）湿法联合脱除工艺

湿法脱硫是目前 SO_2 脱除的主流技术，已经在世界范围内获得广泛应用。若在湿法脱硫的基础上加入氧化剂，将 NO 和 Hg 氧化成可溶物，在吸收塔中一并去除，将达到一举多得的效果。在该脱除工艺中，氧化剂的选取是关键，该氧化剂需既能氧化 NO 和 Hg，又不能将 SO_2 氧化为 SO_3。近年来，环境领域的专家和学者在这方面做了大量工作，采用 $HClO_3$、$NaClO_2$、H_2O_2、Cl_2、O_3 等氧化剂，能够高效脱除 SO_2、NO_x 和 Hg，其中以 O_3 作为氧化剂的低温氧化技术（LoTO$_x$）已经工业化。贝尔哥（Belco）公司在得到 LoTO$_x$ 工艺专利授权后，将其与 EDV 湿式洗涤器结合起来应用于石油精炼厂，可同时脱除烟气中的 SO_2、NO_x 和颗粒物。NO_x 和 Hg 被氧化后生成 NO_2 和 Hg^{2+}，SO_2 和 NO_2 被同一种碱性物质（如石灰石、氨水、海水等）吸收和反应，而 Hg^{2+} 被溶液捕集下来，进入废水处理系统中。理论上，$LOTO_x$ 工艺有将 SO_2 氧化成 SO_3 的潜力，但根据现场试验结果来看，与占主导地位的 NO_x 的氧化反应相比，SO_2 氧化成 SO_3 的反应速率很低，基本可以忽略。目前这一技术在石油精炼厂已有应用实例，但在燃煤电站应用上尚处于示范阶段。但现阶段 O_3 的制备费用较高，制约了该技术的推广应用。

（2）电催化氧化联合脱除工艺

电催化氧化联合脱除工艺通过 3 个步骤实现污染物协同脱除。

通过传统的干式静电除尘器脱除烟气中绝大多数的飞灰，然后采用介质阻挡放电反应器将气相污染物氧化至更高价态的氧化物，如将 NO_x 氧化为 HNO_3，将 SO_2 氧化为 H_2SO_4，将 Hg 氧化为 HgO，最后氧化后的产物采用湿式静电除尘器（WESP）来收集。WESP 收集的废液经过除灰处理后送往处理系统用来制造商品级的 H_2SO_4 和 HNO_3。用于氧化气相污染物的阻挡放电反应器是此工艺的关键组件。介质阻挡放电时，在整个反应器内产生高能电子，与烟气中的 H_2 和 O_2 碰撞产生氧化性自由基，自由基可以瞬间氧化 SO_2、NO_x、Hg 等。目前该技术已经在美国开展了商业示范项目，但该项目的基建和电耗费用较高，且用于氧化气相污染物的阻挡放电反应器在短期内无法国产化。

（3）选择性催化还原（SCR）＋湿法脱硫

国家标准《火电厂大气污染物排放标准》（GB 13223—2011）限制了 NO_x 排放质量浓度，目前国内燃煤电厂污染物脱除设备除了除尘和脱硫设备外，基本会有 SCR 脱硝设备。若对 SCR 催化剂进行适当改进，可以使之除了能够还原 NO_x 外，还能将 Hg、VOCs 及 PAHs 等氧化为 CO_2、H_2O 等无害物，将 Hg、As 等氧化后产物在后续的湿法脱硫装置中除去。这种工艺无需修改或增加设备，因此适合于旧电厂改造。

（4）移动床活性焦联合脱除工艺

移动床活性焦联合脱除工艺由德国 Bergbau Forschung（BF）公司、日本三井矿业株式会社（Mitsui Mining Smelting Co）公司共同开发，后被美国玛苏莱环保技术公司（MET）收购，形成 MET-Mitsui-BF 技术。目前该技术已经应用于多家电站的多种类型锅炉。国内活性焦移动床联合脱除工艺开展较晚，目前尚未有自主知识产权技术的工业化应用报道。2001 年，南京电力自动化设备总厂与煤炭科学研究总院北京煤化所在国家"863 计划"的支持下进行了工业示范装置的技术攻关，形成了可资源化的活性焦脱硫技术，目前在冶金行业已运行，建成数十台工业化装置。此种技术脱硫率可达 96%，但脱硝率只有 20%，且对烟气中的 Hg 在活性焦中的迁移转化没有关注。在此基础上，中国华电工程（集团）有限公司环保分公司在北京市重大科技成果转化落地培育项目"活性焦载金属催化剂的 SO_2、NO_x、Hg 一体化脱除关键技术研究"的帮助下，将活性焦的脱硝率提高至 70%，并对 Hg 在活性焦中的迁移转化规律进行了研究，初步形成活性焦脱硫脱硝脱汞工艺包。目前，此工艺存在的主要问题是活性焦的耗量大，运行成本高。

8.2　安全隐患与防护

焦亚硫酸钠生产中主要危害因素及安全防护措施。

8.2.1　中毒窒息

(1) 二氧化硫危险特性与泄漏危害

二氧化硫为无色气体，有刺激性气味，易溶于水，相对密度大于空气，对人的呼吸道和眼睛有强烈的刺激作用，对设备及建筑结构有腐蚀作用，空气潮湿时更为严重，少量吸入时会引起咳嗽等不良反应，大量吸入时会严重损伤呼吸道、肺部，引起肺气肿及气管水肿等严重后果，刺激眼部使之泪流不止，造成视力伤害。同时，对环境造成严重的污染，系统中的管道、设备、阀门、法兰等处也会因腐蚀穿孔发生泄漏，导致作业人员中毒。

(2) 安全防范措施

① 操作人员定期检查净化、吸收工序的管道、阀门有无泄漏，并按操作规程操作；

② 操作人员现场巡检时，必须随身携带防毒口罩、毛巾以及应急水瓶等安全防护用品；

③ 检修作业进入塔槽罐，必须严格执行《化工厂受限空间安全管理制度》；

④ 生产现场抢险救援器材室配备空气呼吸器、防毒面具等应急救援器材；

⑤ 制订 SO_2 烟气泄漏应急预案，紧急事态时启动应急预案。

(3) 泄漏现场应急处置措施

① 疏散泄漏区域人员，设置警戒线，汇报主控室；

② 穿戴好防毒面具或空气呼吸器，查找漏点；

③ 调整风机负荷，提高系统负压或联系冶炼烟气排空，落制酸阀，处理漏点。

(4) 救护措施

迅速使伤员脱离事故现场，移至空气新鲜处；注意保暖，解开领口，确保呼吸道畅通，送医院治疗。给予 2%～5% 碳酸氢钠溶液喷雾吸入；"鼻管给氧""密闭口罩给氧"；对于窒息者，立即施行"强制输氧"，及早给予抗生素以防止继发感染。

8.2.2　火灾爆炸

8.2.2.1　电气火灾危害和防范措施

(1) 电气火灾危险特性

着火后电气设备可能带电，如不注意可能引起触电事故；部分电气设备本身充有大量的油，可能发生喷油甚至爆炸事故。

(2) 安全防范措施

① 电气设备起火时，首先设法切断着火设备的电源，再进行灭火；

② 配电室周围区域发生火灾时，对电缆进行有效防护，防止因电缆起火导致次生灾害的发生；

③ 配电室加装防鼠板，防止老鼠进入配电室咬坏电缆造成配电柜等电气设备短路；

④ 对于易燃易爆区域的电气开关、设备等的选型严格依照防爆等级要求，电气开关设置于远离易燃易爆品的位置；

⑤ 对可能带电的设备灭火应使用干粉灭火器，严禁用水灭火；

⑥ 扑救可能产生有毒气体的火灾时，救援人员应佩戴防毒面具或空气呼吸器。

8.2.2.2　压力容器、压力管道爆炸危害和防范措施

(1) 压力容器、压力管道爆炸危险特性

压力容器、压力管道由于其材质缺陷、储存或输送的气液介质自重和介质长期对容器整个内壁的压力以及介质腐蚀、渗透的作用，在环境因素不断波动或变化的不利条件影响下，存在压力容器、压力管道裂纹、破损等意外情况，严重时会发生压力管道爆炸事故。

压力容器、压力管道发生爆炸时，因其内部介质的泄漏卸压膨胀，瞬间释放出巨大能量，不但使整个设备遭到毁坏，而且会在爆炸冲击波的作用下破坏周围的设备及建筑物，还可能因介质存在毒性，在爆炸和毒性危害等因素的共同作用下，造成巨大的人员伤亡和财产损失。

(2) 安全防范措施

① 压力容器的设计、制作、安装和使用，应符合国家《压力容器安全技术监察规程》，安全附件如压力表、安全阀等安装齐全。

② 压力管道必须由具有施工、安装资质的施工单位负责安装和检修。

③ 定期检查、校验压力容器的安全附件。

8.2.2.3　火灾的预防及扑救方法

防火的基本措施在设计、生产过程、装置检修等各个环节都应充分考虑，严格执行消防法规，其基本措施有以下 4 点。

(1) 消除和控制着火源

实际生产常见的火源有生产用火、干燥装置（如电热干燥器）、烟筒（如烟囱）、电气设备（如配电盘、变压器等）、高温物体、雷击、静电等。这些是引起易燃易爆物质着火爆炸的常见火源，控制这些火源的使用范围和与可燃物接触，对于防火防爆是十分重要的。通常采取的措施有隔离、控制温度、密封、润滑、接地、避雷、安装防爆灯具、设禁止烟火标志等。

(2) 控制可燃物和助燃物

对于化学危险物品的处理，要根据其不同性质采取相应的防火防爆措施。如黄磷、油纸等自燃物品要隔绝空气贮存；金属钠、金属钾、磷粉等遇湿易燃物品要防水防潮等。

(3) 控制生产过程中的工艺参数

对于化学危险物品的生产，正确控制各种工艺参数，防止超温、超压和物料跑冒滴漏，是防止火灾爆炸事故的根本措施。

(4) 防止火热蔓延

限制火灾爆炸扩散蔓延的措施从生产的设计就要加以统筹考虑。对危险性较大的设备和装置，应采用分区隔离的方法，安装安全防火防爆设备，如安全液封、阻火器、单向阀、阻火阀门等。

8.2.2.4　常见消防器材

（1）干粉灭火器

MF 型干粉灭火器：第一个字母 M 表示灭火器；第二个字母 F 表示干粉。干粉灭火器以高压二氧化碳为动力，喷射筒内的干粉进行灭火，为储气瓶式。它适用于扑救可燃气体、易燃液体、电气设备初起火灾，广泛用于工厂、油库等场所。

干粉灭火器使用方法：灭火时，先拔去保险销，一只手握住喷嘴，另一只手提起提环（或提把），按下压柄就可喷射。扑救地面油火时，要采取平射的姿势，左右摆动，由近及远，快速推进。在使用前，先将筒体上下颠倒几次，使干粉松动，然后再开启喷粉，则效果更佳。

（2）消防水泵和消防供水设备

消防供水设备是消防水泵的配套设备，大家比较常见的是消火栓系统，包括水枪、水带和消火栓。使用时，将水带的一头与消火栓连接，另一头连接水枪，现有的水带水枪接口均为卡口式的，连接中应注意槽口，然后打开消火栓开关，即可由水枪开关来控制射水。

8.2.3　酸碱灼伤

8.2.3.1　液碱灼伤

（1）液碱的特性和危害

液体氢氧化钠为淡蓝色，有滑腻感，有强烈的腐蚀性，能破坏纤维素、腐蚀皮肤，溅入眼中会引起失明，碱蒸气具有强烈的刺激性气味，过量吸入会对人的呼吸道、肺部、支气管造成伤害。

（2）安全防范措施

① 员工进入吸收、中和区域必须佩戴防护面屏、防酸碱手套和防毒面具等劳动防护用品；

② 吸收、中和作业区域配置应急水源；

③ 严格执行《双钠车间操作规程》；

④ 按时巡检液碱管道及塔槽罐等设备设施，发现问题及时处理。

（3）泄漏现场应急处置措施

① 应急人员立即穿防酸碱衣，佩戴防护面屏、应急水等防护用品；

② 疏散泄漏区域人员，设置警戒线，汇报主控室；

③ 碱管道泄漏，停泵，切断酸碱来源，排空管道内酸碱，处理漏点；

④ 如原碱罐泄漏，应停止打碱或卸碱操作，关闭原碱罐入口阀门，用水稀释罐区地面碱液，排入库区酸水管道，将泄漏碱罐内的液碱倒至其他碱罐，液位降至漏点以下，处理漏点；

⑤ 将地面的酸碱引入酸水地沟或用沙土围堵清理。

（4）人员灼伤救护

① 迅速使伤员脱离现场至通风处，把带有烧碱的衣、鞋脱掉，用大量流动清水冲洗

（至少 15min），送医院治疗；

② 烧碱溅到眼睛时，立即用大量清水冲洗（至少 15min），要把眼球、眼皮全部洗到，然后再送医院治疗；

③ 当吸入大量高温烧碱所产生的碱雾时，要立即移至空气新鲜处，保持呼吸道通畅，送医院治疗；

④ 食入：用水漱口，饮牛奶或蛋清，就医。

8.2.3.2 稀酸灼伤

(1) 稀酸的特性和危害

硫酸是腐蚀性最强的化工产品之一，是活泼的无机酸。人体接触到硫酸，便即刻遭到灼伤，如果进入眼内，会使眼睛失明，喝入硫酸会使内部器官严重损害，经常吸入硫酸蒸气或酸雾会引起呼吸道或支气道管炎，长期吸入硫酸蒸气会引起牙齿的酸蚀症。

(2) 安全防范措施

① 员工进入该区域必须佩戴防护面屏、防酸碱手套、耐酸胶靴及防毒面具等劳动保（防）护用品；

② 净化作业区域配置应急水源；

③ 要求员工严格执行《双钠车间操作规程》；

④ 按时巡检净化工序稀酸管道和湍冲洗涤塔、冷却塔，发现漏点及时处理。

(3) 泄漏现场应急处置措施

① 疏散泄漏区域人员，设置警戒线，汇报主控室；

② 烟气排空；

③ 停泄漏的泵，排空管道内的硫酸，处理漏点；

④ 将地面的硫酸引入酸水地沟或用沙土围堵清理；

⑤ 人员灼伤，用大量的清水冲洗，严重时送医院救治。

8.2.4 蒸汽烫伤

8.2.4.1 蒸汽烫伤危害

由高温液体、高温固体或高温蒸汽等所致的损伤称为烫伤。烫伤分三度：一度烫伤只损伤皮肤表层，局部轻度红肿、无水泡、疼痛明显；二度烫伤是真皮损伤，局部红肿疼痛，有大小不等的水泡，大水泡可用消毒针刺破水泡边缘放水，涂上烫伤膏后包扎，松紧要适度；三度烫伤是皮下、脂肪、肌肉、骨骼都有损伤，并呈灰或红褐色。

8.2.4.2 安全防范措施

① 员工进入蒸发区域必须佩戴防护面屏、防酸碱手套等劳动保（防）护用品；

② 现场悬挂"小心蒸汽烫伤"警示牌，现场配备应急水；

③ 按时巡检蒸汽管道，发现漏点及时处理；

④ 开、关蒸汽阀门时必须要站在蒸汽管道的侧面，戴好防护面屏后慢慢打开（关闭）蒸汽阀门。

8.2.4.3 泄漏现场应急处置措施

① 疏散泄漏区域人员，设置警戒线，汇报主控室；

② 立即切断蒸汽来源，排空管道内蒸汽，中和液加热管道泄漏还需排净中和液；

③ 处理漏点；

④ 清理地面积水；

⑤ 人员烫伤，立即脱去衣袜，将创面放入冷水中浸洗半小时，严重时立即送医院救治。

8.2.5 高处坠落

8.2.5.1 引起高处坠落的原因

① 人的不安全行为，主要是由于违章指挥、违章作业行为（包括未正确穿戴安全防护用品与使用辅助器具）以及人员注意力不集中操作失误等原因引发事故。

② 物的不安全状态，主要是高处作业的安全防护设施的材质强度不够、安装不良、磨损老化、装置失灵以及作业人员所配备的劳动防护用品质量不合格或有缺陷，起不到安全防护作用等原因，易发生坠落事故。

生产系统操作平台上下钢梯，长期处于酸碱性腐蚀环境，操作平台和钢梯受到腐蚀或强度降低，有可能造成巡检人员高空坠落。

检修所搭脚手架不符合规范、跳板捆绑不牢，有可能造成作业人员高空坠落。

8.2.5.2 安全防护措施

① 制订高处作业管理规定，同时对各层级人员进行高处作业知识安全培训教育。

② 进行高空作业采取可靠的安全防护措施，并严格按要求办理高处作业证。

③ 对存在高处作业坠落危险的区域安装安全防护设施，如在楼梯、通道、平台边缘等易发生坠落事故的位置设置安全防护栏，并涂刷醒目的安全色，作业区域均设置良好的照明设施。发生高处坠落，应立即实施抢救，重点对休克、骨折和出血进行应急处置，并及时送医院抢救。

8.2.6 机械伤害

8.2.6.1 机械伤害原因

人机隔离不到位和联锁保护失效、设备制造有安全缺陷或检验、维护保养不及时，不熟悉掌握机械正确操作均有可能造成机械伤害。

8.2.6.2 安全防范措施

① 制订巡检制度和操作规程，强化和规范现场巡检；

② 根据工艺和安全要求，对必要设备设计联锁、自锁装置；

③ 所有机械设备的传动、转动部位设置安全防护装置；

④ 合理布局电源开关，在操作者活动范围内，设置紧急制动按钮；

⑤ 检修时，悬挂"禁止合闸"警示牌并设专人监护，检修完毕，现场检查确认机械附近无人员才可取牌试车。

8.2.6.3 处置救护

发生机械伤害事故，现场人员要迅速停止转动设备，对受伤人员进行检查，有针对性地采取人工呼吸、心脏按压、止血、包扎、固定等临时应急措施，并迅速拨打急救电话，送医院救治。

8.2.7 起重伤害

8.2.7.1 起重伤害及原因

设备缺陷或人和设备双重原因均可能造成从事起重作业人员受伤害。如起重作业时脱钩砸人、钢丝绳断裂抽人、移动吊物撞人、钢丝绳刮人、滑车碰人以及起重设备在使用和安装过程中发生倾翻及提升设备过卷等事故。

① 起重设备设计不规范、制造缺陷，如选材不当、加工质量问题、安装缺陷、没有定期检验、缺乏必要的安全防护等，影响作业安全。

② 操作人员操作技能不熟练，未进行安全教育培训，无证上岗以及注意力不集中、操作失误，导致起重伤害事故。

③ 不良环境因素影响，如现场作业区域照明度不够或生产性扬尘造成作业人员视线不良等，影响作业安全。

8.2.7.2 安全预防措施

① 选用具有资质的厂家制造的起重机械，安全联锁保护装置完备。

② 制订设备点检维护制度，规范起重设备日常安全管理，确保现场照明设施，作业环境良好；定期检验起重机桥架、吊钩、钢丝绳、安全保护装置等部件，确保起重设备无故障运行。

③ 持证上岗，无证人员严禁操作起重设备。

④ 吊装区域进行隔离，禁止人员在吊钩下面行走、作业。

8.2.8 车辆伤害

8.2.8.1 车辆伤害原因

日常维护保养不够，行车前未检查出车辆故障，车辆带病行驶，司机违反交通规则、违章驾驶等原因，均可能造成车辆对人身和设备的伤害。

① 车间生产系统为开放性区域，所辖区域的马路有各种运输车辆过往，在铁路的道口和沿线以及马路路口，车辆故障、信号不清、交叉道口安全警示、防护不到位、人员违章跨越铁道等原因，均可能造成车辆对人员的伤害。

② 在系统生产、汽车装运、检修作业时，各种车辆较多，在进出厂房和现场作业时，因现场环境不良、视野受限及无证人员驾驶或操作失误、车辆可能碰撞厂房内柱子、作业区域各种管线或设备并可能对现场作业人员造成伤害。

8.2.8.2 安全防范措施

① 在厂区道路路口处涂刷安全色、交叉路口设置人行横道、在包装厂房柱子及厂房大门等处涂刷安全警示色；

② 厂房内设置安全通道，划分车行人行通道、物料吊运通道，确保厂房安全通道畅通，规范人流、物流、车流；

③ 车辆驾驶人员必须持证上岗，进出厂房必须鸣笛；

④ 生产区域行车速度不能超过10km/h。

8.2.9　物体打击

8.2.9.1　物体打击伤害原因

① 物品放置不当、不稳，从高处坠落；

② 检修、拆装设备时，材料或工具乱堆乱放，高处坠落；

③ 生产、检修过程中，违章操作，工（器）具对人体造成伤害。

8.2.9.2　安全防范措施

① 佩戴安全帽，禁止从高空抛掷物件；

② 禁止楼梯口、平台边缘、易滑落区域堆放物品；

③ 检修后及时清理高处废旧螺栓、钢管等杂物。

8.2.10　触电伤害

8.2.10.1　触电伤害

人体某一部位触及带电体或安全距离不够，靠近高压带电体，导致人员触电事故，常见触电伤害为电击和电伤。电击是电流对人体内部组织造成的伤害，当电流通过人体内部器官时，会破坏人的心脏、肺部、神经系统等，使人出现痉挛、窒息、心室纤维性颤动、心搏骤停甚至死亡；电伤是电流对人体局部表面造成的伤害，当电流通过体表时会对人体外部组织或器官造成局部伤害，出现电灼伤、金属溅伤、电烙印。

8.2.10.2　触电事故防范措施

① 根据不同用电环境、使用条件要求等，选用绝缘等级等参数符合用电安全的设备；

② 建筑设施设安全接地网，防止区域内设备、设施外壳带电，释放设备外壳漏电电流；

③ 供电母线安装避雷器，在出现雷击天气时将雷电引入大地；

④ 配电室设置防鼠设施，防范老鼠破坏绝缘引起短路；

⑤ 严格执行用电管理制度和操作规程，按规定对各类电气设备进行定期检查，及时处理绝缘损坏、漏电和其他故障；

⑥ 电气作业必须持证上岗，双人作业，严禁带电作业。

8.2.10.3　应急救护措施

首先使触电者尽快脱离电源，如距离较远，应迅速用绝缘良好的电工钳或有干燥木柄的利器（刀、斧、锹等）砍断电线，或用干燥的木棒、竹竿、硬塑料管等物迅速将电线拨离触电者。高压触电时，应立即采取拉下高压开关和通知有关部门停电等断电措施；其次对触电者采用人工呼吸、胸外心脏按压等方法进行现场急救，并及时送医院救治。

8.2.11　溺水伤害

8.2.11.1　溺水伤害的危害及特性

溺水后由于大量水或水中异物同时灌入呼吸道及胃中，水充满呼吸道和肺泡，引起喉、气管反射性痉挛，声门关闭，水中污物、水草堵塞呼吸道导致肺通气、换气功能障碍，进而窒息。溺水的病理生理主要是窒息、寒冷引起心肺呼吸功能紊乱，甚至呼吸、心搏骤停，从而导致机体内环境的失衡，如缺氧、缺血，使全身各重要脏器如心、肺、脑等受到不同程度的损伤。

8.2.11.2　安全防范措施

① 人孔加盖板封闭，爬梯加防护栏杆，在防护栏杆上涂刷安全色，并挂设安全警示牌；
② 进入塔、槽、罐检查，检修时，必要时需佩戴救生绳；
③ 巡检时至少两人，检修作业必须设专人监护。

8.3　常见问题分析

8.3.1　生产中废气的来源及处理方法

反应釜出来的未反应完SO_2气体，经尾气吸收塔加水吸收后排至硫酸尾气吸收系统。离心机工作中产生的废气，抽至气流干燥管进口进行烘干，烘干后的废气放空。

8.3.2　尾气烟囱冒白烟的原因

净化后的烟气中水分含量过高，造成水分与烟气中的SO_3结合生成硫酸蒸气，在吸收塔内形成酸雾，酸雾不易被捕集，绝大部分随尾气排出，导致尾气烟囱冒白烟。

8.3.3　尾气吸收塔循环泵跳车及处理方式

尾气吸收塔进料方式：配碱进入尾气吸收塔后，通过尾气吸收塔循环泵出口阀门和联锁控制向吸收塔进料。由于配碱无法直接进入吸收塔，因此，系统存在一定的安全隐患。若尾气吸收塔循环泵因故障无法开启，吸收塔内吸收液pH值会持续下降，当吸收液pH值降低至4.0时，可能会导致尾气超标，必须采取有效的措施来应对事故的扩大化。具体处理措施如下：

① 尾气吸收塔循环泵出现故障时，将吸收塔内的合格吸收液导出；
② 向尾气吸收塔加入配碱，当尾气吸收塔液位达一定高度后，打开吸收塔、尾吸塔之间的平衡斜管阀门，通过液位差向吸收塔过料；
③ 当尾气吸收塔液位达到一定高度时产生虹吸现象，开始向吸收塔过料，最终两塔液位达到平衡，完成单塔吸收操作。

8.3.4　焦亚硫酸钠生产中副产物二氧化碳的处理

二氧化碳是一种常见的原料，广泛应用于化工、食品、安全等领域，同时也是一种温室气体，随着全球气候行动和我国碳达峰碳中和目标的不断推进，其重要性越发突出、存在的问题也日益凸显。

在焦亚硫酸钠生产的配碱工序会产生二氧化碳，其化学反应式如下：

$$Na_2CO_3 + 2NaHSO_3 \longrightarrow 2Na_2SO_3 + H_2O + CO_2 \uparrow \tag{8-11}$$

焦亚硫酸钠生产时在密闭的配碱罐中产生的二氧化碳气体纯度高、杂质含量低，是优质的气源，但生产中常做放空处理，造成了资源的浪费，也增加了温室气体的排放，因此有必要对焦亚硫酸钠生产中副产品二氧化碳进行回收利用。

　　目前已有技术可实现对焦亚硫酸钠生产中副产品二氧化碳进行回收利用，简要路线为：自焦亚硫酸钠配碱罐来的二氧化碳原料气，首先进入碱洗塔，用 Na_2CO_3 溶液除去 SO_2 杂质后进入水洗塔；净化后的气体经增压、除湿后进入脱硫塔除去杂质硫，再进入吸附干燥器进一步脱除饱和水分；最后对二氧化碳进行深冷液化处理，进入精馏塔除去不凝性气体，可得到食品级液体二氧化碳。

　　对焦亚硫酸钠生产中副产品二氧化碳进行回收利用，不仅可取得一定的经济效益，也有可观的环境效益。因此，鼓励开发更加经济高效的焦亚硫酸钠生产中副产品二氧化碳捕集利用技术，推动二氧化碳减排和资源循环利用，对提升焦亚硫酸钠整体行业水平具有积极意义。

第 **9** 章

工程案例

9.1 山东寿光某化工焦亚硫酸钠项目

9.1.1 项目概况

本化工厂焦亚硫酸钠项目由寿光市某化工有限公司建设，于 2012 年建成，劳动定员 60 人，年操作时间 7200h，设计规模年产焦亚硫酸钠 40000t。

项目位于寿光市羊口镇渤海工业园区内，寿光市珠江路（原联一路）与长江路（原联二路）之间，南临黄海路（原北三路）。

9.1.2 工艺原理及流程

9.1.2.1 反应原理

焦亚硫酸钠生产分为干法和湿法两种工艺，其中湿法生产工艺具有机械化程度较高、产品质量纯度高、原材料消耗较低等优点。本项目采用湿法生产工艺，以硫黄和纯碱为原料生产焦亚硫酸钠，反应过程分 4 步：

① 在碳酸钠溶液中通入 SO_2 至 pH 值为 4.1，生成亚硫酸氢钠溶液，反应式为：

$$Na_2CO_3 + 2SO_2 + H_2O \longrightarrow 2NaHSO_3 + CO_2 \uparrow \qquad (9-1)$$

② 亚硫酸氢钠溶液中再加碳酸钠调至 pH 值为 7～8，即转化为亚硫酸钠，反应式为：

$$Na_2CO_3 + 2NaHSO_3 \longrightarrow 2Na_2SO_3 + CO_2 \uparrow + H_2O \qquad (9-2)$$

③ 亚硫酸钠再与 SO_2 反应至 pH 值为 4.1，又生成亚硫酸氢钠溶液，反应式为：

$$Na_2SO_3 + SO_2 + H_2O \longrightarrow 2NaHSO_3 \qquad (9-3)$$

④ 当溶液中亚硫酸钠含量达到过饱和浓度时，析出焦亚硫酸钠晶体，反应式为：

$$2NaHSO_3 \longrightarrow Na_2S_2O_5 + H_2O \qquad (9-4)$$

⑤ 总反应方程式为：

$$Na_2CO_3 + 2SO_2 \longrightarrow Na_2S_2O_5 + CO_2 \uparrow \qquad (9-5)$$

如果反应过程中 SO_2 气体的量少于理论需求量时，亦可产生如下副反应：

$$2Na_2CO_3 + 3SO_2 \longrightarrow Na_2S_2O_5 + Na_2SO_3 + 2CO_2 \uparrow \qquad (9-6)$$

9.1.2.2　工艺流程

项目工艺流程主要包括二氧化硫制备、缓冲冷却、洗涤、配碱、主反应、离心及干燥工序。

(1) 二氧化硫制备

将硫黄粉用压缩空气作动力喷入燃烧炉内燃烧，炉内温度控制在 850～900℃，生成气体中 SO_2 浓度（体积分数）为 10％～13％。

(2) 缓冲冷却

燃烧产生的二氧化硫先进缓冲罐，温度降至 300℃以下后进冷却水池间接冷却，进一步降温至 60～70℃。本项目设有 4 个冷却水池（单个冷却水池规格：3.5m×10.5m×1.6m），循环冷却水水池通过水泵将冷却水打入冷却水池，冷却水池的水通过自流的方式回流至循环冷却水池。

(3) 洗涤

对进一步降温后的混合气体进行水洗，除去 SO_3。该环节产生的污染物主要为洗涤产生的酸性水洗液及过滤产生的硫黄渣。酸性水洗液经过滤后进配碱工序用于配碱，硫黄渣作为原料回硫黄焚烧炉焚烧。

(4) 配碱

将离心机产生的母液、水洗产生的酸性水、设备和地面冲洗水、纯碱离心母液按设计量投入配碱槽进行配碱。配好的碱液部分进尾气吸收塔喷淋吸收尾气后进储浆罐（配碱工序主要设备有储碱罐、母液桶、化碱桶。纯碱由储碱罐经绞龙进入化碱桶，全程密闭。化碱桶有一观察孔与外界相通，顶部有一出气孔由密闭管线连接三级喷淋吸收塔后进储浆罐，塔后连接引风机。化碱桶内形成微负压，杜绝粉尘外逸），部分碱液直接进储浆罐备用（用于主反应），配碱过程产生的废气 G1（CO_2）直接排放。

(5) 主反应

洁净 SO_2 气体通入碱液中，经三级串联逆向吸收反应生成的焦亚硫酸钠结晶。其中，洁净 SO_2 气体通过一级、二级、三级吸收塔，化碱槽碱液及母液混合后依次通过三级、二级、一级吸收塔与 SO_2 气体进行反应，从一级反应塔排出的晶浆在收集罐收集，再用泵转移至增稠器后，直接送往离心机。该反应为放热反应，为保持最佳反应条件，通常采用间接冷却将反应热移去，反应温度一般控制在 45℃左右。SO_2 纯碱液三级串联吸收塔原料转化率可达 99.9％以上。

该环节产生废气 G2（反应过程中产生的 CO_2 气体和未反应的 SO_2 气体）。废气从三级吸收塔排出，进入尾气吸收塔（三级碱液喷淋吸收），处理后经 25m 高排气筒排放，三级喷淋塔吸收液每 12 小时更换一次，吸收液转往母液桶与来自离心机母液混合，用作化碱母液。

(6) 离心

反应釜中排出的含有结晶的浆液直接送往离心机。离心分离出的液体为 $NaHSO_3$ 饱和溶液，即为母液，返回溶碱罐回用，分离出的湿焦亚硫酸钠送入干燥器进行干燥。

(7) 干燥

焦亚硫酸钠湿饼送入气流式干燥器，经来自硫黄炉夹套的热风干燥后即得成品焦亚硫酸钠粉末，大部分产品被干燥后收集。干燥过程产生废气 G3（污染物为粉尘），经三级旋风除尘处理，处理后进入尾气吸收塔处理。旋风除尘器收集的粉末为产品焦亚硫酸钠。

项目的工艺流程如图 9-1 所示。

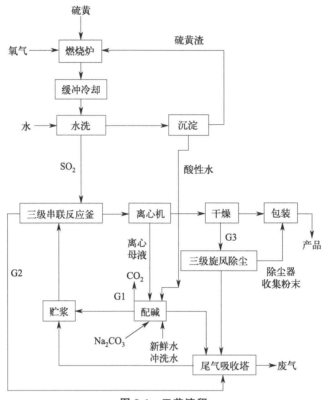

图 9-1　工艺流程

9.1.3　系统设计

9.1.3.1　原辅材料消耗及物料平衡

项目年消耗硫黄 1.33×10^4 t、纯碱 2.24×10^4 t（Na_2CO_3 22119.7t、杂质 268.7t）、水 2815t（工艺用水 500t/a，生活及其他用水 2315t/a），年产固体焦亚酸钠 4×10^4 t。项目物料、硫元素和水平衡情况见表 9-1～表 9-3 和图 9-2～图 9-5。

表 9-1　项目物料平衡表　　　　　　　　　　　　单位：t/a

投入			产出		
物料名称	成分	数量	物料名称	成分	数量
硫黄	S	13303.7	产品	$Na_2S_2O_5$	38800
	H_2O	26.7		Na_2SO_3	147.9
氧气	O_2	13310.9		$NaHSO_3$	592
纯碱	Na_2CO_3	22119.7		Na_2SO_4	63.0
	杂质	268.7		H_2O	128.4
新鲜水	H_2O	500		杂质	268.7

续表

投入			产出		
物料名称	成分	数量	物料名称	成分	数量
冲洗水	H_2O	30.5		SO_2	0.6
			废气	CO_2	9045.5
				H_2O	480
				粉尘	0.2
			配碱废气	CO_2	33.9
合计		49560.2	合计		49560.2

表 9-2　工艺水平衡表　　　　　单位：t/a

投入		产出	
硫黄带入	26.7	产品带走	128.4
反应生成	51.2	废气带走	480
新鲜水带入	500		
冲洗水带入	30.5		
合计	608.4	合计	608.4

表 9-3　硫平衡表　　　　　单位：t/a

投入		产出	
硫黄带入	13303.7	产品带走	13303.4
		废气带走	0.3
合计	13303.7	合计	13303.7

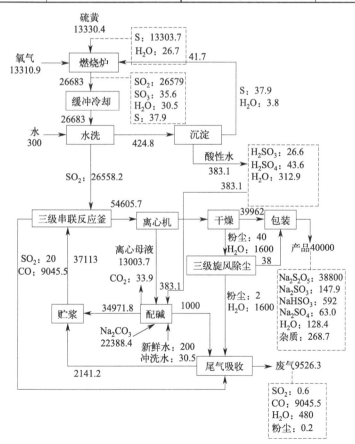

图 9-2　项目物料平衡图（单位：t/a）

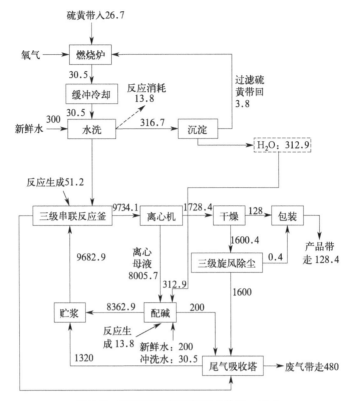

图 9-3 项目工艺水平衡图（单位：t/a）

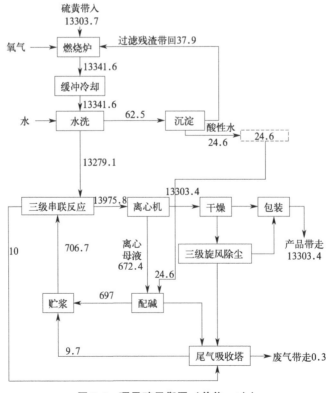

图 9-4 项目硫平衡图（单位：t/a）

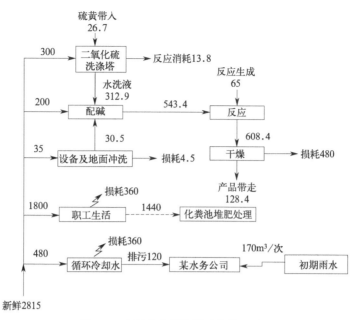

图 9-5 本项目水平衡图（单位：t/a）

9.1.3.2 项目设备设施

项目建设主要包括主体工程、储运工程、公用工程、环保工程和辅助工程，具体见表 9-4。

表 9-4 项目组成表

类别	项目	主要组成
主体工程	生产装置	焦亚硫酸钠车间一座，主要包括 4 条生产线，每条生产线生产能力 10000t/a
储运工程	储运系统	硫黄仓库 1 座，456m²，贮存原料硫黄
		成品仓库 1 座，1040m²，贮存产品焦亚硫酸钠
		配件仓库（包材库），建筑面积 136m²
公用工程	给水系统	由中材默锐水务供给再生水（循环冷却水），其余用水由寿光市羊口镇渤海工业园区供水管网供给
	供电系统	由寿光市电力公司供给，可就近自供电网络接引 10kV 电源进厂内变配电室
	供热	项目干燥工段采用硫黄炉夹套产生的热风，不使用其他热源
	循环冷却水系统	循环水池 1 座（28.8m×15m×2.4m）兼作消防水池，循环水泵 2 台
环保工程	污水处理工程	生活污水经化粪池堆肥处理后用作农肥，循环冷却水及初期雨水排入寿光清源水务有限公司进行处理
	废气治理工程	尾气纯碱液三级串联喷淋吸收塔 1 座及三级旋风除尘器一套，两套装置共用一根 25m 排气筒
	噪声防治措施	基础减振、柔性接口、减振垫等
	事故水池	1 座，517m³（24.6m×8.4m×2.5m）
	污水收集池	1 座，2m³（1.8m×1.3m×0.9m）
	固体废物治理工程	生活垃圾委托环卫部门处置；完好的硫黄包装袋厂家回收，重新用于盛装硫黄，破损的硫黄包装袋作为危险废物，委托潍坊佛士特环保有限公司处理
辅助工程	建筑物	维修车间、消防水池、传达室

本项目生产设备见表 9-5。

表 9-5 主要设备一览表

序号	设备名称	规格	单位	数量	材质
1	硫黄燃烧炉	φ1500×2000	台	4	组合件
2	SO₂ 降温罐	φ1500×2000	台	4	组合件

续表

序号	设备名称	规格	单位	数量	材质
3	SO_2 洗涤塔	$\phi 2000$	台	2	组合件
4	除沫器	$\phi 1000$	台	2	聚丙烯
5	SO_2 纯碱液三级串联吸收塔	$\phi 2000$	座	4	聚丙烯
6	集中罐	$\phi 2200$	个	2	组合件
7	离心机	LWL450	台	1	组合件
8	气流干燥床	QG50	台	1	组合件
9	空压机	SK-1.5	台	4	组合件
10	包装机	YSDF-B	台	1	组合件
11	碱仓	$\phi 4000$	个	1	组合件
12	化碱槽	$\phi 1500$	个	1	组合件
13	储碱槽	$\phi 3000$	个	1	组合件
14	电动葫芦	$CD_1 3$	台	1	组合件
15	循环水系统	—	套	1	组合件
16	称重衡器		台	2	组合件
17	母液罐	$10.5m^3$	个	1	PP 组合件
18	回收罐	$\phi 1000$	个	1	组合件
19	加料斗	$\phi 1500$	个	4	组合件
20	缓冲罐	$\phi 1600$	个	4	组合件
21	旋风除尘器	—	台	3	组合件
22	尾气纯碱液三级串联喷淋吸收塔	$\phi 2500$	座	1	聚丙烯

9.1.3.3 项目厂区布置

项目占地 35282m², 厂区分为西侧、中间和东侧三部分。西侧部分北部临厂界建设一座生产车间, 车间北侧建有一冷却水池; 中间部分由北向南依次为循环水池、机修间和危废库、事故水池、空地、硫黄仓库; 东侧部分由北向南依次为成品库、闲置车间、污水收集池、配电室、空地、办公室和化验室。具体平面布置见图 9-6。

9.1.4 工程实施情况

本项目总投资 6126.56 万元, 2012 年 5 月 6 日山东同济环境工程设计院有限公司编制了《寿光市博宇化工有限公司 40000t/a 焦亚硫酸钠项目环境影响报告书》, 2012 年 5 月 26 日潍坊市环保局以 "潍环审 〔2012〕115 号文" 下达了环评批复。项目在实际建设中发生变更, 2015 年 5 月潍坊市环境科学研究设计院有限公司编制完成了《寿光市博宇化工有限公司 40000t/a 焦亚硫酸钠项目变更环境影响评价报告》, 2015 年 9 月 24 日潍坊市环保局以 "潍环评函 〔2015〕120 号文" 进行批复。

该项目在建设过程中严格履行相关规定, 各项审批手续齐全。2016 年 4 月 20 日～4 月 21 日进行了相关验收, 各项设施运行稳定。

在验收监测期间, 生产负荷达 75% 以上, 产量见表 9-6。

表 9-6 验收监测期间生产负荷表

时间	产品	设计生产能力/(t/d)	实际生产能力/(t/d)	负荷/%
4 月 20 日	焦亚硫酸钠	133.33	103	77.3
4 月 21 日		133.33	101	75.8

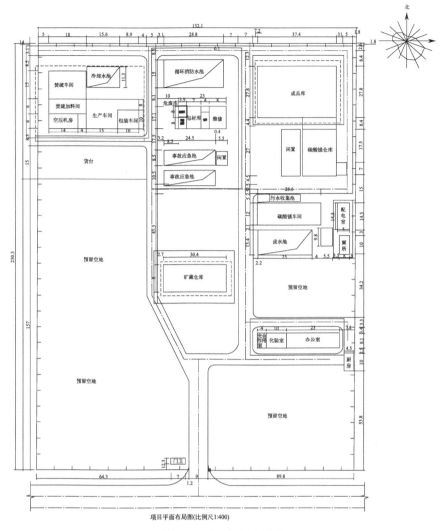

项目平面布局图(比例尺1:400)

图 9-6　厂区平面布置图

9.1.5　环境污染及防控

项目生产过程中涉及少量废气、废水、固体废物和噪声,存在一定的环境风险,相关风险以及处理和防范措施如下。

9.1.5.1　"三废"情况

(1) 废气

本项目生产过程中废气包括有组织废气和无组织废气。

有组织废气产生环节主要为配碱过程产生的废气 G1（CO_2）、主反应三级串联反应环节产生的废气 G2（反应过程中产生的 CO_2 气体和未反应的 SO_2 气体）、干燥工序产生的废气 G3（污染物为粉尘即焦亚硫酸钠粉末）。

配碱过程产生的废气 G1 直接外排处理;主反应环节产生的废气 G2 进入尾气吸收塔,经三级碱液喷淋吸收处理后,通过 25m 高排气筒排放;干燥工序产生的废气 G3 经三级旋风除尘器处理后，进入尾气吸收塔处理，最终通过25m高排气筒排放，旋风除尘器收集的粉末作为产品回收。除尘和尾气吸收设施分别见图9-7和图9-8。

图 9-7 三级旋风除尘装置

图 9-8 尾气吸收塔装置

无组织废气主要为焦亚硫酸钠车间产生的SO_2无组织废气及配碱产生的CO_2无组织气体，通过不断加强生产过程管理，最大限度减少无组织废气量。

废气产生及处理情况见表9-7。

表 9-7 废气产生及处理情况

废气来源	污染物	处理措施
配碱过程产生的废气 G1	CO_2	直接外排
主反应环节产生的废气 G2	CO_2、SO_2	进入尾气吸收塔,经三级碱液喷淋吸收处理后,通过25m高排气筒排放
干燥工序产生的废气 G3	粉尘	经三级旋风除尘器处理后,进入尾气吸收塔处理,最终通过25m高排气筒排放,旋风除尘器收集的粉末作为产品回收
无组织废气	CO_2、SO_2	加强生产管理

（2）废水

本项目生产过程中洗涤产生的酸性水洗液经过滤后进配碱工序用于配碱；设备及车间地面冲洗水经污水收集池收集后直接回用于配碱工序，项目无生产性废水外排。其他废水主要是生活污水、循环冷却水和初期雨水。生活污水采用旱厕堆肥处理，定期清运用作农肥；初期雨水及循环冷却水经处理后外排。废水产生及处理情况见表 9-8。

表 9-8　废水产生及处理情况

废水类型	水量	处理方式
酸性水洗液	312.9t/a	酸性水洗液经过滤后进配碱工序用于配碱,不外排
设备及地面冲洗水	30.5t/a	经污水收集池收集后直接回用于配碱工序
循环冷却排污水	120t/a	经处理后外排
初期雨水	170m³/次	
生活废水	1440t/a	旱厕,定期清运用作农肥

（3）固体废物

本项目固体废物主要为原辅材料包装物以及职工生活垃圾。职工生活垃圾属于一般固体废物，由环卫部门统一处理；原辅材料包装物为硫黄包装袋，完好的硫黄包装袋厂家回收，重新用于盛装硫黄，破损的硫黄包装袋作为危废，委托具备资质的第三方处理。固废产生及处理情况见表 9-9。

表 9-9　固体废物产生及处理情况

序号	固体废物类别		处理方式
1	硫黄及纯碱包装袋	完好	厂家回收,重新用于盛装硫黄和纯碱
		破损	作为危废,委托具备资质的第三方处理
2	生活垃圾		委托环卫部门统一处理

（4）噪声

本项目主要噪声源为离心机、压缩机、气流干燥机、引风机、物料泵等。针对噪声源采取以下的治理措施：

① 选用性能优良、低噪声设备，将噪声源均置于车间内；

② 优化厂区平面布置，将各种高噪声设备尽量布置在车间中部，远离厂界；

③ 对无需固定的设备采取基础减振的降噪措施；

④ 对压缩机、风机及各种泵类除采取基础减振外，还在各噪声源周围增设隔声罩进行隔声。

9.1.5.2 环境风险防范措施

（1）废气风险防范措施

项目存在有毒气体泄漏的潜在风险，为了有效预防泄漏风险，本项目分别在焚硫炉和反应平台二楼各安装 4 台有毒气体报警仪，见图 9-9。项目 50m 环境保护距离无环境敏感目标。

（2）环境安全三级防控措施

一级防控措施：生产装置区设置围堰，见图 9-10，确保突发事件发生时化学品不会溢出到围堰外。

图 9-9　有毒气体报警仪

图 9-10　生产装置区围堰

图 9-11　事故池

二级防控措施：在厂区建设两座事故水池（24.6m×8.4m×2.5m，24.6m×8.4m×2.0m），见图 9-11，接收事故废水、初期雨水等。

三级防控措施：对厂区雨水总排口、污水总排口及事故水池设置切换措施，见图 9-12、图9-13，封堵污水在厂区之内，防止事故情况下物料经雨水及污水管线进入地表水水体。

图 9-12　事故池切换装置

图 9-13　厂区雨水总排口切换装置

（3）初期雨水、事故废水收集及导排系统

项目初期雨水及事故废水进事故水池，厂区导排图见图 9-14。

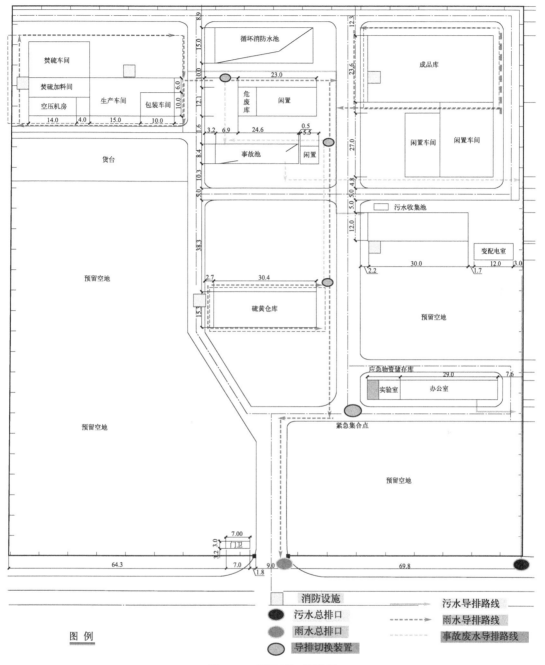

图 9-14 项目厂区导排图

（4）各类设施防渗、防腐

项目对装置区、排污管线、事故水池、消防循环水池等场所采取相应的防渗、防腐措施。

（5）规范危险废弃物暂存场所防范措施

建设单位设立了专门领导小组，设置危险废物暂存库，制定了《危险废物安全管理制度》等规章制度，多措并举进行危险废物的有效管理。

9.2 河北邢台某钢厂焦亚硫酸钠项目

9.2.1 项目概况

本钢厂烧结烟气制盐工程位于河北省邢台市，建设规模年产焦亚硫酸钠1.2万吨，由江苏德义通环保科技有限公司总承包建设。本项目2018年12月签订合同，2019年2月开工建设，2019年7月建成投产。

本项目以烧结烟气脱硫脱硝活性炭再生的富硫气体和纯碱为原料，生产焦亚硫酸钠，实现污染物SO_2高效资源化循环利用。本工程采用了具有自主知识产权的富硫气体制焦亚硫酸钠成套技术，包括富硫气体制焦亚硫酸钠技术全流程工艺包、活性炭再生气体预处理技术和气液两相连续反应结晶技术，具有原材料消耗较低、机械化程度较高等优点，核心技术达到行业先进水平。

工程建设过程高标准、严要求，设计全部采用三维建模设计，设计水平达到同行业领先水平；强化施工过程控制，安装工程验收合格率100％，重大质量事故发生率为零；开展精细化调试，设计人员、安装人员参与调试，投料试车一次成功。本工程实现了项目方案优化、工程优质、效益优良的管理目标。经过生产考核，本工程装置产量、产品回收率、产品质量、装置能耗等各方面均达到或优于保证值。

9.2.2 工艺原理及流程

9.2.2.1 反应原理

配碱基于配置原料的不同分为配置母液、配置纯碱溶液。配置母液见式(9-7)及式(9-8)；配置纯碱溶液见式(9-8)。

$$Na_2CO_3 + 2NaHSO_3 \longrightarrow 2Na_2SO_3 + H_2O + CO_2 \uparrow \tag{9-7}$$

$$Na_2CO_3(s) \longrightarrow Na_2CO_3(aq) + Q \tag{9-8}$$

焦亚硫酸钠钠是目标产品，生成过程原理见式(9-9)~式(9-11)。

$$Na_2CO_3 + SO_2 \longrightarrow Na_2SO_3 + CO_2 \uparrow \tag{9-9}$$

$$Na_2SO_3 + SO_2 + H_2O \longrightarrow 2NaHSO_3 \tag{9-10}$$

$$2NaHSO_3 \longrightarrow Na_2S_2O_5 + H_2O \tag{9-11}$$

9.2.2.2 工艺流程

来自烧结烟气脱硫脱硝活性炭再生的富硫气体进入原料气净化系统，净化SO_3、HCl、HF、粉尘等杂质后进入三级反应器单元。净化后的含SO_2原料气依次通过一级、二级、三级反应器。碱液及母液混合后依次通过三级、二级、一级反应器，经三级串联逆向吸收反应生成的焦亚硫酸钠浆液从一级反应器排出后经离心、干燥、包装形成最终产品。反应尾气和干燥尾气进入尾气处理系统净化后排放。

项目流程主要包括二氧化硫原料气预处理、配碱、反应、离心、干燥、包装等工序，工艺流程见图9-15。

从SO_2罗茨风机来的原料气体分别进入一级反应器，出一级反应器的残余气体经汇集后依次进入二级反应器和三级反应器，未能被吸收的气体送至尾气处理系统进一步处理。

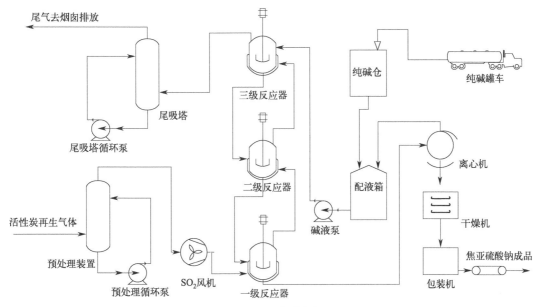

图 9-15　工艺流程图

当一级反应器反应达到终点时，系统自动关闭对应原料气进气阀门，并开启对应排液阀，排出液汇集至缓冲槽。当该釜液位达到设定值后，二级脉冲悬浮泵会自动开启补液阀补液，液位达到设定值后，对应原料气进气阀打开，恢复生产。二级反应器的液位定期从三级脉冲悬浮泵中补充，三级反应器的液位定期从纯碱输送泵或母液泵处给予补充。

二级反应器通过二级吸收循环泵进行吸收循环，三级反应器通过三级吸收循环泵进行吸收循环。

缓冲罐内配置有搅拌器，缓冲罐内的浆液定期或连续通过离心给料机输送至离心分离器。离心分离后的母液送至母液罐，固体颗粒物进入干燥机干燥。干燥机采用蒸汽间接加热空气法干燥，干燥后的气体先经两级旋风收尘后再由干燥引风机抽送至尾气处理系统进一步处理。旋风收尘器收集下来的焦亚硫酸钠颗粒及干燥机刮下来的焦亚钠颗粒送至自动包装机打包。

纯碱通过纯碱给料机计量后分别加入母液罐或纯碱浆液罐中，纯碱来自纯碱储仓，母液罐或纯碱浆液罐均配置有搅拌器，纯碱浆液罐里的碱液采用脱盐水配制，母液罐的浆液采用离心分离后的母液进行配制。配好的浆液分别通过对应的泵系统输送至各反应器或吸收塔。

9.2.3　系统设计

9.2.3.1　设计基础

(1) 工程规模

本工程焦亚硫酸钠的年产能为 1.2 万吨（折纯），二氧化硫处理能力 $400m^3/h$，对应处理混合气体能力 $3200m^3/h$，操作弹性约 120%。

操作时间：年操作 7920h 或 330d，稳定连续运行。

装置主体设备设计寿命≥15 年。

(2) 产品规格

本装置生产的焦亚硫酸钠符合《工业焦亚硫酸钠》（HG/T 2826—2008）一等品及以上质量要求。

(3) 基础数据和设计条件

1）装置入口气体参数组成

本装置入口气体参数组成情况见表 9-10。

表 9-10　装置入口气体参数组成

项目		单位	参数	
			设计参数	波动范围
SO₂ 气体来源		—	再生气	
入口气体组分	SO₂	%	15	10.0～17
	HF	%	0.1	0～0.4
	HCl	%	0.7	0～1.0
	CO₂	%	4.9	0～12.7
	NH₃	%	2.3	
	CO	%	0.7	0～1
	H₂O	%	36.1	0～37
	N₂	%	40.2	
入口气体温度		℃	380	350～420
入口含尘浓度（标准状态）		mg/m³	约 2000	

2）公用工程规格

为满足工艺要求，装置公用工程规格如下：

① 供电

a. 供电电源

10kV（±7%），50Hz±0.5Hz，三相，中性点不接地，双回路供电；

380V/220V（+7%、−10%），50Hz±0.5Hz，三相四线（中性点接地）。

b. 配电电压

装机功率 366kW；

检修 380V/220V；

照明 380V/220V。

② 循环水

供水温度≤32℃；

回水温度≤42℃；

供水压力 0.3～0.45MPa（G）；

回水压力 0.1～0.2MPa（G）。

③ 蒸汽

压力 0.8MPa（G）饱和。

④ 仪表空气

进界区压力：0.5～0.7MPa（G）；

无有毒、易燃、易爆和腐蚀性介质的干燥空气；

含尘颗粒直径不大于 $3\mu m$，含尘量小于 $1mg/m^3$；

进界区温度：常温；

操作状态下的露点低于极端最低温度 $10℃$；

油分含量不高于 $10mg/m^3$。

⑤ 装置空气

压力 $\geqslant 0.3MPa$（G）；

无油、无尘、无水、常温、常压下露点 $-40℃$。

⑥ 纯碱

品质满足《工业碳酸钠及其试验方法第 1 部分：工业碳酸钠》（GB 210.1—2004）[目前该标准已废止，现行标准为《工业碳酸钠》（GB/T 210—2022）] 不低于优等品要求。

（4）设计采用的标准规范

河北邢台某钢厂焦亚硫酸钠设计时采用的标准包括：

《化工工艺设计施工图内容和深度统一规定》（HG/T 20519—2009）；

《化工工厂初步设计文件内容深度规定》（HG/T 20688—2000）；

《建筑设计防火规范（2018 年版）》（GB 50016—2014）；

《建筑抗震设计规范（附条文说明）（2016 年版）》（GB 50011—2010）；

《工业建筑防腐蚀设计标准》（GB/T 50046—2018）；

《室外给水设计标准》（GB 50013—2018）；

《室外排水设计规范（2016 年版）》（GB 50014—2006）；

《大气污染物综合排放标准》（GB 16297—1996）；

《职业性接触毒物危害程度分级》（GBZ 230—2010）；

《工业金属管道设计规范（2008 年版）》（GB 50316—2000）；

《现场设备、工业管道焊接工程施工规范》（GB 50236—2011）；

《化工企业总图运输设计规范》（GB 50489—2009）；

《工业设备及管道绝热工程设计规范》（GB 50264—2013）；

《〈压力容器〉标准释义》（GB 150.1～150.4—2011）；

《钢制焊接常压容器》（NB/T 47003.1—2009（JB/T 4735.1）；

《〈塔式容器〉标准释义与算例》（NB/T 47041—2014）；

《化工设备、管道外防腐设计规范》（HG/T 20679—2014）；

《机械搅拌设备》（HG/T 20569—2013）；

《不锈钢复合钢板焊接技术要求》（GB/T 13148—2008）；

《承压设备用不锈钢和耐热钢钢板和钢带》（GB/T 24511—2017）；

《钢制化工容器设计基础规定》（HG/T 20580—2011）；

《钢制化工容器材料选用规定》（HG/T 20581—2011）；

《钢制化工容器强度计算规定》（HG/T 20582—2011）；

《钢制化工容器结构设计规定》（HG/T 20583—2011）；

《钢制化工容器制造技术要求》（HG/T 20584—2011）；

《钢制低温压力容器技术要求》（HG/T 20585—2011）；

《承压设备焊接工艺评定》（NB/T 47014—2011）；

《压力容器焊接规程》（NB/T 47015—2011）；

《压力容器法兰、垫片、紧固件［合订本］》（NB/T 47020～47027—2012）；

《补强圈》（HG 21506—1992）；

《压力容器封头》（GB/T 25198—2010）；

《压力容器波形膨胀节》（GB/T 16749—2018）；

《钢制管法兰、垫片、紧固件》（HG/T 20592～20635—2009）；

《钢制人孔和手孔［合订本］》（HG/T 21514～21535—2014）；

《玻璃钢管和管件》（HG/T 21633—1991）。

9.2.3.2 工艺系统

活性炭再生气体制备焦亚硫钠装置工艺系统分为活性炭再生气预处理系统、焦亚硫酸钠产品制备系统以及尾气处理系统三部分。

（1）活性炭再生气体预处理系统

1）工艺描述

为保证目标产品的质量，原料气体需进行如下预处理后才能使用：

活性炭解吸塔来的高浓度二氧化硫（体积分数，10%～17%）气体分两路，根据需要去一级洗涤塔 A 或进入一级洗涤塔 B，并先进入对应洗涤塔的气液混合器。在气液混合器中，高浓度 SO_2 气体与洗涤液充分混合，随后流入对应一级洗涤塔内。此过程段中待处理气体中的绝大部分氟化物、氯化物、粉尘、氨及盐类物质被洗涤液吸收，气体温度从 350～420℃降至 60～85℃。未被吸收的气体依次穿过升气帽进入对应一级洗涤塔的填料段、电除雾段，之后进入对应二级洗涤塔的下部，气体穿过对应二级洗涤塔升气帽后并依次穿过对应二级洗涤塔填料段和电除雾段。离开二级洗涤塔的干净气体中粉尘及总盐含量降至 5mg/m³ 以下，温度约 40℃，随后去 SO_2 输送系统。

一级洗涤塔底部洗涤液通过一级洗涤泵增压后在对应一级洗涤塔内强制循环，当一级洗涤塔内液位或洗涤液中某一溶解的物质达到设定值后，定期通过污水排出泵 A 排到污水回收区。

二级洗涤塔塔盘处承接的洗涤液汇集至二级洗涤槽，二级洗涤塔内的洗涤液再通过二级洗涤泵打回至对应洗涤塔的填料段。洗涤液出二级洗涤泵后，先经过循环冷却水换热后再进入对应洗涤塔。

离开二级洗涤塔的净化气体首先进入分液器 A，分离出来的酸水经排液泵压送至一级反应釜，气体经罗茨风机增压后送至对应一级反应釜。

从污水排出泵来的污水经板框压滤后，用泵打回上游主系统进气烟道，用于调节烟气温度。

2）技术特点

满足工艺系统连续稳定运行目标，采用多项专利技术，项目具备如下特点：

① 针对待处理烟气为高温、高氯、高氟、酸性且伴有大量粉尘的强腐蚀性气体特征，设备各部件选材设计做了充分的准备。

② 通过对工艺参数的优化调整，达到同样净化效果时，用水量更少，SO_2 损失率更低。

③ 对关键设备，均采用双系统或备份设备设计，确保系统安全、可靠、稳定运行。

（2）焦亚硫酸钠产品制备系统

1）系统设备

① 配碱液系统。配碱基于配置原料的不同分为配置母液、配置纯碱溶液。主要工艺技术指标见表 9-11。

表 9-11　配碱液系统主要工艺指标

序号	工艺指标控制点	指标名称	数值
1	纯碱浆液罐	相对密度	≤1.4
		液位/%	50
2	母液罐	相对密度	≤1.4
		液位/%	60

② 焦亚硫酸钠合成系统。合成该装置的主目标产品，本项目焦亚硫酸钠合成系统主要工艺技术指标见表 9-12。

表 9-12　焦亚硫酸钠合成系统主要工艺指标

序号	工艺指标控制点	指标名称	数值	备注
1	一级反应釜	进气压力/kPa	>30	
		单釜进气流量/(m³/h)	<2500	设计值
		进气温度/℃	70~75(冬)65~70(夏)	
		液位/%	50~65	
		反应温度/℃	40~60	
		反应时间/h	0.5~3.0	
		放料温度/℃	40~60	
		料浆 pH 值	3.8~4.1	
2	二级反应器	反应温度/℃	40~60	
		液位/%	50~65	
3	三级反应器	压力/kPa	>500	
		反应温度/℃	40~50	
		液位/%	50~65	

2）技术特点

① 采用双一级反应釜模式，显著降低后系统切气放料过程中对上游罗茨风机的冲击，同时提高操作弹性。

② 二级反应器与三级反应器分别公用，能起到稳定一级反应釜反应时间的离散度，利于下游离心分离系统、干燥包装系统的连续稳定运行，对系统能耗的降低及产品品质的提高均有利。

③ 二级反应器与三级反应器分别公用，一定程度上降低系统的设备投资。

④ 可连续采出焦亚硫酸钠产品，适应连续性生产要求。

（3）尾气处理系统

1）工艺描述

从三级反应器、干燥器及集气风机来的三股废气在尾气吸收塔下部与循环碱液充分混合后进入尾气吸收塔。循环碱液通过尾吸一级循环泵在尾气吸收塔内循环吸收，当循环碱液的 pH 值或浓度达到一定数值后，定期输送至母液罐。

进入尾气吸收塔的气液混合物在塔内分离后，气相穿过升气帽进入空塔喷淋段，被循环碱液进一步吸收后，从塔顶烟囱离开系统。汇集到升气帽塔盘处的循环碱液在尾吸循环槽内汇集，经尾吸二级循环泵打回到空塔喷淋段上部或补充至塔下部。

尾吸循环碱液通过纯碱输送泵定期或连续补充。过程中产生的废气经尾气吸收塔吸收后，SO_2 浓度（标准状态）降至 $35mg/m^3$ 以下后排入大气。

2）技术特点

① 生产过程中的惰性气体与干燥系统废气混合后集中处理，显著降低排污物排放点；惰性气体能有效稀释废气中的氧含量，降低亚硫酸根的氧化速率，利于循环吸收液的回用。

② 干燥系统热烟气能带走大量水汽，确保系统循环液的良性循环，避免了焦亚钠产品制备系统中废液产生。

③ 循环吸收液的 pH 值采用梯级分布法和多级分段吸收法，有效降低循环吸收液的绝对循环量的同时提高了对废气中 SO_2 的吸收效率。

9.2.3.3 仪表及控制系统

（1）总则

仪表及控制系统满足整个系统和设备安全、经济运行及监视、控制、经济核算的要求，并满足国内和国际相关规范，先进、可靠、完整。

（2）系统设计要求及工作范围

系统采用 1 套分散控制系统（DCS），进行监视和控制。DCS 机柜、1 套操作员站和 1 套工程师站、仪控电源柜放在工艺综合楼。洗涤系统因功能独立，距离较远，采用就地 PLC 控制，与 DCS 系统通过 MODBUS RTU 协议，采用光纤通信。

9.2.3.4 电气系统

活性炭再生气体制焦亚钠系统范围内的电气系统包括：供配电系统、电气控制与保护、保护装置整定计算、照明、检修系统及防雷、接地系统、通信系统、电缆及其敷设和电缆构筑物等。

9.2.3.5 可视化仿真设计

在系统设计过程中，以 GIS 为基础同步进行了三维可视化系统开发设计，能够更真实地体现设备空间位置关系，对工艺

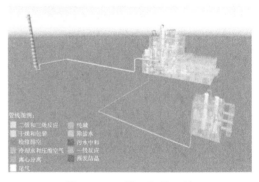

图 9-16　三维可视化系统

流程进行模拟操作和展示，优化设计，同时有助于后续工程运行维护，开展仿真演示演练等工作，实现高效管理。装置三维可视化系统见图 9-16。

9.2.3.6　设备设施情况

本装置主要包括再生气体预处理系统、SO_2 输送系统、纯碱储存和供应系统、反应系统、离心干燥包装系统、尾气处理系统、检修排空系统、电气设备、仪表及控制设备和消防系统等。具体各系统设备情况如下：

（1）再生气体预处理系统

预处理系统的功能为除去再生气体中的杂质，主要设备包括洗涤塔、湿式电除尘器、一级洗涤泵、污水排出泵、二级洗涤槽、二级洗涤泵、板式换热器、电加热器等设备。预处理系统设备考虑必要备用。

（2）SO_2 输送系统

SO_2 输送系统设置 2 台风机（1 用 1 备），单台流量按 120％ 选型，压头按 115％ 选型，风机为不锈钢材质。

SO_2 输送风机采用回流阀、变频控制，以满足负荷变化需求。风机出口母管上设置冷却器。

（3）纯碱储存和供应系统

纯碱储存和供应系统包括纯碱储仓、仓顶除尘器、卸料阀、螺旋输送机、浆液罐、输送泵等，设置 1 套纯碱储仓，纯碱粉末通过罐车卸料至纯碱粉仓。

（4）反应系统

采用三级反应工艺设计，预处理后的含 SO_2 气体依次经过一级、二级、三级反应器，反应器有一套备用。

反应器、搅拌器材质不低于 316L 材质，每个反应器本体上配置温度计、pH 计、密度计、液位计，重要仪表采用冗余设计。

反应器气体进出口、浆液进出口均采用电动阀门控制，实现自动控制。

设置 1 台缓冲槽，用于贮存一级反应器排出的浆液，缓冲时间不低于 1h，缓冲槽设置密度测量装置。

（5）离心干燥包装系统

离心干燥包装系统设置 2 条处理能力不低于 2t/h 的离心、干燥生产线，包装设置一套小袋包装机系统、一套吨袋包装系统。

与浆液接触的管道及箱体设置冲洗设施，当排出管线不运行时，冲洗设施立即投入冲洗，本系统内的所有设备、箱罐、管道、阀门、泵能满足系统工艺要求和耐磨、耐腐蚀等性能。

（6）尾气处理系统

尾气处理系统设置 1 套，处理干燥机系统尾气、反应器尾气、设备排气等。

尾气吸收塔采用两级吸收，配套 2 台一级循环泵（1 用 1 备）、2 台二级循环泵（1 用 1 备），处理后排气 SO_2 浓度（标准状况）低于 $30mg/m^3$，塔顶排气送至烟囱排放。

（7）检修排空系统

设置一台检修槽，容量满足单个反应器检修排空时和其他浆液排空的要求，并作为系统重新启动时的晶种。

检修槽设检修返回泵一台，泵的容量按 2h 排空的浆液量考虑。

本装置的浆液管道和浆液泵等，在停运时需要进行冲洗，其冲洗水就近收集在厂房内设置的集水坑内，然后用泵送至检修槽或反应器系统。

(8) 其他

相关杂用气和仪器用压缩空气，钢结构、楼梯、平台，管道和附属件，保温、油漆、隔声和防腐等按系统需求进行配置。

本装置各系统设备情况见表 9-13。

表 9-13　设备清单一览表

序号	设备名称	规格型号	单位	数量
一		预处理系统		
1	洗涤塔	顶部带湿电,FRP	台	1
2	一级洗涤泵	离心式,全塑型耐磨泵	台	2
3	污水排出泵	螺杆泵	台	2
4	二级洗涤槽	FRP	台	1
5	二级洗涤泵	离心式,全塑型耐磨泵	台	2
二		SO_2 输送系统		
1	分液罐	FRP	台	1
2	排液泵		台	2
3	SO_2 风机	罗茨式	台	2
三		污水中和系统		
1	污水罐	FRP	台	1
2	污水罐搅拌器	顶进式	台	1
3	污水输送泵		台	2
四		检修排空系统		
1	检修槽	FRP	台	1
2	检修泵		台	1
3	地坑泵		台	1
4	地坑搅拌器	顶进式	台	1
五		纯碱系统		
1	纯碱储仓		台	1
2	纯碱储仓流化风加热器		台	1
3	纯碱浆液罐	FRP	台	1
4	纯碱浆液罐搅拌器	顶进式	台	1
5	纯碱输送泵	304	台	2
6	母液槽	FRP	台	1
7	母液槽搅拌器	顶进式	台	1
8	母液泵		台	2
六		反应器系统		
1	一级反应器	反应釜式,带搅拌器,不锈钢	台	2
2	二级反应器	吸收器式,FRP	台	1
3	二级吸收循环泵	2205	台	2
4	二级脉冲悬浮泵	2205	台	2
5	三级反应器	吸收器式,FRP	台	1
6	三级吸收循环泵	2205	台	2
7	三级脉冲悬浮泵	2205	台	2

序号	设备名称	规格型号	单位	数量
七		离心分离系统		
1	缓冲槽	FRP	台	1
2	缓冲槽搅拌器	顶进式	台	1
3	离心机给料泵		台	2
4	离心机		台	2
5	干燥机系统		台	2
6	包装机系统		台	2
八		尾气处理系统		
1	尾气吸收塔	FRP	台	1
2	尾吸一级循环泵		台	2
3	尾吸循环槽	FRP	台	1
4	尾吸二级循环泵		台	2
5	集气风机		台	2

9.2.3.7　性能保证及设备参数

在设计工况下达到如下技术指标：

（1）产品保证

焦亚硫酸钠产品优于或等于《工业焦亚硫酸钠》（HG/T 2826—2008）中一等品的质量要求。

（2）废气出口 SO_2 排放浓度保证

正常工况 40%～100%负荷内，系统残余废气中 SO_2 排放浓度（标准状态）不高于 $30mg/m^3$。

（3）消耗定额

主要原料和动力消耗指标见表 9-14。

表 9-14　主要原料和动力消耗指标

序号	名称	单位	消耗定额	备注
1	纯碱	t/t焦亚硫酸钠	563	折纯
2	SO_2	t/t焦亚硫酸钠	707	折纯
3	电	kW·h/t焦亚硫酸钠	142	
4	蒸汽0.8MPa	t/t焦亚硫酸钠	0.3	
5	新鲜水	t/t焦亚硫酸钠	1.4	

（4）可靠性保证

主系统年运行时间不低于 7920h，系统与主装置同步率 100%。

9.2.4　工程实施

9.2.4.1　工程概况

（1）工程规模

本活性炭再生气体制焦亚硫酸钠装置的年设计产能为 1.2 万吨焦亚硫酸钠，二氧化硫处理能力（标准状况）400m³/h，对应处理混合气体能力 3200m³/h。

(2) 工程概要

利用活性炭脱硫脱硝再生气体，先进行预处理净化，制得干净合格的 SO_2 工艺气体，用于生产焦亚硫酸钠产品。利用活性炭再生气体制焦亚硫酸钠装置，通过构建三组系统：活性炭再生气预处理系统、一套焦亚钠产品制备系统及一套尾气处理系统，实现高浓度 SO_2 气体的资源化回收再利用。

9.2.4.2 项目管理组织机构和人员配置

本工程项目管理组织机构为项目经理负责制。项目经理对公司主管负责人负责，公司各业务管理部门为项目施工提供技术保障支持。

项目经理部全面负责整个工程的安全、质量、进度和成本控制；管理层设工程管理组、设计组、采购组、现场服务组和专家组，负责项目部各项的管理工作；操作层由拟选定的建安、防腐等方面具体实施。施工组织机构见图 9-17。

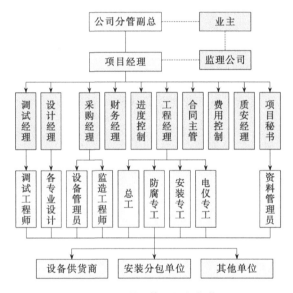

图 9-17 项目管理组织机构

9.2.4.3 施工所用的标准及规范

施工所用的标准及规范为国家和地方现行的标准、规范及其他技术文件。所有安装供货的材料和设备的安装符合相关的中国标准、规定、规范及法律，以及供货商所在国的标准、卖方提交装置安装中采用的所有标准、规定及相关标准。河北邢台某钢厂焦亚硫酸钠施工时采用的标准包括：

《回转动力泵 水力性能验收试验1级、2级和3级》（GB/T 3216—2016）；

《机械设备安装工程施工及验收通用规范》（GB 50231—2009）；

《工业金属管道工程施工规范》（GB 50235—2010）；

《现场设备、工业管道焊接工程施工规范》（GB 50236—2011）；

《电气装置安装工程 低压电器施工及验收规范》（GB 50254—2014）；

《电气装置安装工程 起重机电气装置施工及验收规范》（GB 50256—2014）；

《电气装置安装工程 爆炸和火灾危险环境电气装置施工及验收规范》（GB 50257—2014）；

《电气装置安装工程　质量检验及评定规程　第16部分：1kV 及以下配线工程施工质量检验》（DL/T 5161.16—2018）；

《电气装置安装工程　质量检验及评定规程　第17部分：电气照明装置施工质量检验》（DL/T 5161.17—2018）；

《气体灭火系统施工及验收规范》（GB 50263—2007）；

《风机、压缩机、泵安装工程施工及验收规范》（GB 50275—2010）；

《施工现场临时用电安全技术规范（附条文说明）》（JGJ 46—2005）；

《电气装置安装工程　母线装置施工及验收规范》（GB 50149—2010）；

《工业金属管道工程施工规范》（GB 50235—2010）；

《钢结构工程施工及验收规范》（GB 50205—2001）；

《钢结构高强度螺栓连接技术规程》（JGJ 82—2011）；

《建筑施工扣件式钢管脚手架安全技术规范》（JGJ 130—2011）；

《建设工程文件归档规范》（GB/T 50328—2014）；

《电气装置安装工程　高压电器施工及验收规范》（GB 50147—2010）；

《电气装置安装工程　电缆线路施工及验收标准》（GB 50168—2018）；

《电气装置安装工程　接地装置施工及验收规范》（GB 50169—2016）；

《电气装置安装工程　旋转电机施工及验收标准》（GB 50170—2018）；

《电气装置安装工程　盘、柜及二次回路接线施工及验收规范》（GB 50171—2012）；

《电气装置安装工程　电力变流设备施工及验收规范》（GB 50255—2014）；

《电力建设施工技术规范　第4部分：热工仪表及控制装置》（DL 51904—2012）；

《工业设备及管道防腐蚀工程施工规范》（GB 50726—2011）；

《建设项目工程总承包管理规范》（GB/T 50358—2017）。

9.2.4.4　施工综合进度

（1）工程里程碑计划

本项目工程里程碑计划见表9-15。

表9-15　工程里程碑计划

序号	里程碑	时间节点（合同签订后）	备注
1	完成初步文件设计	20 天	
2	完成设备加工图纸及采购清册	30 天	
3	完成原材料采购及设备制作	40 天	
4	所有土建交安	60 天	不含
5	塔、支撑钢结构、罐、泵安装就位	75 天	
6	管路、仪表、阀门安装完毕	95 天	
7	所有机械设备安装完毕	105 天	
8	所有电气、仪控设备安装完毕	105 天	
9	系统受电	105 天	
10	系统单试完成	108 天	
11	保温、伴热、外防腐结束	112 天	
12	系统联动试运转	115 天	

续表

序号	里程碑	时间节点 （合同签订后）	备注
13	系统进入试运行	120 天	
14	系统完成试运行	120 天	
15	总工期	120 天	

（2）劳动力安排计划

本项目综合劳动力和主要工种劳动力安排计划见表 9-16。

表 9-16　综合劳动力和主要工种劳动力安排计划

项目	施工进度			
	第一个月	第二个月	第三个月	第四个月
电工			2	2
焊工		4	8	8
管道工			6	8
钳工			2	2
油漆工、保温工				6
起重工			2	2
架子工		6	6	2
管理人员		2	2	2
调试员			1	4
合计	0	12	29	36

（3）施工总平面布置

① 施工总平面布置是根据厂区总平面布置图、工程施工要求、场地地势、地形条件及工程设计特点、施工单位的施工能力等因素加以综合考虑。

② 施工场地的布置按布局紧凑合理、节约用地、便于施工的原则，并满足施工生产要求和利于管理的需要来进行。

③ 合理组织交通运输，使各个施工阶段都能做到交通方便，运输通畅，尽量减少二次搬运和反向运输。

④ 按施工流程划分施工区域，从整体考虑，使各专业和各工种之间互不干扰、便于管理。

⑤ 满足有关规程的安全、防洪排水、防火及防雷的要求。

⑥ 努力减少或避免临建的拆除和场地搬迁，施工道路考虑永临结合。

（4）施工总平面管理

① 按业主批准的施工总平面布置所规划的场地、搭设临时建筑和临时设施。

② 在现场交通主干道上不准任意停放车辆、堆放各类材料设备及其他物品，保持道路畅通，尤其要注意留出消防通道。

③ 运输建筑材料、各类废弃物的车辆，采取有效措施，防止各类废弃物的飞扬、洒落或流溢，保证行驶中不污染道路和环境。

④ 未经审批许可，不任意占用场地，在道路两侧严禁堆物及搭设临时建筑。不准任意开挖道路和擅自切断水管、电源和其他管道。

⑤ 施工现场设置集中废铁堆场，废油及各类废弃物的堆场。

⑥ 施工地域按规定四周设立围栏，施工地与非施工地要严格分隔；施工地域或危险区域有醒目的警示标志，并采取安全保护措施。

⑦ 设立材料堆放场地、待装设备堆放场地、废料堆放场地。各类材料、物品在固定场地内堆放整齐。

⑧ 工地按防汛要求，设置连续通畅的排水设施和其他应急设施，防止泥浆污水、废水外流或堵塞下水道和排水河道。

⑨ 在施工现场醒目位置设置"五牌一图"。

9.2.4.5 施工能力供应

(1) 供水

1）施工工程用水量

根据经验公式计算：安装工程施工用水，考虑吸收塔等设备水试验阶段用水高峰期，选定 $q_1 = 5L/s$。

2）施工现场生活用水量

计算公式：

$$q_2 = \frac{PNK}{t \times 8 \times 3600} \tag{9-12}$$

式中　q_2——施工现场施工用水量，L/s；

　　　P——施工现场高峰昼夜施工人数；

　　　N——施工现场生活用水定额，20L/(人·班)；

　　　K——现场生活用水不均衡系数，一般取 1.30～1.50；

　　　t——每天工作班数。

$$q_2 = \frac{100 \times 20 \times 10}{2 \times 8 \times 3600} L/s \approx 0.35 L/s \tag{9-13}$$

3）消防用水

$$q_3 = q_1 = 5L/s \tag{9-14}$$

4）管径计算

① 施工用水管径

总干管：

$$D = \sqrt{\frac{4Q \times 1000}{\pi \times V}} \tag{9-15}$$

式中　D——总管直径，mm；

　　　Q——耗水量，L/s；

　　　V——管网内流速，m/s。

$$D_{总} = \sqrt{\frac{4 \times 5 \times 1000}{3.14 \times 1.7}} mm = 61mm \tag{9-16}$$

取 DN50 管。

② 生活用水管径选用 1"镀锌管"

5）现场施工用水、消防用水及施工现场施工用水管网布置

施工总管从业主方指定的主管上引出，并分别引至施工场地。现场生活用水从生活水支管上引出，根据用水量采用水管引至项目指挥部。施工现场消防水可在已装好的消防水管上接管引水，作为消防用水。消防栓 DN65 布置为：施工现场布置 1 只，组合加工场布

置2只；施工办公区、仓库区和设备堆放区各配置1只。

（2）供电

根据施工总平面规划布置情况，施工现场可划分为两个主要施工用电区，即施工用电区、制作场地用电区。两个用电区采用一个配电变压器，用电负荷统计见表9-17。

表 9-17 用电负荷统计

序号	用电负荷名称	容量/kW	数量/台（项）	综合需用系数	计算功率/kW
1	电焊机	10	6	0.3	18
2	卷扬机	50	1	0.3	15
3	泵类	2	2	0.25	1
4	空压机	60	1	0.2	12
5	项目部	40	1	0.5	20
6	照明	20	1	0.5	10
7	其他	20	1	0.2	4
8	合计				80

9.2.4.6 施工方案

本项目基本为模块化设备，现场采取整体吊装就位、固定，现场配管组合对接。设备、管道安装完毕后安装电气仪表。之后单机调试、消漏，水联运、消漏、补缺，再到保温外防腐。

① 以洗涤塔、尾气吸收塔、反应釜、母液罐、干燥机等建造安装为关键控制路线，往前要求建筑开工日期，往后为烟道、电气、自控、管道专业进度标志。

② 根据工程施工特点及现场实际情况，吸收塔、事故浆池、部分烟道等主要非标设备拟采用组合安装的施工方法。充分利用施工场地，周密安排施工顺序，确保工程的总体施工进度。

③ 吸收塔安装采用正装法，用吊车进行吸收塔的安装。吸收塔主体安装完毕（封顶）后，开始事故浆液罐、工艺水箱及其他工艺设备的安装。

9.2.4.7 工程运行情况

本工程于2019年7月建成调试投产，投料试车一次成功，装置产量、产品回收率、产品质量、装置能耗等各方面均达到或优于保证值，实现了污染物 SO_2 的高效资源化循环利用。本项目产品库房、产品和厂房情况分别见图9-18、图9-19和图9-20。

图 9-18 产品库房

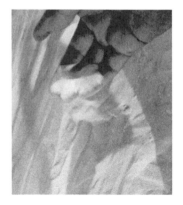

图 9-19 焦亚硫酸钠产品

图 9-20　工程厂房外景图

9.3　山东临沂某钢厂焦亚硫酸钠项目

9.3.1　项目概况

9.3.1.1　工程概况

山东临沂某钢厂 $500m^2$ 烧结机、$1.2×10^6 t/a$ 球团烟气净化工程，烟气经过活性炭吸附塔净化后由烟囱排放，吸附了污染物的活性炭经解吸塔解吸后循环利用，解吸塔出来的富含 SO_2 气体送至焦亚硫酸钠系统制取焦亚硫酸钠。年运行时间为 7920h。

9.3.1.2　自然条件

(1) 常年风向、最小风向频率

冬季：WNW（西西北）。夏季：ESE（东东南）。最小风向频率为 3%，风向为 SW（西南）。最大风速 22m/s。

(2) 气温

常年平均气温 13.4℃，极端最高气温 41.4℃，极端最低气温－17.2℃，土壤最大冻结深度 24cm。

(3) 降水

常年平均降雨量 815.6mm，年最大降水量 1143.4mm。降雨天数 83.7d，降雪天数 12.6d。最大积雪深度 25mm。

(4) 主要计算数据

地震作用：抗震设防烈度为 8 度（0.20g）。基本风压：$0.40kN/m^2$。基本雪压：$0.40kN/m^2$。

9.3.1.3　基础数据和设计条件

焦亚硫酸钠系统入口烟气来自烧结烟气干法脱硫脱硝净化系统再生塔出口，气体参数见表 9-18。

本项目有两套活性炭烟气净化，表 9-18 为单套烟气净化系统富硫气体成分表（最大值），合计 2 套。

表 9-18 单套烟气净化系统富硫气体成分表（标准状态下最大值）

序号	项目	数值	体积占比	备注
1	烟气量/(m^3/h)	3627.8	100.0%	
2	SO_2/(kg/h)	1492.58	14.4%	波动范围 2%～18%
3	SO_3/(kg/h)	25.91	0.2%	
4	NH_3/(kg/h)	15.14	0.6%	
5	HCl/(kg/h)	47.24	0.8%	
6	HF/(kg/h)	3.24	0.1%	
7	CO_2/(kg/h)	292.17	4.1%	
8	N_2/(kg/h)	1877.39	41.4%	
9	H_2O/(kg/h)	1107.77	38.0%	
10	粉尘/(kg/h)	7.26	2000.00mg/m^3	
11	Hg/(kg/h)	0.19	51.00mg/m^3	
12	温度/℃	400.00		波动范围 320～400℃

9.3.1.4 原料

采用纯碱作为反应原料。该项目投产时要求纯碱品质必须满足《工业碳酸钠及其试验方法 第 1 部分：工业碳酸钠》（GB 210.1—2004）［该标准目前已废止，现行标准为《工业碳酸钠》（GB/T 210—2022）］一等品要求。

9.3.1.5 产品规格

本装置生产的焦亚硫酸钠符合《工业焦亚硫酸钠》（HG/T 2826—2008）一等品及以上质量要求，见表 9-19。

表 9-19 工业级焦亚硫酸钠产品质量标准

序号	项目	指标	
		优等品	一等品
1	主含量（以 $Na_2S_2O_5$ 的质量分数计）/%	≥96.5	≥95.0
2	铁（以 Fe 的质量分数计）/%	≤0.005	≤0.010
3	砷（以 As 的质量分数计）/%	≤0.0001	—
4	水不溶物（以质量分数计）/%	≤0.05	≤0.05

9.3.2 工艺原理及系统流程

再生气体进入预处理两级洗涤净化系统，除去 SO_3、HCl、HF、粉尘等杂质后，再通过气液分离器除水，经二氧化硫风机送入焦亚硫酸钠反应系统。反应器系统采用三级吸收工艺，从第一级反应器产出焦亚硫酸钠浆液，反应完成的浆液排至缓冲槽中，经离心分离、干燥、包装形成袋装产品。反应尾气和干燥尾气接管引至脱硫脱硝系统增压风机入口烟道（接口烟道挡板门前）。离心机母液返回至配液槽，浆液经过加碱后再次具备吸收二氧化硫的能力，然后打至第三级反应器，再依次进入第二级反应器、第一级反应器中，最终在第一级反应器中达到最大反应程度，如此进行循环。

焦亚硫酸钠的生成过程中伴随放热和吸热，主要形成过程可以简化为以下 3 步：

① 碳酸钠粉末溶解配制碳酸钠溶液，此过程属于物理变化，不涉及化学反应。溶解

过程吸热，因此溶解过程可以适当加热，增加其溶解速率。

② 碳酸钠吸收二氧化硫，生成亚硫酸钠，最终绝大部分亚硫酸钠转化为亚硫酸氢钠，分别见式(9-17)、式(9-18)，此过程为放热反应。

$$Na_2CO_3 + SO_2 \longrightarrow Na_2SO_3 + CO_2 \tag{9-17}$$

$$Na_2SO_3 + SO_2 + H_2O \longrightarrow 2NaHSO_3 + CO_2 \tag{9-18}$$

③ 浆液中出现亚硫酸氢钠结晶，通过离心机实现固液分离。固料去干燥系统干燥得到焦亚硫酸钠成品，母液则返回到配碱槽加碱中和使其重新具有吸收二氧化硫的能力，浆液实现循环。

$$2NaHSO_3 \longrightarrow Na_2S_2O_5 + H_2O \tag{9-19}$$

$$Na_2CO_3 + 2NaHSO_3 \longrightarrow 2Na_2SO_3 + CO_2 + H_2O \tag{9-20}$$

式(9-18)中吸收一分子水，式(9-19)又生成一分子的水，因此从反应本身看水是平衡的，每次湿料会带走少量的水进入干燥管中。从长期来看焦亚硫酸钠系统需要补充少量的水。

9.3.3 系统设计

9.3.3.1 设计数据表

① 处理 SRG 烟气量（标准状况）：7255m^3/h（SO_2 体积分数为 14.4%，波动范围 2%～18%）。

② 焦亚硫酸钠产量（理论）：约 34918t/a。

③ 纯碱耗量（理论）：19677t/a。

④ 装机功率：1283kW，其中备用 332kW。

⑤ 工艺新水：2m^3/h。除盐水：2m^3/h。生活水：0.1（间断）m^3/h，0.15MPa 以上。循环冷却水：260t/h，进水 33℃，出水 43℃。

⑥ 压缩空气耗量（标准状况）：200m^3/h。压力：0.5MPa。

⑦ 蒸汽耗量（0.8MPa）：1.6t/h。

⑧ 尾气气量（标准状况）：31000m^3/h。主要成分见表 9-20。

表 9-20 尾气主要成分

序号	项目		参数
1	主要成分	N_2/%	72.91
2		O_2/%	17.01
3		H_2O/%	9.03
4		CO/%	0.09
5		CO_2/%	0.96
6	污染物	SO_2(标准状况)/(mg/m^3)	≤35
7		粉尘(标准状况)/(mg/m^3)	≤10

9.3.3.2 主要设备清册

主要设备清册见表 9-21。

表 9-21　主要设备清册

序号	设备名称	规格型号	单位	数量
一		预处理系统		
1	一级洗涤塔	ϕ2.5m,合金＋特殊内衬非金属材料＋高温耐氟耐酸 FRP,含各类内构件	台	1
2	一级洗涤泵	$Q=100m^3/h$,氟塑料泵	台	2
3	污水排出泵	$Q=10m^3/h$,全塑型耐磨泵	台	2
4	二级洗涤塔	ϕ2.5m×2.0m,特殊内构件,FRP,含各类内构件	台	1
5	二级洗涤泵	$Q=200m^3/h$,全塑型耐磨泵	台	2
6	二级换热器	换热量 2200kW,254SMO	台	1
7	三级高效脱水塔	ϕ1.5m,FRP,含各类内构件	台	1
8	脱水循环泵	$Q=50m^3/h$,全塑型耐磨泵	台	2
9	脱水换热器	换热量 100kW,254SMO	台	1
10	冷水机	冷量 100kW,出水温度 10℃	台	2
11	预处理液下泵	$Q=10m^3/h$,全塑型耐磨泵	台	1
二		SO₂ 输送系统		
1	分液罐	$1m^3$,双相钢	台	1
2	电加热器	60kW,加热芯特殊材质,壳体 2205	台	1
3	二氧化硫风机	$Q=8000m^3/h$,25kPa,多级离心风机,316L,变频电机	台	2
三		检修排空系统		
1	检修槽	ϕ3.6m,2205,容积不小于 4 台反应器所有浆液的体积总数	台	1
2	检修槽搅拌器	ϕ3.6m,顶进式	台	1
3	检修泵	$Q=50m^3/h$,耐磨塑料	台	2
4	地坑泵	$Q=20m^3/h$,耐磨塑料,液下泵	台	2
5	地坑搅拌器	顶进式	台	1
四		纯碱系统		
1	纯碱储仓	$V=250m^3$,碳钢,含仓顶除尘器、流化板、泄爆阀、插板门等成套设备系统	台	1
2	纯碱储仓流化风加热器	电加热,碳钢	台	1
3	星形卸料器	DN200,304	台	2
4	螺旋输送器	DN200,304	台	2
5	纯碱浆液罐	ϕ3.0m,304	台	1
6	纯碱浆液罐搅拌器	ϕ3.0m,顶进式,304	台	1
7	纯碱输送泵	$Q=30m^3/h$,304	台	2
8	配碱槽	ϕ4.0m,2205	台	1
9	配碱槽搅拌器	ϕ4.0m,顶进式,叶片双相钢	台	1
10	补液泵	$Q=80m^3/h$,2205	台	2
五		反应器系统		
1	反应器	ϕ3.0m,双相钢	台	4
2	循环泵	$Q=250m^3/h$,双相钢	台	4
六		离心分离系统		
1	缓冲槽	ϕ3.6m,2205	台	1
2	缓冲槽搅拌器	ϕ3.6m,顶进式,叶片双相钢	台	1
3	离心机	5t/h,卧式螺旋离心机,多材质组合件	台	2
4	干燥机系统	5t/h,接触湿物料部分 316L,含鼓风机、加热器、风门、风道、文丘里、脉冲管、旋风分离器、除尘器、引风机等系统	台	1

续表

序号	设备名称	规格型号	单位	数量
5	成品料仓系统	5.0m³,304	台	1
6	吨袋包装机	5t/h,半自动,1t/袋	台	1
7	小袋包装机	5t/h,半自动,25kg/袋	台	1
8	包装机收尘系统	3500m³/h	台	1
七		尾气处理系统		
1	尾气一级洗涤塔	ϕ2.5m,含各类内构件,FRP	台	1
2	尾吸一级循环泵	$Q=250$m³/h,$H=20$m,耐磨塑料	台	2
3	尾气二级洗涤塔	ϕ2.5m,含各类内构件,FRP	台	1
4	尾吸二级循环泵	$Q=250$m³/h,$H=20$m,耐磨塑料	台	2
5	分液罐	ϕ0.8m×1.2m,FRPP	台	1
6	集气风机	$Q=3500$m³/h,4.5kPa,离心式,PP	台	2
7	密封风机	$Q=1000$m³/h,6.0kPa,离心式	台	1
八		工艺水系统		
1	除盐水箱	ϕ2.0m×3m,304	台	1
2	除盐水泵	$Q=60$m³/h,50m,304	台	2
3	机封水换热器	250kW	台	1
九		压缩空气系统		
	压缩空气缓冲罐	$V=1$m³,Q345R	台	1

9.3.4 副产焦亚硫酸钠系统对主装置的影响

焦亚硫酸钠系统对主装置的影响总体来说很小,主要风险因素有:

① 气路管道堵塞等情况导致再生塔内压力过高;

② 尾气流量不稳定会引起净化塔入口烟气压力轻微波动。焦亚硫酸钠装置见图 9-21。

图 9-21 焦亚硫酸钠装置

再生塔的富硫活性炭经过加热解吸,产生含有高浓度二氧化硫的再生气。再生气经过二氧化硫风机加压后送入焦亚硫酸钠装置的一级反应器（见图 9-22）,对其中的高浓度二氧化硫进行吸收。解吸和吸收过程发生在同一时间,焦亚硫酸钠装置和再生塔是同步运行的。如果焦亚硫酸钠装置的气路发生故障,会直接造成主装置的停运。因此保证气路通畅是焦亚硫酸钠装置运行的首要任务。

焦亚硫酸钠浆液经过离心机后固液分离,固体中还残余少量水分,需要通过干燥系统（见图 9-23）烘干变成成品。干燥系统采用气流干燥,使用热空气流将固体中的残余水汽带走,干燥空气经处理后又回到净化塔的前端,可能造成增压风机进口约 0.5kPa 压力波动,影响微弱,可以忽略不计。

图 9-22　一级反应器

图 9-23　干燥系统

9.3.5　工程实施及运行情况

9.3.5.1　系统调试

焦亚硫酸钠系统在正式运行之前需要进行气密性调试、单机调试、水联运调试。按步骤对系统进行测试和修正。

系统完成上述调试，即可认为已具备开车条件。当上游产生解吸气之后，即可按操作规程逐步开启整个系统。

9.3.5.2　系统运行

(1) 预处理岗位

本岗位主要任务是对再生气中绝大部分氟化物、氯化物、粉尘、氨及盐类物质进行洗涤吸收，经过洗涤后的净化气体送去吸收反应岗位。洗涤液循环到一定浓度，定期外排至废水罐，中和后再进行统一处理。

再生气由界外脱硫再生塔来，由于风机抽吸呈微负压状态。经一级洗涤塔、二级洗涤塔的洗涤液洗涤后，气体被送到气液分离器的进口，送入吸收反应岗位。一级洗涤塔的洗涤水由二级洗涤塔洗涤液补入，补充水使用工艺水。烟气在一级洗涤塔中与洗涤液进行热交换，温度被迅速冷却至 90℃ 以下，形成大量水汽随烟气进入二级洗涤塔。二级洗涤泵的出口由板式热交换器进行冷却，带走烟气的热量，将一、二级洗涤液控制在一个较低的温度区间。烟气先后经过一、二级洗涤塔，先对烟气进行洗涤，再经过板式热交换器进行冷却，降低再生气温度，进而降低气体含水量，可以减小对设备及管道的腐蚀。洗涤液达到一定浓度后，定时外排到废水罐进行加碱中和，将 pH 值调至 7 左右，然后统一处理。

开车步骤如下：

① 联系调度或值班长，脱硫再生气岗位等相关单位。

② 原始开车，给洗涤塔补入工艺水。正常开车，使用工艺水补入二级洗涤塔，然后再通过二级洗涤塔补入一级洗涤塔，注意控制液位。

③ 开启各泵的机封水，开启换热器。开启二级换热器的进水和回水，启动二级洗涤泵，实现二级洗涤循环。启动一级洗涤循环泵，实现一级洗涤循环。

④ 联系吸收反应岗位，启动二氧化硫风机，将相关阀门打开，通知再生气岗位可以向资源化系统进气。

正常操作方法如下：

① 再生气通入系统正常后，根据一级洗涤塔、二级洗涤塔，控制换热器的冷却水量。

② 定时将一级洗涤液外排到废水罐。

③ 调节好各塔罐槽的液位，根据后工序的需要，及时补入工艺水。

停车步骤如下：

① 联系相关单位和岗位。预处理系统准备停车。

② 将一级和二级洗涤塔的液位降到最低，将多余水外排至废水罐。

③ 联系再生气岗位和吸收反应岗位，可以切断再生气的进气阀，同时关闭该套装置的二氧化硫风机的进口阀，再生气与系统隔离。

④ 根据停车时间长短，决定是否依次停止二级洗涤泵、一级洗涤泵；若长时间停车需停止本套装置的循环冷却水。本系统停车完成。

⑤ 吸收反应岗位停止二氧化硫风机。

⑥ 长期停车，将罐内槽内溶液基本用完或排空，停止各泵，冲洗管道防堵。

⑦ 根据停车时间长短，决定是否拉掉电器电源。根据检修情况，配合检修。

（2）配碱岗位

本岗位主要任务是将配碱后的反应母液送至反应器继续吸收二氧化硫。

原始开车时，配液槽配碱使用除盐水，通过补液泵，将配制好的碱液输送到反应器 B、C，再将 B、C 反应器碱液打入到反应器 A，直到系统内的液位补足。正常开车时，配液槽搅拌器常开，补液泵正常大回流循环。母液从离心机、缓冲槽等处回流到配液槽，开启碱仓的底部手动阀，通过星形卸料阀，改变螺旋给料器旋向，缓慢将纯碱加入配液槽 A/B 中。每次加碱量为定量，控制好浆液的密度。

开车步骤如下：

① 联系调度或值班长，脱硫再生气岗位等相关单位。

② 原始开车，给配液槽补入除盐水，适当加热。正常开车，配液槽用母液配碱，无需加热，直接使用。

③ 启动补液泵打大回流循环，启动搅拌浆，开启螺旋输送机，开启星形卸料阀，缓慢给配液槽加入粉碱，制备合格的浆液。

正常操作方法如下：

① 根据母液回料情况，配好悬浮液，控制好浓度在 $1450 \sim 1550 kg/m^3$。

② 调节好液位，根据后岗位的需要，及时补水或母液。

停车步骤如下：

① 联系相关单位和岗位。

② 关闭补液泵进出口管道阀门。停止补液泵。

③ 根据停车时间长短，决定是否放空泵的回流管线和停止搅拌装置。

④ 长期停车，将罐槽内溶液基本用完，停止各泵、搅拌装置，关闭碱仓的底阀，清理下料线路里的粉料。

⑤ 根据停车时间长短，决定是否拉掉电器电源。

⑥ 根据运行情况，清洗配液槽内溶液，进塔入罐按检修要求。

⑦ 根据检修情况，配合检修。

(3) 反应吸收岗位

本岗位主要任务是将预处理岗位送来的净化再生气经气液分离器除去凝结水，送到二氧化硫风机，再经反应器 A、B、C 充分反应后，送到界区外。

具体流程如下：

① 利用碱液泵或配液泵来的溶液，与再生气逆流接触，生产含有焦亚硫酸钠结晶的浆液，去分离干燥包装岗位。

② 由二氧化硫风机将净化后的再生气，送到反应器 A/B/C 中，反应器共 3 台，通过控制程序，进入反应器 A，再通过反应器 B、C，将再生气中的二氧化硫充分吸收后，送到界区外。

③ 由集气风机来的收集气、气流干燥机的引风机来的干燥热风、反应器 C 的出口再生气，混合后排出。

④ 利用配液泵来的溶液，补入反应器 B/C，将再生气中二氧化硫吸收后，反应生成亚硫酸钠和亚硫酸氢钠的混合液，经反应器 A/B/C 吸收循环，在反应器 A（反应器 A 停运时，反应器 B 承担反应器 A 的功能）中，控制 pH 值生产焦亚硫酸钠，过饱和后结晶产出，在缓冲槽中提浓，然后去分离干燥包装岗位。

开车步骤如下：

① 联系调度或值班长、脱硫再生气岗位、配碱岗位预处理等相关岗位。各泵机封水即时开启，维持机封水压力稳定。

② 原始开车，给反应器 B/C 补入碱液。正常开车，用母液配碱后补入反应器 C 或反应器 B。

③ 开启集气风机。启动反应循环泵 D/C，将反应器 A/B 液位注入正常，启动反应器循环泵 A/B 程序控制。启动二氧化硫风机，给系统通入净化后的再生气，将二氧化硫输送到反应系统中。

④ 根据反应器 A/B 内浆液的温度和密度，将达到指标后浆液泵入缓冲槽，然后由反应器 B 或反应器 C（当反应器 B 出现故障，启动反应器 C 替代反应器 B）补入浆液。

正常操作方法如下：

① 再生气通入系统正常后，反应器 A（A 停运时，B 代替 A 功能）投入顺控程序；根据温度、密度、颜色决定反应器 A 的排料时间，根据液位进行控制排出阀和补液阀的开关。

② 反应器 B 的液位由反应器 C 循环泵支管补入；反应器 C 的液位由补液泵补入。两个配碱槽要及时配碱、保持液位，任何时候保证至少一个配碱槽可以立即投入补液。

③ 调节好各塔罐槽的液位，根据后工序的需要，及时补入溶液。监视反应器 C 出口的氧含量。

④ 正常检查各泵的机封水稳定，各风机运行稳定，各泵运行压力正常，电流正常。

⑤ 谨慎用冷水冲洗正在运行的浆液管线。

停车步骤如下：

① 联系相关单位和岗位。计划停车，按先开后停的原则，即先减少再生气，降低二氧化硫风机的频率，直到停止风机，再依据停车需要，确定是否逐步停车各循环泵。紧急停车，可在与脱硫再生气岗位联系后，同时停车，这样的情况不多见。此处按计划停车叙述。

② 将预处理岗位的一级和二级洗涤塔的液位降到最低，通过污水阀门排入到废水罐。联系再生气岗位，可以切断再生气的进气阀，同时关闭装置二氧化硫风机的进口阀，再生气与系统隔离。预处理岗位和反应器同时切断再生气。

③ 将反应器内的溶液降到最低，反应器 A 浆液排到缓冲槽准备出料，固料送去分离烘干包装，母液回配液槽贮存。

④ 等集气风机和气流干燥引风机将所有物料烘干，并确保各槽内基本没有二氧化硫释放时，可停止集气风机。

⑤ 将各槽各塔泵的溶液尽量回收到配液槽和缓冲槽，各泵停止后，关闭机封水，本套系统停车完成。

⑥ 长期停车，将塔内槽内溶液基本用完或者稀释到一定浓度，停止各泵，搅拌装置，冲洗管道防堵。

⑦ 根据停车时间长短，决定是否拉掉电器电源。

⑧ 根据检修情况，配合检修。

（4）分离干燥包装岗位

本岗位主要任务是将缓冲槽内的浆液经离心机进行固液分离，经气流干燥机烘干，经包装机包装入库。

具体流程如下：

① 离心机分离出的母液回配液槽，缓冲槽、离心机、包装机通过集气风机或干燥引风机收集逸出的气体，气流干燥机通过引风机输送热气流进行气流干燥。

② 由反应器排出的浆液，打到缓冲槽，由搅拌器搅拌。通过其底部的电动阀，送入卧式螺旋离心机进行固液分离。离心机分离出的湿固体，通过螺旋输送到气流干燥机。离心机分离出的母液通过位差，流入配液槽，经加碱调整 pH 值后，打入反应器 C

中,实现循环。离心机的排气,包装机的排气,缓冲槽的排气等通过集气风机,送尾气管道。

③ 气流干燥机由蒸汽加热器、气流干燥管、引风机和旋风分离器、布袋除尘器组成,空气经蒸汽加热器温度提高到120~160℃,由引风机通过气流干燥管引出,螺旋加料机输入湿料,在气流管内混合干燥,经旋风分离器和布袋除尘器分离出固体焦亚硫酸钠,进入成品料仓,由包装机包装入库。

开车步骤如下:

① 联系调度或值班长,开启各泵机封水,维持机封水压力稳定。

② 缓冲槽内有一定液位的浆液,启动搅拌器。

③ 启动集气风机,启动引风机及蒸汽加热器,待温度与压力正常后。启动离心机,启动螺旋输送机。整个干燥系统启动正常后,打开离心机进料电动阀,平稳进料,正常分离。母液自流去配碱槽,旋风分离器有料后开启星形卸料阀。

④ 成品料仓有料后,启动包装机,正常包装入库。

正常操作方法如下:

① 离心机是重点设备,启动时需确保平衡,并平稳运行,发现异常,即时排除。缓冲槽内料液密度太高,可能会堵塞离心机进料管,需经常巡检。气流干燥机维持负压运行,螺旋输送机与热风接触处易结块、堵塞,每次出料结束后进行检查并清理。气流干燥机底部易积料,需每次停机清理。焦亚硫酸钠不宜久放于空气中,需及时包装,防止氧化和结块堵塞。

② 集气风机功能有限,各处负压需相应调整,防止靠近风机的集气点负压大,而远离集气风机的负压小或正压。

③ 应注意离心机进料后,需巡检干燥机进料绞龙、旋风分离器,判断旋风分离器底部是否顺畅出料,如旋风分离器下料不畅或堵塞,要及时停离心机进料,然后停干燥机系统,对旋风分离器进行清理。

停车步骤如下:

① 缓冲槽的浆液用完时可以停车,如果缓冲槽的容积和反应器A的反应时间允许,也可以临时停车。

② 关闭离心机的给料阀,停止离心机离心分离,进行冲洗;冲洗时严禁离心机的固体出料口有溶液进入螺旋输送机;等螺旋输送机没有物料后,延时5min停止蒸汽加热器的蒸汽,停止螺旋输送机,再延时5min后,停止引风机,停止旋风分离器的卸料阀和布袋除尘器。集气风机一般不停止。

③ 包装机无料则可以停止包装,有料必须排放干净,避免板结。

④ 长期停车,将塔内槽内溶液基本用完,停止各泵、搅拌装置,冲洗管道防堵。

⑤ 根据停车时间长短,决定是否拉掉电器电源。

⑥ 根据检修情况,配合检修。

图9-24~图9-26分别为预处理系统、反应系统和干燥系统的运行画面。

图9-27~图9-30分别为生产现场车间外部、车间内部、包装车间和仓库的实景情况。

(5) 三废的处理

装置"三废"排放情况见表9-22。

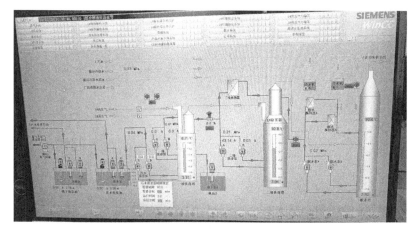

图 9-24 预处理系统

图 9-25 反应系统

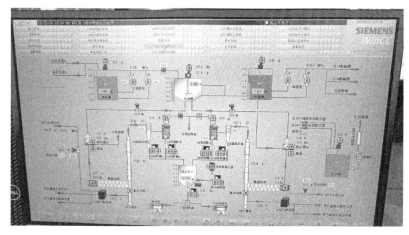

图 9-26 干燥系统

图 9-27　车间外部

图 9-28　车间内部

图 9-29　包装车间

图 9-30　仓库

表 9-22　装置"三废"排放情况

名称	污染物来源	排放方式	组成、特性	治理措施及最终去向	排放标准
含二氧化硫尾气	三级吸收器未吸收完全的二氧化硫气体	连续	气量(标准状况):1500m³/h。组成:二氧化硫,其余为氮气、氧气、水蒸气、二氧化碳	尾气塔处理后向净化塔前端排放	极低的二氧化硫及粉尘排放
焦亚硫酸钠干燥尾气	焦亚硫酸钠分解的二氧化硫气体	间断	组成:氮气、二氧化硫、少量的水蒸气	尾气塔处理后向净化塔前端排放	极低的二氧化硫及粉尘排放
槽罐乏气	分散性二氧化硫气体	间断	气量:3500m³/h。组成:少量二氧化硫,其余为氮气、氧气	统一收集经尾气塔处理后向净化塔前端排放	极低的二氧化硫及粉尘排放
生产装置噪声	搅拌、离心机、泵类、风机	间断	60~70dB(A)	选择符合国家环保标准的设备,安装消声器设隔音室,使操作人员置于低噪声环境	使工作环境噪声低于 60dB(A),达到 GB 12348 标准
冲洗水	地坪冲洗水	间断	1~2m³/d,含 NaHSO₄ 约 0.1%~5%	污水罐废水集中处理	地面清扫干净
风管料、地脚灰	清理干燥风管料、包装灰尘、撒落物料	间断	物料量:20kg/d。组成:焦亚硫酸钠、亚硫酸钠	加入焦亚硫酸钠配碱槽,然后返回焦亚硫酸钠系统	加强现场管理、确保现场干净、整洁

9.3.6　技术经济分析

本工程项目经济指标见表 9-23。

表 9-23　本工程项目经济指标

序号	项目	年消耗量	单位	单价/元	费用/(万元/a)
一、原材料					
1	除盐水	13500	t/a	5.00	6.75
2	工艺水	6000	t/a	2.00	1.2
3	循环冷却水	2080000	t/a	0.15	31.2

续表

序号	项目	年消耗量	单位	单价/元	费用/(万元/a)
一、原材料					
4	仪用压缩空气	1225000	m³/a	0.15	18.38
5	电	4050000	kW·h/a	0.65	263.25
6	蒸汽	3300	t/a	120	39.6
7	纯碱	19677	t/a	1300	2558.01
8	包装袋	35000	个/a	25	87.5
合计					3005.89
二、产品产值					
1	焦亚硫酸钠		t/a	1250	34000	4250
三、其他费用					
1	设备检修费				80
2	人工费				130
合计					210
四、年效益					
1034.11 万元/a					
五、吨产品利润					
304.15 元/t					

9.4 河南周口某钢厂焦亚硫酸钠项目

9.4.1 项目概况

9.4.1.1 项目概述

河南周口某钢铁厂265m² 烧结机烟气活性炭（焦）脱硫脱硝再生气制备焦亚硫酸钠及其废水处理装置。

9.4.1.2 建设条件

(1) 气象条件

1）气温

年平均温度14.8℃；夏季最高气温41.4℃（平均29.9℃）；冬季最低气温−16℃（平均2.6℃）。

2）相对湿度

年平均绝对湿度73%；夏季平均相对湿度70%，最高92%（2018-02-28）；冬季平均最高值80.6%，最高96%（2018-08-14）。

3）降水

最大降水量1453.8mm；多年平均降水量817.9mm；日最大降水量324.6mm。

4）风向、风速

厂区全年主导风向为西北、西南及西；年平均风速2.6m/s；冬季平均风速2.2m/s；夏季平均风速3.2m/s；历年瞬时最大风速29m/s。

(2) 地震动参数

根据《中国地震烈度区划图》，该场地位于地震基本烈度Ⅵ度区，地震加速度为

0.05g，抗震设防烈度为Ⅵ度。

9.4.2　工艺原理及系统流程

9.4.2.1　工艺原理

① 在碳酸钠溶液中通入 SO_2 至 pH 值为 4.1，生成亚硫酸氢钠，反应式如下：

$$Na_2CO_3 + 2SO_2 + H_2O \longrightarrow 2NaHSO_3 + CO_2 \tag{9-21}$$

② 亚硫酸氢钠溶液中再加碳酸钠调至 pH 值为 7～8 ，即转化为亚硫酸钠，反应式为：

$$Na_2CO_3 + 2NaHSO_3 \longrightarrow 2Na_2SO_3 + CO_2 + H_2O \tag{9-22}$$

③ 亚硫酸钠再与 SO_2 反应至 pH 值达 4.1，又生成亚硫酸氢钠溶液，其反应式为：

$$Na_2SO_3 + SO_2 + H_2O \longrightarrow 2NaHSO_3 \tag{9-23}$$

④ 亚硫酸氢钠脱水缩合成焦亚硫酸钠结晶，反应式如下：

$$2NaHSO_3 \longrightarrow Na_2S_2O_5 + H_2O \tag{9-24}$$

⑤ 总反应式为：

$$Na_2CO_3 + 2SO_2 \longrightarrow Na_2S_2O_5 + CO_2 \tag{9-25}$$

9.4.2.2　系统流程

(1) 预处理系统

预处理系统的功能为降低再生气体温度，并除去再生气体中除 SO_2 外的杂质。

主要设备包括高效洗涤塔、一级洗涤泵、污水排出泵、二级洗涤塔、二级洗涤泵、板式换热器等。预处理系统具体设备根据工艺进行设定，易故障或关键设备均设备用。一级洗涤塔采用玻璃钢及其他不耐高温的材质，装有突然停电状态下设备的保护措施。预处理系统见图 9-31。

图 9-31　预处理系统

(2) SO_2 输送系统

此输送系统主要功能是为再生气提供动力，将再生塔内的再生气送入后续工段，克服系统阻力。SO_2 输送风机设置 2 台，1 用 1 备，单台流量按 120% 选型，压头按 115% 选型。风机拥有回流措施、加热措施、滤网、液体分离措施等设备。SO_2 输送风机采用变频控制,以满足负荷变化需求。

(3) 制焦亚硫酸钠工段

预处理后烟气经过二氧化硫风机,进入对应的焦亚硫酸钠工段。结合工艺,系统中易发生故障部分设置备用。

(4) SO_2 反应系统

本项目采用三级反应工艺设计,经过预处理后含 SO_2 的气体依次经过一级、二级、三级反应器,反应器有备用。在保证焦亚硫酸钠系统设备材质要求的前提下,所有接触含固浆液的材料均能适用于不小于 20g/L 的氯离子浓度及防磨要求;所有可能接触溶液的泵材料也可适于不小于 20g/L 的氯离子浓度要求。

每个反应器本体上配置温度计、pH 计、密度计、液位计等,重要仪表采用冗余设计。设置 1 台缓冲结晶槽,用于贮存一级反应器排出的浆液,缓冲时间大于 1h。反应器放料能实现自动化,无需人工干预。SO_2 反应系统见图 9-32。

图 9-32 SO_2 反应系统

(5) 离心干燥系统

离心机设备采用一用一备,采用卧式螺旋离心机,主要接触部件材质为不低于 316L 不锈钢。设置 1 条不小于设计量的干燥包装生产线,充分考虑备用。焦亚硫酸钠系统要考虑干燥系统检修时的应急措施。干燥系统要实现自动化控制。

干燥系统采用气流干燥,包括送风机、加热器、干燥管、二级收料系统、干燥风机、下料系统和成品仓等系统,其中二级收料系统中的一级采用旋风设备,二级采用完整的布袋收料系统,布袋除尘器壳体及花板等接触材质采用 304 材质,布袋采用全 PTFE＋覆膜材质,袋笼材质采用 304 材质。离心干燥系统见图 9-33、图 9-34。

(6) 包装系统

大袋包装系统:吨袋包装机系统 1 套。仓库有防潮、防积水等措施。见图 9-35。

(7) 尾气处理系统

尾气处理系统包含处理干燥机系统尾气、反应器尾气、设备排气、空间集气等。经尾吸塔顶排气送至活性炭脱硫系统的增压风机入口,尾气管道采用玻璃钢材质。见图 9-36。

尾气处理系统的易故障或关键设备采用一用一备。

图 9-33 离心干燥系统一

图 9-34 离心干燥系统二

图 9-35 包装系统

图 9-36 尾气处理系统

(8) 纯碱贮存、制备和供应系统

本项目采用纯碱作为原料,设置 1 套满足 5d 用量的纯碱储仓,业主外购的纯碱粉末通过罐车卸料至纯碱粉仓,通过输粉管道将碱粉送至碱仓内贮存。纯碱贮存、制备和供应系统包括纯碱储仓、仓顶除尘器、卸料阀、螺旋输送机、配碱槽、输送泵等。配碱给料采用称重精确给料方式,避免配碱槽溢流。

(9) 检修排空系统

设置一台检修槽,容量满足反应系统检修排空时和其他浆液排空的要求,容积可满足4 台反应器所有浆液的体积总数,并作为系统重新启动时的晶种。

本装置的浆液管道和浆液泵等,在停运时需要进行冲洗,其冲洗水就近收集在厂房内设置的集水坑内,然后用泵送至检修槽或反应器系统。

9.4.3 系统设计

焦亚硫酸钠系统入口烟气来自烧结烟气改造干法脱硫脱硝净化系统再生塔出口,气体参数见表 9-24。

表 9-24 再生塔出口气体参数

项目		参数				备注
		低负荷	中负荷	高负荷	波动范围	
入口气体组分	SO_2/%	10.3	14.5	18.3	9.0~20	系统启停时 SO_2 含量很低
	SO_3/%	0.12	0.17	0.18	0~0.5	
	HF/%	0.2	0.15	0.1	0~0.4	
	HCl/%	0.7	0.6	0.5	0~1.0	
	CO_2/%	5.9	8.4	9.1	0~12.7	
	NH_3/%	1.6	2.24	2.45		
	CO/%	0.06	0.08	0.1	0~1	
	H_2O/%	26.2	36.2	45.17	0~45	
	N_2/%	54.92	37.66	24.1		
	合计/%	100	100	100		
入口气体中 SO_2 流量(标准状况)/(m³/h)		150	300	450		
入口气体温度/℃		380				350~420
入口含尘浓度(标准状态)/(mg/m³)		约 2000				含活性炭粉

设计建造一座焦亚硫酸钠车间，生产焦亚硫酸钠，产品执行工业级焦亚钠（HG/T 2826—2008）（一等品及以上）产品质量指标。焦亚硫酸钠设计能力为1.2万吨/年。

本装置主要包括：再生气体预处理系统，SO_2输送系统，检修排空系统，纯碱储存、制备和供应系统，反应系统，离心脱水系统，干燥系统，包装贮存系统，尾气处理系统，电气设备，仪表及控制设备等。

焦亚硫酸钠工艺的主要系统情况如下：

（1）再生气预处理系统

利用工艺水的加入，脱硫再生气中绝大部分氟化物、氯化物、粉尘、氨及盐类物质被洗涤液吸收。烟气经过一级洗涤塔、二级洗涤塔、三级脱水塔后净化，同时被冷却后，送吸收反应岗位。洗涤液循环到一定浓度，定时或定量通过排出泵，送污水处理岗位进行处理。

（2）纯碱储存、制备和供应系统

一是将纯碱用除盐水配制成纯碱浆液，通过纯碱浆液泵输送到尾气洗涤系统和废水处理系统；二是将纯碱用焦亚硫酸钠母液配制成过饱和溶液，通过配碱泵打到三级反应器参与反应合成。

（3）SO_2输送和反应系统

二氧化硫风机抽吸预处理岗位处理的净化再生气，送至一级反应器、二级反应器、三级反应器，最后通过尾气洗涤塔洗涤达标，送到界区外。一、二、三级反应器利用补液泵来的溶液，与再生气逆流接触，生产含有焦亚硫酸钠结晶的浆液，去离心干燥包装岗位。

（4）离心、干燥、包装贮存系统

将缓冲槽内的浆液经离心机进行固液分离，经气流干燥机烘干，再经包装机包装入库。离心机分离出的母液去母液槽，缓冲槽、离心机逸出的气体被及时抽走，气流干燥机通过干燥引风机提供气流，再经过蒸汽加热器进行物料干燥。干燥后的物料去成品料仓准备包装。

本项目采用纯碱作为原料，设置1套纯碱储仓，满足不低于7天用量，满足罐车经气力输送至纯碱储仓。

系统设置检修罐，满足各部位罐（槽）检修排空，且满足白班出料，夜间循环临时储存的要求。检修罐满足不小于单个最大反应器容积的2倍。

反应器设置为3+1形式，100%负荷情况启用3个反应罐，设计最大负荷时保证有1个随时具备备用能力。反应器中3+1个反应罐能任意组合保证正常使用。

从反应器来料至缓冲槽（含）后续设备，缓冲槽→离心机→螺旋输送机→气流干燥机→旋风除尘，设两条线。

（5）包装系统

吨袋包装机系统（半自动）。仓库内库存量为设计最大生产能力8天产量。

本项目能源介质条件见表9-25。

表9-25 能源介质条件

序号	能源介质	参数
1	氮气	压力：约0.6MPa
2	饱和蒸汽	压力：0.45MPa

序号	能源介质	参数
3	除盐水	压力:约 0.4MPa
4	生产新水	压力:约 0.4MPa
5	生活水	压力:约 0.4MPa
6	压缩空气	压力:约 0.6MPa
7	循环水	压力:约 0.4MPa
8	消防用水	压力:约 0.8MPa
9	电	低压负荷等级 380V,低压接地系统 TN-S。控制电源:220V。高压负荷等级 10kV。频率:50Hz
10	蒸汽冷凝水	压力:约 0.3MPa

本项目设备情况见表 9-26。

表 9-26 设备清单

序号	设备名称	规格型号	单位	数量
一		预处理系统		
1	一级洗涤塔	$\phi 2.0m \times 9.0m$,FRP	台	1
2	一级洗涤泵	$Q=80m^3/h$,$H=25m$,7.5kW,全塑型耐磨泵	台	2
3	污水排出泵	$Q=5m^3/h$,$H=25m$,5.5kW,全塑型耐磨泵	台	2
4	二级洗涤塔	$\phi 2.0m \times 12m$,FRP	台	1
5	二级洗涤泵	$Q=150m^3/h$,$H=20m$,11kW,全塑型耐磨泵	台	2
6	板式换热器	1000kW,254SMO	台	2
7	脱水塔	$\phi 1.0m \times 12m$,FRP	台	1
8	脱水循环泵	$Q=80m^3/h$,$H=20m$,7.5kW,全塑型耐磨泵	台	2
9	板式换热器	100kW,254SMO	台	2
10	冷水机	制冷量,100kW	台	1
11	电加热器	30kW,加热芯 316L 搪瓷,壳体 2205,带远程温度调节设置功能,备用一组加热芯	台	1
12	分液罐	$1m^3$,FRP	台	1
13	预处理液下泵	$Q=15m^3/h$,15m,3kW,全塑型耐磨泵	台	1
二		SO_2 输送系统		
1	多级 SO_2 风机	$Q=3500m^3/h$,25kPa,75kW,多级离心风机,316L,密封方式:碳环加气密封,变频电机	台	2
三		检修排空系统		
1	检修槽	$\phi 3.6m \times 5m$,FRP	台	1
2	检修槽搅拌器	$\phi 3.6m$,顶进式,主轴和桨片外部采用不低于 E2205 双相不锈钢	台	1
3	检修泵	$Q=50m^3/h$,20m,22kW 耐磨塑料	台	2
4	地坑泵	$Q=20m^3/h$,20m,11kW,耐磨塑料,液下泵	台	1
5	地坑搅拌器	顶进式,主轴和桨片外部采用不低于 E2205 双相不锈钢	台	1
四		纯碱系统		
1	纯碱储仓	$V=200m^3$,304,含仓顶除尘、流化板、泄爆阀、插板门等成套设施	台	1
2	纯碱储仓流化风加热器	电加热,碳钢	台	1
3	星形卸料器	DN200,304	台	2
4	螺旋输送器	DN200,304	台	2
5	纯碱浆液罐	$\phi 2.4m \times 5m$,316L	台	1
6	纯碱浆液罐搅拌器	$\phi 2.4m$,顶进式,304,主轴和桨片不低于 E2205	台	1

序号	设备名称	规格型号	单位	数量
7	纯碱输送泵	$Q=30m^3/h$,$H=25m$,15kW,304	台	2
8	配碱槽	$\phi 3.6m \times 5m$,2205	台	1
9	配碱槽搅拌器	$\phi 3.6m$,顶进式,主轴和桨片外部采用不低于 E2205 双相不锈钢	台	1
10	补液泵	$Q=50m^3/h$,$H=25m$,30kW,2205	台	2
五	反应器系统			
1	反应器	$\phi 2.2m \times 5m$,双相钢	台	4
2	循环泵	$Q=120m^3/h$,$H=15m$,30kW,双相钢	台	4
六	离心分离系统			
1	缓冲槽	$\phi 2.4m \times 3m$,2205	台	2
2	缓冲槽搅拌器	$\phi 2.4m$,顶进式,叶片双相钢	台	2
3	离心机	2t/h,卧式螺旋离心机,组合件	台	2
4	干燥机系统	2t/h,接触湿物料部分 316L	台	2
5	成品料仓系统	$5.0m^3$,304	台	1
6	吨袋包装机	4t/h,半自动	台	1
7	包装机收尘系统	$3500m^3/h$,15kW	台	1
七	尾气处理系统			
1	尾气一级洗涤塔	$\phi 2.0m \times 15m$,FRP	台	1
2	尾吸一级循环泵	$Q=150m^3/h$,$H=20m$,22kW,耐磨塑料	台	2
3	尾气二级洗涤塔	$\phi 2.0m \times 15m$,FRP	台	1
4	尾吸二级循环泵	$Q=150m^3/h$,$H=20m$,22kW,耐磨塑料	台	2
5	分液罐	$\phi 0.8m \times 1.2m$,FRP	台	1
6	集气风机	$Q=3500m^3/h$,4.5kPa,5kW,离心式,碳钢衬 PP 或更高材质	台	2
7	密封风机	$Q=1000m^3/h$,6.0kPa,3kW,离心式	台	1
八	检修起吊		批	1
九	工艺水系统			
1	除盐水箱	$\phi 2.0m \times 3m$,304	台	1
2	除盐水泵	$Q=50m^3/h$,50m,11kW,304	台	2
3	机封水换热器	250kW	台	1
十	压缩空气系统			
1	压缩空气缓冲罐	$V=1m^3$,Q345R	台	1
十一	管道阀门			
1	电动阀	各规格	项	1
2	手动阀	各规格	项	1
3	管道	各规格,各材质	项	1
4	保温伴热油漆	各规格	项	1
5	管道支架	各规格	项	1

9.4.4　副产焦亚硫酸钠系统对主装置的影响

主装置活性焦吸收烧结烟气中的二氧化硫等有害物质,然后经过高温解吸将二氧化硫释放出来,释放出的二氧化硫经过风机送入下游焦亚硫酸钠系统固化,解吸后的活性焦再次具备吸收能力,继续参与循环吸收二氧化硫。因此,焦亚硫酸钠系统对主装置起到增益作用。焦亚硫酸钠系统见图 9-37。

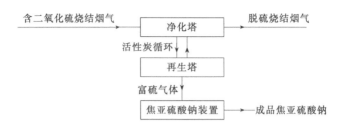

图 9-37　焦亚硫酸钠系统

9.4.5　工程实施及运行情况

本项目 2021 年 8 月正式投入生产，运行稳定。焦亚硫酸钠系统的自动化程度高，DCS 系统上的 I/O 测点超过 800 个，且重要阀门均采用电动阀门。厂房各岗位布置多个摄像头，可以多角度对厂房进行画面监控。主控操作人员可以远程对系统进行观察、操作，现场无需过多的人工干预。项目实际运行画面见图 9-38、图 9-39。

图 9-38　厂房画面监控

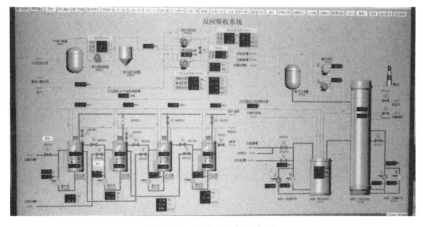

图 9-39　远程系统观察图

（1）废气的治理

本装置气相管道均采用密闭传输、吸收，最终的废气汇成一根总管返回原烟气继续吸收，废气不会直接逸散到空气中。

（2）废水的治理

预处理系统中洗涤塔产生的污水送入配套的废水处理装置，达标排放。

（3）固体废物的治理

新建的生产装置在生产过程中的粉尘、干燥风管料、撒落在地面上的物料经过清扫倒入配碱槽进行回收，经过溶解沉淀返回到焦亚硫酸钠生产系统，整个工艺无固体废物产生。包装袋等废物委托第三方进行处理。

（4）噪声的治理

新建的装置产生的噪声源主要来自干燥风机、离心机、尾气风机、液下泵等设备。为减少噪声污染，设计中尽量选择噪声在 $60 \sim 70$ dB（A）的设备，对风机可设消声器，并不设立固定的岗位，工人只巡回检查，为操作人员设隔音室（值班室、控制室隔音），从而使操作场所环境噪声达到 GB 12348—2008 标准。

在总平面布置时，利用地形、厂房、声源方向性及绿化植物吸收噪声的作用等进行合理布局，充分考虑综合治理降低噪声污染，使装置区域噪声符合《工业企业厂界环境噪声排放标准》（GB 12348—2008）。

9.4.6 技术经济分析

本工程项目经济指标情况见表 9-27。

表 9-27 工程经济指标一览表

序号	项目	年消耗量	单位	单价/元	费用/(万元/a)
一、原材料					
1	除盐水	5500	t/a	5.00	2.8
2	工艺水	4000	t/a	2.00	0.8
3	循环冷却水	1100000	t/a	0.15	16.5
4	仪用压缩空气（标准状态）	933000	m^3/a	0.15	14.0
5	电	2120000	kW·h/a	0.65	137.8
6	蒸汽	3000	t/a	120	36.0
7	纯碱	6800	t/a	1300	884
8	包装袋	12500	个/a	25	31.2
合计					1123.1
二、产品产值					
1	焦亚硫酸钠	12000	t/a	1250	1500
三、其他费用					
1	设备检修费				56
2	人工费				105
合计					161
四、年效益					
216 万元/a					
五、吨产品利润					
180 元/t					

9.5 常见问题分析

(1) 如气浓低、气量少，应如何操作以保证产品质量？

要保证系统畅通，如液硫开车，可送部分液硫补充。控制好悬浮液浓度，可稍高些。适当延长反应时间。

(2) 出口压力波动大的原因及处理方法

出口压力波动大的原因及处理方法见表 9-28。

表 9-28 出口压力波动大的原因及处理方法

原因分析	处理方法
除沫器积液	排液、清理
吸收塔积液	排液、清理
反应釜进、出气管堵	清理、疏通
吸收塔出口管内积液	排液、清理
风机故障	停机修理

(3) 产品中的铁从何来？如何避免

① 设备、管道腐蚀——更换。

② 从原料中带入的铁——降低。

③ 对设备除锈防腐时带入——将所有敞口处盖好。

长期停车后开车前，要对所有设备管道进行清理。

(4) 如何降低碱耗

配料时不要将碱倒出；加碱时要慢，不要一次加得过多，防止沸缸及结块，对大块的碱要敲碎后再加入。加碱时防止满料。冲洗设备时不要将水冲入设备中。冲洗液要部分回收（包括尾吸液）。离心放料时，不要将离心液溢出，锹料时不要将料锹出。烘干时避免浪费。

(5) 如何正确冲洗反应釜和进、出料管及放料阀

清洗反应釜前，要将釜内料液放尽，将热水槽中的热水打至需清洗的反应釜内，进行循环清洗，清洗后的水用于分离液槽内配料用。清洗进、出气管时，用少量热水通入清理孔并开风机清洗，水量不可太大。清洗放料阀时，将放料阀打开，从清理孔处通入热水。

(6) 称重磅秤的操作注意要点

磅秤表面必须保持清洁无异物。每次使用前必须用标准砝码进行校核，保证其准确性。每次使用完毕后应进行清理并用布进行覆盖。不得用水进行冲洗。定期送有关部门检测。

(7) 电气火灾处理方式

电气设备着火后可能带电，如不注意可能引起触电事故；部分电气设备本身充有大量的油，可能发生喷油甚至爆炸事故。

安全防范措施：

① 电气设备起火时，首先设法切断着火设备的电源，再进行灭火；

② 配电室周围区域发生火灾时，对电缆进行有效防护，防止因电缆起火导致次生灾

害的发生；

③ 配电室加装防鼠板，防止老鼠进入配电室咬坏电缆造成配电柜等电气设备短路；

④ 对于易燃易爆区域的电气开关、设备等的选型严格依照防爆等级要求，电气开关设置于远离易燃易爆品的位置；

⑤ 对可能带电的设备灭火应使用干粉灭火器，严禁用水灭火；

⑥ 扑救可能产生有毒气体的火灾时，救援人员应佩戴防毒面具或空气呼吸器。

（8）配碱操作要点

配碱罐中纯碱的加入量与母液（母液为饱和亚硫酸氢钠溶液）加入量比约为 1∶6，配碱罐中溶液的 pH 值调配到 7～8，溶液的相对密度为 1.48～1.54。在配碱罐中饱和的亚硫酸氢钠溶液转换为亚硫酸钠过饱和悬浮液，在 35～50℃亚硫酸氢钠的溶解度比亚硫酸钠溶解度大 1/3。此酸碱中和反应完成后，亚硫酸钠溶液形成过饱和溶液，有大量的亚硫酸钠晶体析出，在溶液中形成悬浮液，此亚硫酸钠悬浮液为白色。

（9）原始开车时的配料步骤

将纯碱倒入水中溶解，调制成 30～32°Bé❶ 的稀浆液，打至反应釜中与 SO_2 气体进行反应，成为浓浆液（40°Bé），再放至分离液槽中与纯碱配成悬浮液。

（10）长期停车前的准备工作

提前 2～3 天逐渐减少加碱量至停车时停止加碱；对母液进行过滤，直至无料可出，母液放至槽内或反应釜内存放。反应釜、进出气管、加放料管、尾吸塔、离心机加水清洗，清洗液部分回收，其余排放。烘干系统待全部产品烘完后，用水进行彻底清洗，然后用热风烘干，去尾吸管路加水液封。各敞口均加盖封好。

---

❶ 波美度，用于表示由波美计给出的液体密度。

附 录

附录 1：工艺技术规程

一、产品说明

（一）产品名称、物化性质

1. 产品名称：焦亚硫酸钠，又名偏重亚硫酸钠或重硫氧

英文名：sodium pyrosulfite 或 sodium metabisulfite

分子式：$Na_2S_2O_5$

分子量：190.11

结构式：

2. 物化性质

焦亚硫酸钠为白色或微黄色单斜晶系柱状晶体或结晶性粉末，有强烈的还原作用。带有强烈的二氧化硫气味，在空气中易慢慢氧化并放出二氧化硫，最后吸收氧被氧化成硫酸钠，故产品不易久存，相对密度为 1.48。能溶于水而生成稳定的硫酸氢钠溶液，溶液是酸性，其溶解度随温度升高而增大，20℃时为 39.5％，40℃为 41.4％，60℃为 44.6％，当溶液加热到 65℃以上时，则分解为亚硫酸钠和 SO_2。固体焦亚硫酸钠加热至 150℃时则开始分解。本品微溶于醇，不溶于苯类，溶于甘油，与醛类可生成加成物。与强酸接触后，反应放出二氧化硫及相应的盐类。与酸碱或纯碱溶液反应生成亚硫酸钠。

（二）产品技术要求、包装运输及用途

工业焦亚硫酸钠按 HG/T 2826—2008、食品添加剂焦亚硫酸钠按 GB 1886.7—2015 标准组织生产。

1. 产品包装运输

① 工业级焦亚硫酸钠须用内衬塑料编织袋包装，食品添加剂级焦亚硫酸钠的内衬必须选用食品用的聚乙烯塑料袋，每袋净重规定为 25kg 和 50kg。

② 每批焦亚硫酸钠都应附有质量证明书，内容包括：生产厂名称、产品名称、等级、批号、出厂日期、产品净重以及产品符合 HG/T 2826—2008 或 GB 1886.7—2015 要求的证明。产品必须与外包装产品名称一致，每批成品不超过 20t。

③ 贮存和运输过程中必须防雨淋和日光曝晒，本品应贮存于阴凉、干燥处，不宜久储，严禁与酸类、氧化剂和有害物质共储混运。贮存期为 6 个月。

④ 包装密封，应避免包装破裂，以防空气氧化。

2. 产品主要用途

① 在工业方面可用于皮革处理，能使皮革柔软、丰满、坚韧，具有防水、抗折、耐磨等性能；在有机合成中间体及染料中可用作还原剂；感光工业可用作显影剂；印染工业可用作棉布漂白后的脱氯剂，棉布煮练助剂；橡胶工业可用作凝固剂；医药工业可用于生产氯仿、苯丙酮和苯甲醛的净化；香料工业用于生产羟基香草醛、盐酸羟胺等；也用于钴、锌冶炼等。

② 食品行业可作为饼干和蛋糕等食品的漂白剂和膨松剂；可用于蔬菜脱水的养分保持剂；贮存水果时可用作保鲜剂；还可用作酿造和饮料的杀菌防腐剂。

二、原材料规格

1. 纯碱

分子式：Na_2CO_3

分子量：105.99

理化性质：纯碱又名苏打是一种白色粉末或细粒结晶、味涩，相对密度 2.532，熔点 851℃，易溶于水，在 35.4℃下其溶解度下最大，100g 水可溶解 47.9g 碳酸钠，微溶于无水乙醇，不溶于丙酮。其溶液因水解而呈碱性，有一定腐蚀性，能与酸进行中和反应，生产相应的盐并放出二氧化碳。高温下易分解，生成氧化钠和二氧化碳。与石灰水等苛化反应而成氢氧化钠，长期暴露在空气中吸收空气中的水分及二氧化碳而成碳酸氢钠，并结成硬块。

质量标准：《工业碳酸钠》（GB/T 210—2022）

项目		指标			
		Ⅰ类	Ⅱ类		
			优等品	一等品	合格品
总碱量(以 Na_2CO_3 计，以干基计)w/% ≥		99.4	99.2	98.8	98.0
总碱量(以 Na_2CO_3 计，以湿基计)[①]w/% ≥		98.1	97.9	97.5	96.7
氯化钠(以 NaCl 计，以干基计)w/% ≤		0.30	0.70	0.90	1.20
铁(Fe，以干基计)w/% ≤		0.0025	0.0035	0.0055	0.0085
硫酸盐(以 SO_2 计，以干基计)w/% ≤		0.03	—	—	—
水不溶物 w/% ≤		0.02	0.03	0.10	0.15
堆积密度[②]/(g/mL) ≥		0.85	0.90	0.90	0.90
粒度[②]	180μm 筛余物 w/% ≥	75.0	70.0	65.0	60.0
	1.18mm 筛余物 w/% ≤	2.0	—	—	—

① 为包装时含量，交货时产品中总碱量乘以交货产品的质量再除以交货清单上产品的质量之值不应低于此数值。

② 为重质碳酸钠控制指标。

2. 二氧化硫气体

分子式：SO_2

分子量：64.06

理化性质：

（1）物理性质

密度和状态：2.551g/L，气体（标准状况下）

溶解度：9.4g/mL（25℃）

色态：常温下为无色

熔点：-72.4℃（200.75K）

沸点：-10℃（263K）

（2）化学性质

二氧化硫可以在硫黄燃烧的条件下生成

$$S(s)+O_2(g)\longrightarrow SO_2(g)$$

硫化氢可以燃烧生成二氧化硫

$$2H_2S(g)+3O_2(g)\longrightarrow 2H_2O(g)+2SO_2(g)$$

加热硫铁矿、闪锌矿、硫化汞，可以生成二氧化硫

$$4FeS_2(s)+11O_2(g)\longrightarrow 2Fe_2O_3(s)+8SO_2(g)$$

$$2ZnS(s)+3O_2(g)\longrightarrow 2ZnO(s)+2SO_2(g)$$

$$HgS(s)+O_2(g)\longrightarrow Hg(g)+SO_2(g)$$

部分含二氧化硫工业尾气/烟气（如活性炭/焦脱硫再生气）经处理亦可作为二氧化硫原料气。

质量标准：

SO_2 含量：≥8.5%

酸雾含量（标准状况）：≤5mg/m³

水分含量（标准状况）：≤0.1g/m³

三、生产工艺

焦亚硫酸钠生产工艺用干法和湿法两种。干法将纯碱和水按摩尔比 1∶2.5 配成糊状物，搅拌均匀，待生成 $Na_2CO_3\cdot nH_2O$ 呈块状物，放入反器内，块与块之间保持一定空隙，然后通入二氧化硫至反应结束，取出块状物，粉碎后即得成品；湿法系将纯碱加水或母液调成料浆，然后与二氧化硫起反应。

两法比较，湿法具有机械化程度高、产品纯度高、原料消耗低的优点，本部分相关表述如无特殊说明均为湿法工艺。

将纯碱拆包加入焦亚硫酸钠收集槽、配液槽中，与循环母液搅拌混合制成密度为 $1397\sim1439kg/m^3$（$41\sim44$°Bé）的浆液；如装置开车时无母液，可先用纯碱和水调成稀浆吸收二氧化硫以制成密度为 $1397\sim1439kg/m^3$ 的浆液。混合过程中产生的二氧化碳排空，再由配液泵打入二级吸收器，与一级吸收器出来含有未能被完全吸收的二氧化硫气体

进行逆流吸收反应。

焦亚硫酸钠生产所用的二氧化硫气体，经风机增压后，通入一级反应釜与浆液反应，浆液颜色由黄至白，pH 值达到 4.0 时，吸收反应到达终点，将一级反应釜中的浆液先放入焦亚硫酸钠中转反应釜，再由悬浮液泵送入离心机内进行离心脱水得到离心料。一级反应釜料液由一级吸收器补充。同样，第一级吸收器料液由第二级吸收器补充。一级反应釜未能吸收掉的二氧化硫气体，经一级、二级吸收器两步吸收后，尾气送至尾气处理系统处理达标后排空。

离心机脱水产生的离心液进入焦亚硫酸钠母液槽（另一部分离心液配液贮槽，供配料用）。需要时，由热水输送泵供热水对离心机进行洗涤。离心产生的离心料（经离心机刮刀刮出后）进入料斗，由螺旋给料机均匀地加入气流干燥管进行烘干，烘干用 150℃ 左右的热风，由蒸汽加热器加热制得。经二级旋风分离器惯性沉降后，装入塑料袋进行称量包装，余气进入焦亚硫酸钠洗涤塔洗涤后，达标排空。

焦亚硫酸钠洗涤塔洗涤液回用到母液槽，尾气处理系统洗涤液可分别回用到母液槽、焦亚硫酸钠收集槽、配液槽等供配料用。

一级反应釜、焦亚硫酸钠中转反应釜，配液槽，焦亚硫酸钠收集槽，离心机，干燥、包装系统等处无组织排放的二氧化硫气体通过风机吸到尾气处理系统，与反应尾气一并处理，达标后排放。

四、生产控制指标

悬浮液浓度：1397～1439kg/m³（41～44°Bé）

终点 pH 值：3.8～4.1

干燥管进口温度：≤150℃

干燥管出口温度：70～100℃

母液中 SO_4^{2-} 含量：≤2.5%

母液中 Fe^{3+} 含量：≤0.005%

五、"三废"处理

1. 废气的处理

① 未能完全吸收的 SO_2 尾气，经尾气处理系统处理后达标排放。

② 烘干过程中，因产品受热分解所产生的气体，以及其他各处产生的无组织 SO_2 气体，由抽风机送至尾气处理系统处理后达标排放。

2. 废水的处理

（1）吸收液的处理方式

对于吸收液的处理，由于硫的回收方式不同使用不同的工艺：

① 亚硫酸钠法

② 回收 SO_2 工艺（亚硫酸钠循环法）

③ 回收硫酸钠和 SO_2 的工艺

（2）生活废水处理方式

生活污水收集后由相关部门处理。

3. 固废的处理

（1）危险废物

水洗塔洗涤二氧化硫产生的稀硫酸为危险废物，处理时需委托具有资质的第三方进行。

（2）一般废物

工业烟气脱硫副产焦亚硫酸钠生产过程中产生的一般固体废物包括职工生活产生的生活垃圾以及原料仓库产生的原料包装袋。其中，生活垃圾由环卫部门统一清运；废原料包装袋由厂家回收进行综合利用。

六、产品、原料检验分析方法

（一）产品

产品检验分析方法详见 HG/T 2826—2008 和 GB 1886.7—2015。

（二）原料

原料碳酸钠的总碱量、氯化物含量、铁含量、硫酸盐含量、水不溶物含量、灼烧减量等测定参见《工业碳酸钠》（GB/T 210—2022）有关要求。

七、安全生产技术及规定

（一）毒性及防护

1. 毒性

纯碱及焦亚硫酸钠均无接触毒性，但需防止吸入呼吸道内，以免引起不良反应。二氧化硫为无色刺激性气体，对呼吸道及眼鼻有强烈的刺激作用，吸入过量或时间过长，能使人严重中毒甚至死亡。

（1）二氧化硫浓度对人的毒性影响

浓度/(mg/m^3)	人体反应
3～8	连续吸入 120 小时无症状
8	约有 10% 的人可发生支气管暂时收缩
20～30	立即引起喉部刺激感
50	开始引起眼刺激症状和胸闷感
125	吸入 30 分钟的一次接触限值
200	吸入 15 分钟的一次接触限值
400	吸入 5 分钟一次接触限值

（2）最高允许浓度

车间空气中二氧化硫最高允许浓度为 $15mg/m^3$。

2. 防护措施

① 对易产生散发有毒有害物质的工艺设备，要加强维护，保持设备完好，杜绝跑冒滴漏，符合清洁文明的要求。

② 加强设备现场的通风，尤其在物料离心过程中产生的气体，通过抽风机抽吸后集中排放，以降低作业现场气体浓度。

③ 检修设备时，应选用长管式防毒面具，并做好现场监护工作，若进入充满二氧化

硫的容器内，还需按"进塔入罐"的有关规定办理。

④ 如发现二氧化硫吸入中毒者，应迅速将其脱离事故现场，移至空气新鲜处，注意保暖，解开领口，确保呼吸道畅通，视中毒者呼吸情况分别给予输氧。

（二）防火及其他

① 生产中所用的原料纯碱及二氧化硫与焦亚硫酸钠产品均为不燃物，但仍需配备一般消防措施，尤其要防止气焊、气割引燃润滑用机油。

② 原料纯碱要求包装完好，防止电焊条、螺栓、螺帽等杂物渗入原料内，产品要求密封，并应存放在阴凉干燥处。

③ 所有运转设备应加防护罩。

附录 2：岗位操作规程

一、原料岗位

（一）岗位基本任务

本岗位包括气体、固体两部分，固体部分将纯碱用水及离心机母液调浆制成亚硫酸钠悬浮液，送至吸收塔及反应釜吸收二氧化硫。气体部分将加压风机、二氧化硫储罐来的 SO_2 经流量和压力调节后进入反应釜。

（二）岗位流程叙述

将纯碱拆包加入配液槽中，浓度调制合格后用泵打入二级吸收塔循环槽（原始开车时，同时打入一级吸收塔循环槽，并由一级吸收塔溢流至反应釜）和焦亚硫酸钠洗涤塔循环槽（焦亚硫酸钠收集池有溶液时），以及将清洗配碱槽液打入碱液贮槽，溢流至配碱槽用于调节配碱槽浓度。

焦亚硫酸钠洗涤塔循环液和离心母液一起溢流至母液槽，再溢流至配碱槽、焦亚硫酸钠收集池用于配制反应碱液，根据浓度情况决定是否由热水贮槽加入热水调节浓度（原始开车时，用热水进行碱液配制）。

由加压风机、二氧化硫储罐来的 SO_2 经流量和压力调节后进入反应釜。

主要反应：

$$Na_2CO_3 + nH_2O = Na_2CO_3 \cdot nH_2O$$
$$Na_2CO_3 \cdot nH_2O + SO_2 = Na_2SO_3 + CO_2 \uparrow + nH_2O$$
$$SO_2 + Na_2SO_3 + H_2O = 2NaHSO_3$$

（三）所管设备设施、区域

焦亚硫酸钠母液槽、焦亚硫酸钠收集池、配液槽 A/B，碱液贮槽 A/B，热水储槽、通风机及所属管道及附近场地、二氧化硫气体管道、纯碱仓库，以及区域内的建筑物、设备、仪表、电器及用具。

（四）生产控制指标

SO_2 气体（标准状况）：SO_2 含量 8% 以上，酸雾含量 ≤5mg/m³，水分含量 ≤0.1g/m³

悬浮液浓度：41～44°Bé

纯碱：符合一级品

母液含铁量：≤0.005%

母液中 SO_4^{2-} 含量：≤2.5%

（五）操作方法

1. 开车及准备

a）开车及准备。

b）检查原料供应是否正常。

c）检查电器、仪表及工器具。

d）原始开车用水化碱，正常开车用分离母液化碱，并将料液打至二级吸收塔、一级吸收塔、焦亚硫酸钠洗涤塔循环槽中部，以及反应液的规定液位（视镜中部）。

2. 开车步骤

a）联系调度、反应等相关单位岗位。

b）根据流量需求情况开启加压风机来的 SO_2 管道阀门。

c）开启二氧化硫贮罐出口管道阀门，调节 SO_2 浓度至 8%～10%。

3. 正常操作方法

a）根据反应放料情况，配好悬浮液，控制好浓度 41～44°Bé。

b）调节好 SO_2 浓度，保证反应正常进行。

4. 停车及准备生产

a）根据生产情况，及时停车加碱。

b）联系反应岗位，决定停车时间。

5. 停车步骤

a）联系相关单位岗位。

b）关闭二氧化硫储罐出口管道阀门。

c）关闭 SO_2 主管阀门。

d）根据停车时间长短，决定停配碱槽、焦亚硫酸钠收集池搅拌装置。

6. 停车后处理

a）根据停车时间长短，决定是否拉掉电器电源。

b）根据情况，清洗配碱槽、焦亚硫酸钠收集池（拉掉电源后进行）。

c）根据检修情况，配合检修。

7. 其他操作

配碱槽、焦亚硫酸钠收集池液下泵操作：

a）联系电工检查电器并送电。

b）盘车，检查有无摩擦声及杂物。

c）启动。

d）开出口阀至所需位置。

停泵：

a）直接停下马达，虹吸，防止堵塞。

b）放尽余液后关死出口阀。

（六）不正常现象的处理

1. 一般现象的原因分析及处理方法

现象	原因分析	处理方法
SO_2 主管压力波动大	(1)反应釜 SO_2 分布管堵； (2)吸收塔积液； (3)气体管道积液； (4)尾气处理系统有问题	(1)疏通； (2)排液； (3)排液； (4)联系处理
SO_2 主管压力低	(1)气量小； (2)SO_2 主管阀门堵	(1)联系上游系统提气量； (2)检修
液下泵打液量小	(1)过滤器堵； (2)泵坏	(1)清理； (2)检修或换泵

2. 紧急现象处理方法

（1）停水

短期停水，对生产不影响；长时间停水，联系停车。

（2）停电

联系停车。

（七）设备维护保养

① 发现本岗位的管道、阀门和设备有跑、冒、滴、漏现象，立即汇报并及时处理。

② 风机、搅拌器及所有阀门要经常加油，保持灵活好用。

③ 保持泵壳和电机清洁，风机、电机、泵每班清洁一次，防止酸、碱、油类及其他脏物侵入。

④ 停车后，所有敞口遮盖好。

（八）环境保护和"三废"排放

本岗位配碱反应放出部分 CO_2 气体，对环境不产生污染，无其他废物排放。

（九）有关安全规定及注意事项

① 进厂工人及离岗三个月以上职工必须经三级安全教育合格后方能上岗复岗。

② 外来人员进入岗位要查询，对培训人员要进行安全教育。

③ 岗位备好防毒口罩，防止 SO_2 中毒。

④ 不得用水冲洗电气设备。

二、反应离心岗位

（一）岗位基本任务

本岗位主要任务是将原料岗位送来的亚硫酸钠悬浮液与二氧化硫气体反应生成亚硫酸氢钠，再使亚硫酸氢钠在一定反应条件下脱水生成焦亚硫酸钠结晶。

（二）岗位流程叙述

将原料岗位配碱槽液下泵输送的亚硫酸钠悬浮液，加入二级吸收器、一级吸收器和一级反应釜，由原料岗位送来的 SO_2 气体逆向依次进入一级反应釜、一级吸收器和二级吸收器，与反应釜内的溶液进行吸收反应。在吸收器内，由吸收器循环泵出来的溶液在反应柱内形成液柱，与 SO_2 气体逆流接触反应，由于 SO_2 通入的顺序和浓度不同，因而各反应器反应过程中料浆的浓度不同，当反应至一定时间，使一级反应釜内浓度达到过饱和时，得到焦亚硫酸钠结晶。及时放料至焦亚硫酸钠中转反应釜，再由中转反应釜泵至离心机，进行离心分离。分离出的母液去原料岗位分离液贮槽，湿焦亚硫酸钠则去干燥岗位进行气流干燥。当一级反应釜内的料液快放空时，即打开一级、二级吸收器循环泵去下一级反应器的阀门，逆向加料，二级吸收器则补充原料岗位配制好的悬浮液。反应釜放料进行离心分离时会放出少量二氧化硫气体，与配碱槽、焦亚硫酸钠收集池、反应釜、成品输送皮带等处一起，用抽风机抽到尾气处理系统进行处理后放空。二级吸收塔出口未被完全吸收的二氧化硫气体也进入尾气处理系统进行处理后达标排放。尾气处理循环液则回用于配碱。

主要反应：

$$Na_2SO_3 + SO_2 + H_2O \ce{=} 2NaHSO_3$$
$$2NaHSO_3 \ce{=} Na_2S_2O_5 + H_2O$$

（三）所管设备设施、区域

一级、二级吸收器及其循环系统，一级反应釜，硫酸钠中转反应釜、离心机及附属设备、所属管道及附近场地，以及区域内的建筑物、设备、仪表、电器及用具。

（四）生产控制指标

① 一级反应釜温度：（50±3）℃（根据情况加冷却水或热水控制）。

② 一级反应釜终点料浆 pH 值：3.8～4.1（出料前测定）。

③ 离心机分离出母液中含 SO_4^{2-} ≤2.4%（一星期测定一次）。

④ 离心机分离出母液中含铁量：≤35mg/L。

⑤ 一级反应釜液位：反应釜视镜中部。

⑥ 一、二级吸收器液位：根据反应釜用料计算定。

（五）操作方法

1. 开车及准备

a）开车前对吸收反应岗位各设备及传动部分包括反应釜、反应器、离心机、循环泵等进行机械检查，如发现故障及不正常情况需处理后才能开车。

b）通知原料岗位启动配碱槽输送泵向各反应釜送原料浆液至规定液面。

c）通知尾吸处理系统作为开车准备，准备好吸收处理循环液。

2. 开车步骤

a）启动一级、二级吸收器循环泵，调节好流量和压头。

b）启动一级反应釜搅拌浆搅动料浆。

c）当各反应釜内料浆搅拌及吸收器循环正常时，即通知原料岗位开启二氧化硫主管阀门，向各反应釜和反应器输送气体，进行吸收反应。

d）注意在投料前对各放料阀、气体进口阀进行检查，放料阀关死，各不开车系统进气阀关死，开车系统进气阀打开。

3. 正常操作方法

a）各反应釜内浆液及吸收器内循环液应保持一定液位，并随时检查反应釜各部分是否正常，经常观察风压，如压力过高，应及时检查，找出原因并处理。

b）二氧化硫气体内不允许有升华硫存在，如发现应找出原因，采取措施并将受影响的半成品另行处理。

c）吸收反应终点用溴甲酚蓝试液测定，一般当指示剂滴入放出的料浆试料时，其颜色由黄绿色转为黄色时，说明反应终点已到（此时的 pH 值应为 3.8~4.1），即可出料。

d）吸收反应适当与否直接关系到产品质量，如发现产品色泽不佳，或母液颜色较深，即应找出原因，采取措施解决。

e）反应釜使用时间长了以后，釜内可能有块状物出现，可定期加水清洗。

f）一级反应釜放入周转釜之后，从周转釜出料，应按离心机要求进行进料控制。

g）离心机分离出的母液送去原料岗位代溶碱化浆用，反复使用一段时间后，应进行处理后再使用。

h）离心机操作应按操作程序进行，以保障安全生产。

i）每月对母液进行过滤清理。

4. 停车步骤

a）接停车通知，待原料岗位关闭进 SO_2 管阀门后，切断各反应釜进气阀门，将料液送入离心机分离，当一级反应釜料液出净后即可停车，停车时一级、二级吸收器循环泵照常运转。

b）如短期停车，贮存反应物料的设备人孔不可打开，以免料浆接触空气加速氧化，如长期停车，则需将所有设备内的料浆放出（可放至碱液贮槽备用），必要进行中和处理后排放。

5. 停车后处理

清洗反应釜及吸收器（清洗液排地沟）。

6. 其他操作

离心机操作（按设备操作说明书要求操作）：

（1）开车操作

a）盘车，联系电工检查电器并送电。

b）启动电源。

c）调试好后，打开进料阀进行离心操作。

（2）停车步骤

a）切断电源。

b）离心机停止运转后，加水清洗。

7. 紧急停车

a）关闭 SO_2 进气总管阀门和进各反应釜阀门。

b）各搅拌釜装置及一级、二级吸收器循环泵照常运转（没料时应停止）。

c）离心机发生事故紧急停车，使离心机停止运转。

8. 不正常现象的处理

现象	原因分析	处理方法
湿料发黄	反应不完全	延长反应时间
湿料发红	反应太过	及时放料

现象	原因分析	处理方法
SO_2 主管压力上涨	(1)反应釜、吸收器进出气管堵； (2)反应釜、吸收器料太满； (3)管道积液； (4)尾气处理系统堵或积液	(1)通气孔(进气管)，加少量水冲洗(出气管)； (2)放掉一部分料； (3)放液； (4)放液或清洗
吸收器循环泵电流低	(1)泵进口管堵； (2)泵轴断或叶轮掉下	(1)清洗或拆开处理； (2)检修更换
泵轴振动	(1)泵进口阀开得太大； (2)联轴器未接好轴承	(1)关小进口阀； (2)倒备用泵，停泵检修

（六）设备维护保养

① 发现本岗位的管道、阀门和设备有跑、冒、滴、漏现象，立即汇报并及时处理。

② 泵、搅拌器及所有阀门要经常加油，保持灵活好用。

③ 保持泵壳和电机清洁，风机、电机、泵每班清洁一次，防止酸、碱、油类及其他脏物侵入。

④ 停车后，所有敞口遮盖好。

（七）环境保护和"三废"排放

① 反应后废气经尾气处理系统处理后，达标排放。

② 反应釜及尾吸塔清洗液用于回收配料。

③ 离心机排出的少量二氧化硫气体、反应釜及母液槽等处排出的少量二氧化硫气体经抽风机吸出后进入尾气处理系统。

（八）有关安全规定及注意事项

① 离心机使用规定

a）使用前检查地脚螺栓、前车是否完好，马达运转方向是否正确。

b）下料要均匀。

c）运转时有异常声响或震动大，应立即停车检查。

d）外盖上不得置放工具或其他异物，保证油泵油压，保持设备清洁。

② 进厂工人及离岗三个月以上职工必须经三级安全教育合格后方能上岗复岗。

③ 外来人员进入岗位要查询，对培训人员要进行安全教育。

④ 岗位备好防毒口罩，防止 SO_2 中毒。

⑤ 不得用水冲洗电气设备。

三、干燥包装岗位

（一）岗位基本任务

本岗位主要任务是将反应离心岗位离心机出来的湿焦亚硫酸钠通过干燥装置，烘干为干燥的焦亚硫酸钠成品，然后进行成品包装称重。

（二）岗位流程叙述

将离心出的湿焦亚硫酸钠送至半成品贮斗，经螺旋输送机送入气流干燥管。由抽风机抽引经过过滤的干燥气体，经蒸汽加热器加热后进入气流干燥器，使湿焦亚硫酸钠不停地在热气中运动，部分大颗粒掉入干燥管下部，通过物料粉碎机粉碎后，重新由气流带到干燥系统。湿品内部水分扩散大大增强，一般情况下，几秒钟内可将焦亚硫酸钠干燥达到指标要求，干燥产品再经二级旋风除尘器与气体进行气固分离，进入包装系统进行成品包装，余气进入焦亚硫酸钠洗涤塔洗涤后达标排放。洗涤塔循环液回到母液槽，用于配碱。蒸汽冷凝水进入热水槽，备用。

（三）所管设备设施、区域

抽风机、蒸汽加热器、气流干燥装置、包装装置、包装秤、焦亚硫酸钠洗涤器及循环装置、热水槽及输送泵及附属设备、所属管道及附近场地，以及区域内的建筑物、设备、仪表、电器及用具。

（四）生产控制指标

气流干燥管入口热气温度：≥150℃

气流干燥管出口热气温度：≥70℃

焦亚硫酸钠含水量：≤0.1%

（五）操作方法

1. 开车及准备

开车前，对干燥包装岗位各设备及传动部分包括对电动葫芦、螺旋输送机、抽风机、蒸汽加热器、气流干燥管、旋风除尘器等设备进行机械检查，磅秤进行校正，如发现不正常现象或故障，必须处理好后才能开车。

2. 开车步骤

a）接开车通知后，必须先开抽风机，待抽风机运转正常后，才能启动蒸汽加热器，调节温度及风压，对气流干燥装置进行热风清理。

b）抽风机抽热风无问题，可通知吸收反应岗位，将离心机分离的湿焦亚硫酸钠送至半成品贮斗，经螺旋输送机加入气流干燥管进行干燥操作。

c）随时根据给料情况，调节抽风机风量及加热器蒸汽量，使气流干燥管的进口温度及干燥后的焦亚硫酸钠的水分含量符合操作指标要求。

3. 正常操作方法

a）气流干燥管进行烘干时，进口温度不得低于150℃，出口温度在70℃以上。

b）烘干加料速度应按湿料的干、湿及粗细情况而定并且不能有结块湿料加入，保证成品一次性干燥完成，成品干燥程度的简单检验方法，用手紧捏干粉，粉不成团立即分散为合格。

c）烘出干粉，立即装入衬有塑料袋的编织袋内，准确称重后，把塑料袋口掩好，待热气透尽再行扎紧袋口，塑料袋不得有裂缝。

d）每袋成品重量保持准确，每包以25kg、50kg等为单位，经分析合格后，随即封口，每批加批号，以便日后跟踪质量。

e）湿焦亚硫酸钠不能久置，应随时出料立即干燥，不允许湿料过夜。

f）蒸汽冷凝水送入热水槽，根据温度情况是否加蒸汽调节温度备用。

g）焦亚硫酸钠洗涤塔正常循环，根据循环液浓度，进行一定量置换，置换液送入母液槽用于配碱。

4. 停车及其准备

接停车通知后，首先与吸收反应岗位联系，根据湿焦亚硫酸钠的送料情况决定本岗位的停车时间。

5. 停车步骤

决定本岗位停车时，先停止螺旋输送机加料，再停蒸汽加热器，最后停风机，洗涤塔循环泵短停时照常运转，长停时，放尽料液，停循环泵。

6. 停车后处理

停车后，须对烘干装置进行清理，保持各管道畅通，无异物堵塞，各敞口遮盖好。

7. 其他操作

（1）抽风机操作

1）开车操作

a）对风机进行全面检查，盘车，联系电工检查电器并送电。

b）启动电源，运转正常，再开进口阀，调节风量及风压，如发现不正常现象，必须修好后才能开车。

c）调试好后，打开进料阀进行离心操作。

2）停车步骤

关闭进口阀，再停风机。

（2）吊车安全操作

a）操作人员必须戴好安全帽。

b）开车前对电气、机械进行检查。

c）进行空载试车，正常后方可使用。

d）吊物前对挂钩连接处进行检查，确认牢固后，方可起吊。

e）起吊后，禁止人员在吊物下行走或站立。

f）发现电气、机械等问题，及时停吊，并及时处理。

g）电动葫芦安全装置必须齐全，特别是限位开关不能失灵。

（3）磅秤操作

a）磅秤表面必须清洁无异物。

b）每次使用前须用标准砝码对磅秤进行核对，保持准确性。

c）每次使用完毕后应进行清理并用布进行遮盖。

d）不得用水进行清洗。

e）定期送有关部门检定。

8. 紧急停车

a）按下螺旋输送停车按钮，停止给料。

b）关闭蒸汽阀。

c）按下风机停车按钮，关闭风机进出口阀。

d）各搅拌釜装置及一级、二级吸收器循环泵照常运转（没料时应停止）。

e）离心机发生事故紧急停车，使离心机停止运转。

（六）不正常现象的处理

1. 一般不正常现象的原因及处理方法

现象	原因分析	处理方法
原料消耗定额偏高	(1)纯碱质量不合格； (2)SO_2 气体中酸雾含量偏高； (3)母液氧化程度偏高； (4)反应条件控制不当； (5)气流干燥管出口温度过高； (6)计量不准	(1)检查原料质量、解决原料问题； (2)检查入口处酸雾含量,处理； (3)加适量对苯二胺处理； (4)调节反应条件； (5)调节温度使之符合要求； (6)校正计量仪器
一级反应釜压降增加	(1)进出气管堵塞； (2)尾气处理系统堵塞	(1)停车用水清洗； (2)停车用水清洗
成品中 SO_2 含量连续下降	(1)反应条件不当； (2)干燥不合格,含水量偏高； (3)产品贮存条件不好,受潮或受热	(1)调节吸收条件； (2)调节干燥工艺指标； (3)改善贮存条件
SO_2 气浓异常偏低	SO_2 输送管漏	联系检查
烘干速度慢	(1)离心出料太湿； (2)气体温度低； (3)蒸汽管漏； (4)气流干燥装置堵塞	(1)保证离心效果； (2)开大蒸汽量； (3)停车检修； (4)停车清理
产品中小头子多	(1)产品筛破； (2)配料、反应、离心不佳	(1)停车检修； (2)加强操作控制
产品质量超标	(1)磅秤问题； (2)磅秤未校正	(1)更换磅秤； (2)及时校正

2. 停水、电、气等紧急现象出现的原因及处理方法

（1）断水

原因：水厂故障及其他。

处理方法：根据情况停车。

（2）断电或跳闸

原因：电源或电气设备故障、雷击。

处理方法：紧急停车，按下各机泵的停车按钮，关闭进出口阀，电工检查，来电后，按开车步骤开车。

（3）停气

按紧急停车处理。

（七）设备维护保养

① 必须了解本岗位所属设备的规格、型号、性能、生产原理、运转使用情况及故障发生原因。

② 必须正确使用、维护、保养好所属设备，消除跑、冒、滴、漏现象，保持各个部件完整，努力提高设备完好率，利用工作间隙时间，对设备进行清洗、除锈、防腐、保养、保持现场清洁。

③ 泵、搅拌器及所有阀门要经常加油，保持灵活好用。

④ 保持泵壳和电机清洁，风机、电机、泵每班清洁一次，防止酸、碱、油类及其他脏物侵入。

⑤ 停车后，所有敞口遮盖好。

（八）环境保护和三废排放

① 干燥装置含尘尾气经洗涤塔洗涤合格后排放。

② 循环液送至母液贮槽配碱。

（九）有关安全规定及注意事项

① 严格控制生产指标，稳定进气量及进料量，防止干燥装置堵塞。

② 进厂工人及离岗三个月以上职工必须经三级安全教育合格后方能上岗复岗。

③ 外来人员进入岗位要查询，对培训人员要进行安全教育。

④ 岗位备好防毒口罩，防止 SO_2 中毒。

⑤ 不得用水冲洗电气设备。

附录 3：《工业焦亚硫酸钠》 HG/T 2826—2008

前　言

请注意本标准的某些内容可能涉及专利。本标准的发布机构不应承担识别这些专利的责任。

本标准修改采用俄罗斯 ГОСТ 11683—76（91）《工业焦亚硫酸钠技术条件》（俄文版）进行修订。

考虑到我国国情，在采用俄罗斯 ГОСТ 11683—76（91）《工业焦亚硫酸钠技术条件》时，本标准做了一些修改。有关技术性差异已编入正文中并在它们所涉及的条款的页边空白处用垂直单线标识。在附录 A 及附录 B 中给出了这些技术性差异，结构性差异及其原因的一览表以供参考。

本标准代替 HG/T 2826—1997《工业焦亚硫酸钠》。

本标准与 HG/T 2826—1997 的主要技术差异如下：

——范围中增加了：稀有金属矿选矿用、污水处理（本版 1；1997 年版 1）；

——删去合格品等级（1997 年版 3.2）；

——优等品和一等品的主含量分别由 96.0％和 94.0％调整为 96.5％和 95.0％（本版 3.2；1997 年版 3.2）。

本标准的附录 A 和附录 B 为资料性附录。

本标准由中国石油和化学工业协会提出。

本标准由全国化学标准化技术委员会无机化工分会（SAC/TC63/SC1）归口。

本标准主要起草单位：天津化工研究设计院、上海市嘉定区马陆化工厂、广东中成化工股份有限公司。

本标准主要起草人：王彦、杨忠德、陈耀兴、邓键。

本标准所代替标准的历次版本发布情况为：

——首次发布为化工行业标准 HG 1—518—67，1985 年调整为国家标准 GB 6010—85，1997 年调整为化工行业标准 HG/T 2826—1997。

工业焦亚硫酸钠

1 范围

本标准规定了工业焦亚硫酸钠的要求、试验方法、检验规则，标志、标签和包装、运输、贮存。

本标准适用于工业焦亚硫酸钠，该产品主要用于印染、有机合成、印刷、制革、制药、稀有金属矿选矿用、污水处理等工业。

2 引用标准

下列文件中的条款通过本标准的引用而成为本标准的条款。凡是注日期的引用文件，其随后所有的修改单（不包括勘误的内容）或修订版均不适用于本标准，然而，鼓励根据本标准达成协议的各方研究是否可使用这些文件的最新版本。凡是不注日期的引用文件，其最新版本适用于本标准。

GB/T 191—2000 包装储运图示标志（eqv ISO 780：1997）

GB/T 610.1—88 化学试剂 砷含量测定通用方法（砷斑法）

GB/T 1250 极限数值的表示方法和判定方法

GB/T 3049—2006 工业用化工产品中铁含量测定的通用方法 1,10-菲啰啉 分光光度法（idt ISO 6685：1982）

GB/T 6678 化工产品采样总则

GB/T 6682—92 分析实验室用水规格和试验方法（eqv ISO 3696：1987）

GB/T 8946—98 塑料编织袋

GB/T 8947—98 复合塑料编织袋

HG/T 3696.1 无机化工产品化学分析用标准滴定溶液的制备

HG/T 3696.2 无机化工产品化学分析用杂质标准溶液的制备

HG/T 3696.3 无机化工产品化学分析用制剂及制品的制备

3 分子式、相对分子质量

分子式：$Na_2S_2O_5$

相对分子质量：190.10（按 2005 年国际相对原子质量）

4 要求

4.1 外观：工业焦亚硫酸钠为白色或微黄色结晶粉末。

4.2 工业焦亚硫酸钠应符合表 1 要求：

表 1 要求 单位为百分数（%）

项目		指标	
		优等品	一等品
主含量（以 $Na_2S_2O_5$ 计） ≥		96.5	95.0
水不溶物 ≤		0.05	0.05
铁（Fe） ≤		0.005	0.010
砷（As） ≤		0.0001	—

5 试验方法

5.1 安全提示

本试验方法中使用的部分试剂具有毒性或腐蚀性，操作者须小心谨慎！如溅到皮肤上应立即用水冲洗，严重者应立即治疗。使用易燃品时，严禁使用明火加热。

5.2　一般规定

本标准所用试剂和水，在没有注明其他要求时，均指分析纯试剂和 GB/T 6682—1992 规定的三级水。

试验中所需标准溶液、杂质标准溶液、制剂和制品，在没有注明其他要求时均按 HG/T 3696.1、HG/T 3696.2、HG/T 3696.3 之规定制备。

5.3　外观的判别

在自然光下，目观判别所取样品。

5.4　主含量的测定

5.4.1　方法提要

在一定量的样品溶液中加入过量的碘标准溶液，在弱酸性溶液中，用焦亚硫酸根将碘还原为碘离子。以淀粉为指示剂，用硫代硫酸钠标准滴定溶液滴定过量的碘。

5.4.2　试剂

5.4.2.1　碘标准溶液：$c(1/2I_2)$ 约为 0.1mol/L。

5.4.2.2　硫代硫酸钠标准滴定溶液：$c(Na_2S_2O_3)$ 约为 0.1mol/L。

5.4.2.3　乙酸溶液：1+3。

5.4.2.4　淀粉指示液：5g/L。

5.4.3　分析步骤

迅速称取约 0.2g 试样，精确至 0.002g。置于预先用移液管加入 50mL 碘标准溶液及 30mL 水的 250mL 碘量瓶中，加入 5mL 乙酸溶液，立即盖上瓶塞，水封，缓缓摇动溶解后，置于暗处放置 5min。

以硫代硫酸钠标准滴定溶液滴定，近终点时加入约 2mL 淀粉指示液，继续滴定至溶液蓝色消失即为终点。

用移液管移取 50mL 碘标准溶液，按同样条件进行空白试验。

5.4.4　结果计算

主含量以焦亚硫酸钠（$Na_2S_2O_5$）的质量分数 w_1 计，数值以%表示，按公式（1）计算：

$$w_1 = \frac{[(V_0 - V_1)/1000]cM}{m} \times 100 \tag{1}$$

式中　V_0——滴定空白试验溶液所消耗的硫代硫酸钠标准滴定溶液的体积的数值，单位为毫升（mL）；

V_1——滴定试验溶液所消耗的硫代硫酸钠标准滴定溶液的体积的数值，单位为毫升（mL）；

c——硫代硫酸钠标准滴定溶液实际浓度的数值，单位为摩尔每升（mol/L）；

m——试料质量的数值，单位为克（g）；

M——焦亚硫酸钠（$1/4Na_2S_2O_5$）的摩尔质量的数值，单位为克每摩尔（g/mol）（$M=47.52$）。

取平行测定结果的算术平均值为测定结果，两次平行测定结果的绝对差值不大于 0.2%。

5.5　铁含量的测定

5.5.1　原理

同 GB/T 3049—2006 第 3 章。

5.5.2　试剂和溶液

同 GB/T 3049—2006 第 4 章。

5.5.3　仪器设备

同 GB/T 3049—2006 第 5 章。

5.5.4　分析步骤

5.5.4.1　标准曲线的绘制

按 GB/T 3049—2006 中 6.3 的规定，使用光程 4cm 或 5cm 的比色皿及相应的铁标准溶液用量，绘制工作曲线。

5.5.4.2　试验溶液的制备

称取约 3g 试样，精确至 0.01g。置于 250mL 高型烧杯中，用少量水溶解，加 25mL 盐酸溶液，在沸水浴蒸干。用水溶解残渣，全部移入 250mL 容量瓶中，用水稀释至刻度，摇匀。

5.5.4.3　空白试验溶液的制备

在 250mL 高型烧杯中，加少量的水，再加 25mL 盐酸，在沸水浴中蒸干，用水溶解残渣，全部移入 250mL 容量瓶中，用水稀释至刻度，摇匀。

5.5.4.4　测定

用移液管移取 50mL 试验溶液和空白试验溶液分别置于 100mL 容量瓶中，以下按 GB/T 3049—2006 的 6.4.1，从“必要时，加水至 60mL”开始进行操作。

5.5.5　结果计算

铁含量以铁（Fe）的质量分数 w_2 计，数值以％表示，按公式（2）计算：

$$w_2 = \frac{(m_1 - m_2)/1000}{m \times 50/250} \times 100 \tag{2}$$

式中　m_1——从工作曲线上查得的试验溶液中铁的质量的数值，单位为毫克（mg）；

m_2——从工作曲线上查得的空白试验溶液中铁的质量的数值，单位为毫克（mg）；

m——试料质量的数值，单位为克（g）。

取平行测定结果的算术平均值为测定结果。两次平行测定结果的绝对差值不大于 0.0005％。

5.6　水不溶物含量的测定

5.6.1　仪器、设备

5.6.1.1　玻璃砂坩埚：滤板孔径 $5\mu m \sim 15\mu m$。

5.6.1.2　电热干燥箱：温度能控制在 $105℃ \sim 110℃$。

5.6.2　分析步骤

称取约 20g 试样，精确至 0.001g。置于 400mL 烧杯中，用约 100mL 水溶解。用已于 $105℃ \sim 110℃$ 下干燥至质量恒定的玻璃砂坩埚过滤，用 $60℃ \sim 80℃$ 的水洗涤残渣 4 次~5 次，每次用约 30mL 水。将坩埚和残渣于 $105℃ \sim 110℃$ 下干燥至质量恒定。

5.6.3 结果计算

水不溶物含量以质量分数 w_3 计，数值以％表示，按公式(3) 计算：

$$w_3 = \frac{m_2 - m_1}{m} \times 100 \tag{3}$$

式中 m_1——玻璃砂坩埚的质量的数值，单位为克（g）；

m_2——水不溶物和玻璃砂坩埚的质量的数值，单位为克（g）；

m——试料质量的数值，单位为克（g）。

取平行测定结果的算术平均值为测定结果。两次平行测定结果的绝对差值不大于 0.005％。

5.7 砷含量的测定。

5.7.1 方法提要

同 GB 610.1—88 的第 3 章。

5.7.2 试剂

5.7.2.1 盐酸。

5.7.2.2 硝酸。

5.7.2.3 硫酸。

5.7.2.4 碘化钾。

5.7.2.5 无砷锌粒。

5.7.2.6 氯化亚锡溶液：400g/L。

5.7.2.7 乙酸铅棉花。

5.7.2.8 溴化汞试纸。

5.7.2.9 砷标准溶液：1mL 含砷（As）1μg，临用时配制。

用移液管移取 1mL 按 HG/T 3696.2 中规定的砷标准溶液，置于 1000mL 容量瓶中，用水稀释至刻度，摇匀。

5.7.3 仪器

同 GB 610.1—88 的第 5 章。

5.7.4 分析步骤

称取 (1.00±0.01)g 试样，置于 250mL 烧杯中，加 10mL 水溶解，加 2mL 硝酸，1mL 硫酸，在电炉上蒸发至冒白烟，冷却。加适量水溶解，全部移入定砷器的广口瓶或磨口锥形瓶中，加水至体积约 25mL，加 3mL 盐酸，摇匀。以下按 GB 610.1—88 的第 6 章进行操作。所呈颜色不得深于标准。

6 检验规则

6.1 本标准要求中规定的所有项目均为出厂检验项目，应逐批检验。

6.2 生产企业用相同材料，基本相同的生产条件，连续生产或同一班组生产的同一级别的工业焦亚硫酸钠为一批，每批产品不超过 50t。

6.3 按照 GB/T 6678 的规定确定采样单元数。采样时，将采样器自包装袋的中心垂直插入料层深度的 3/4 处采样，将所采样品混匀后，用四分法缩分至不少于 500g，分装于两个清洁干燥带磨口塞的广口瓶中，密封。瓶上粘贴标签，注明：生产厂名，产品名称，批号，采样日期和采样者姓名，一瓶作为实验样品，另一瓶保存备查，保留时间由生产厂根据实际需要确定。

6.4 工业焦亚硫酸钠应由生产厂的质量监督检验部门按照本标准的要求进行检验，生产厂应保证每批出厂的产品都符合本标准的要求。

6.5 检验结果如有指标不符合本标准要求时，应重新自两倍量的包装中采样复验，复验结果即使只有一项指标不符合本标准要求时，则整批产品为不合格。

6.6 采用 GB/T 8170—2008 规定的修约值比较法判定检验结果是否符合标准。

7 标志、标签

7.1 工业焦亚硫酸钠的包装上应有牢固、清晰的标志，内容包括：生产厂名、厂址、产品名称、净含量、批号或生产日期、本标准编号，GB/T 191—2008 中规定的"怕雨"、"怕晒"标志。

7.2 每批出厂的工业焦亚硫酸钠应附有质量证明书，内容包括：生产厂名、厂址、产品名称、净含量、批号或生产日期、产品质量符合本标准的证明和本标准编号。

8 包装、运输和贮存

8.1 工业焦亚硫酸钠采用双层包装，内包装采用聚乙烯塑料薄膜袋，厚度不小于0.07mm，外包装采用符合 GB/T 8946—2013 的塑料编织袋或复合塑料编织袋，其性能和检验方法应符合 GB/T 8946—2013 的规定。包装时，将内袋空气排净后，用维尼龙绳或其他质量相当的绳人工扎口，外袋用维尼龙线或其他质量相当的线缝口。每袋净装 25kg或 50kg。

8.2 工业焦亚硫酸钠在运输过程中应有遮盖物，避免阳光直射，防止雨淋、受潮。不得与氧化性物品、易燃物品混运。

8.3 工业焦亚硫酸钠应贮存在通风、干燥的库房内，防止雨淋、受潮。不得与氧化性物品、易燃物品混贮。

8.4 在符合本标准贮存运输条件下从生产日期起，工业焦亚硫酸钠产品保质期为 6 个月，逾期应重新检验是否符合标准要求。

附录 A

（资料性附录）

本标准与俄罗斯标准的技术性差异及其原因一览表

表 A.1 给出了本标准与 ГОСТ 11683—76（91）《工业焦亚硫酸钠技术条件》（俄文版）技术性差异及其原因。

表 A.1 本标准与 ГОСТ 11683—76（91）《工业焦亚硫酸钠技术条件》技术性差异及其原因一览表

本标准的章条编号	技术性差异	原因
1	本标准规定了工业焦亚硫酸钠的要求、试验方法等；俄罗斯标准规定了水产、食品、农业、制药化学工业用焦亚硫酸钠的质量要求	我国另有针对食品等工业用焦亚硫酸钠的标准
4.2	俄罗斯标准规定了特殊行业或医药工业指标增加重金属和氯化物指标	

附录 B

（资料性附录）

本标准与俄罗斯标准的结构性差异一览表

表 B.1 给出了本标准与 ГОСТ 11683—76（91）《工业焦亚硫酸钠技术条件》（俄文

版）结构性差异。

表 B.1　本标准与 ГОСТ 11683—76（91）（俄文版）结构性差异一览表

本标准		ГОСТ 11683-76(91)	
章节	内容	章节	内容
1	范围		范围
2	引用标准		分子式、分子量
3	分子式、分子量	1	技术要求
4	要求	2	验收规则
5	试验方法	3	分析方法
6	检验规则	4	包装、标志、运输和贮存
7	标志、标签	5	生产厂的保证
8	包装、运输和贮存	6	安全要求

附录 4：《食品安全国家标准　食品添加剂　焦亚硫酸钠》　GB 1886.7—2015

前　言

本标准代替 GB 1893—2008《食品添加剂　焦亚硫酸钠》。

本标准与 GB 1893—2008 相比，主要变化如下：

——标准名称修改为"食品安全国家标准 食品添加剂 焦亚硫酸钠"。

食品安全国家标准
食品添加剂　焦亚硫酸钠

1　范围

本标准适用于食品添加剂焦亚硫酸钠。

2　分子式和相对分子质量

2.1　分子式

$Na_2S_2O_5$

2.2　相对分子质量

190.12（按 2007 年国际相对原子质量）

3　技术要求

3.1　感官要求

感官要求应符合表 1 的规定。

表 1　感官要求

项目	要求	检验方法
色泽	白色或微黄色	取适量试样置于清洁、干燥的白瓷盘中，在自
状态	结晶粉末	然光线下观察其色泽和状态

3.2　理化指标

理化指标应符合表 2 的规定。

表 2　理化指标

项目		指标	检验方法
焦亚硫酸钠含量(以 $Na_2S_2O_5$ 计), w/%	$\geqslant$	96.5	附录 A 中 A.4
铁(Fe), w/%	$\leqslant$	0.003	附录 A 中 A.5
澄清度		通过试验	附录 A 中 A.6
砷(As)/(mg/kg)	$\leqslant$	1.0	GB 5009.76
重金属(以 Pb 计)/(mg/kg)	$\leqslant$	5.0	GB 5009.74

附录 A
检验方法

A.1　安全提示

本标准试验操作中需使用一些强酸,使用时应小心谨慎,避免溅到皮肤上。在使用挥发性酸时,需在通风橱中进行。

A.2　一般规定

本标准所用试剂和水在没有注明其他要求时,均指分析纯试剂和 GB/T 6682 规定的三级水。试验中所需标准溶液、杂质标准溶液、制剂和制品,在没有注明其他要求时均按 GB/T 601、GB/T 602、GB/T 603 之规定制备。试验中所用溶液在未注明用何种溶剂配制时,均指水溶液。

A.3　鉴别试验

A.3.1　试剂和材料

A.3.1.1　盐酸。

A.3.1.2　碘化钾溶液:360g/L。

A.3.1.3　盐酸溶液:1+3。

A.3.1.4　碘溶液:取 1.4g 碘,置于 10mL 碘化钾溶液中,加两滴盐酸,加水溶解,稀释至 100mL,贮存于棕色瓶中避光保存。

A.3.1.5　硝酸亚汞溶液:取 15g 硝酸亚汞,加 90mL 水、10mL 硝酸溶液 (1+9) 溶解后,加一滴汞,避光密封保存待用。

A.3.1.6　铂丝。

A.3.2　鉴别方法

A.3.2.1　本品呈亚硫酸盐特效反应

试样的水溶液加入碘溶液后黄色即褪。

试样的水溶液滴入盐酸溶液后即有二氧化硫气体逸出,以硝酸亚汞溶液浸润的试纸检验,显黑色。

A.3.2.2　本品显钠盐特效反应

用盐酸浸润的铂丝先在无色火焰上燃烧至无色。再蘸取少许试样溶液,在无色火焰上燃烧,火焰即呈鲜黄色。

A.4　焦亚硫酸钠含量 (以 $Na_2S_2O_5$ 计) 的测定

A.4.1　方法提要

在弱酸性溶液中,用碘将亚硫酸盐氧化成硫酸盐。以淀粉为指示剂,用硫代硫酸钠标准滴定溶液滴定过量的碘。

A.4.2　试剂和材料

A.4.2.1　碘标准滴定溶液：$c\left(\dfrac{1}{2}I_2\right)=0.1\text{mol/L}$。

A.4.2.2　冰乙酸溶液：1+3。

A.4.2.3　硫代硫酸钠标准滴定溶液：$c(Na_2S_2O_3)=0.1\text{mol/L}$。

A.4.2.4　可溶性淀粉溶液：5g/L。

A.4.3　分析步骤

移取 50mL 碘标准滴定溶液，置于碘量瓶中。称取约 0.2g 试样，精确至 0.0002g，加入碘溶液中，加塞、水封，在暗处放置 5min。加入 5mL 冰乙酸溶液，用硫代硫酸钠标准滴定溶液滴定，近终点时，加入 2mL 可溶性淀粉溶液，继续滴定至溶液蓝色消失为终点。

同时移取 50mL 碘标准滴定溶液，按同样条件进行空白试验。

A.4.4　结果计算

焦亚硫酸钠含量（以 $Na_2S_2O_5$ 计）的质量分数 w_1，按式（A.1）计算：

$$w_1=\frac{c\times(V_0-V_1)\times M}{m\times 1000}\times 100\%\tag{A.1}$$

式中　c——硫代硫酸钠标准滴定溶液的浓度，单位为摩尔每升（mol/L）；

　　　V_0——空白试验所消耗的硫代硫酸钠标准滴定溶液的体积，单位为毫升（mL）；

　　　V_1——滴定试验溶液所消耗的硫代硫酸钠标准滴定溶液的体积，单位为毫升（mL）；

　　　M——焦亚硫酸钠的摩尔质量，单位为克每摩尔（g/mol），$\left[M\left(\dfrac{1}{4}Na_2S_2O_5\right)=47.52\right]$；

　　　m——试样的质量，单位为克（g）；

　　　1000——换算系数。

试验结果以平行测定结果的算术平均值为准。在重复性条件下获得的两次独立测定结果绝对差值不大于 0.2%。

A.5　铁（Fe）的测定

A.5.1　方法提要

同 GB/T 3049—2006 第 3 章。

A.5.2　试剂和溶液

同 GB/T 3049—2006 第 4 章。

A.5.3　仪器设备

同 GB/T 3049—2006 第 5 章。

A.5.4　分析步骤

A.5.4.1　工作曲线的绘制。

按 GB/T 3049—2006 中的规定，使用光程 1cm 的比色皿及相应的铁标准溶液用量，绘制工作曲线。

A.5.4.2　试验溶液的制备

称取约 5g 试样，精确至 0.01g。置于 250mL 高型烧杯中，用少量水溶解，加 25mL 盐酸溶液，在沸水浴蒸干。用水溶解残渣，全部移入 250mL 容量瓶中，用水稀释至刻度，摇匀。

A.5.4.3 空白试验溶液的制备

在250mL高型烧杯中，加少量的水，再加25mL盐酸，在沸水浴中蒸干，用水溶解残渣，全部移入250mL容量瓶中，用水稀释至刻度，摇匀。

A.5.4.4 测定

用移液管移取50mL试验溶液和空白试验溶液分别置于100mL容量瓶中，以下按GB/T 3049—2006的规定，从"必要时，加水至60mL"开始进行操作。

A.5.5 结果计算

铁（Fe）的质量分数w_2，按式（A.2）计算：

$$w_2 = \frac{m_2 - m_3}{m_1 \times \frac{50}{250} \times 1000} \times 100\% \qquad (A.2)$$

式中 m_2——从工作曲线上查得的试验溶液中铁的质量，单位为毫克（mg）；

$\quad\quad m_3$——从工作曲线上查得的空白试验溶液中铁的质量，单位为毫克（mg）；

$\quad\quad m_1$——试样的质量，单位为克（g）；

$\quad\quad$ 50——移取试验溶液的体积，单位为毫升（mL）；

$\quad$ 250——试验溶液的总体积，单位为毫升（mL）；

1000——换算系数。

试验结果以平行测定结果的算术平均值为准。在重复性条件下获得的两次独立测定结果绝对差值不大于0.0005%。

A.6 澄清度的测定

A.6.1 试剂和材料

A.6.1.1 盐酸标准溶液：$c(\text{HCl}) = 0.1\text{mol/L}$。

A.6.1.2 硝酸溶液：1+3。

A.6.1.3 硝酸银溶液：20g/L。

A.6.1.4 可溶性淀粉溶液：20g/L。

A.6.1.5 测浊度用标准储备液：1mL溶液含氯（Cl）1mg。

移取14.1mL盐酸标准溶液，置于50mL容量瓶中，稀释至刻度，摇匀。

A.6.1.6 测浊度用标准溶液：1mL溶液含氯（Cl）1mg。

移取1mL测浊度用标准储备液，置于100mL容量瓶中，稀释至刻度，摇匀。

A.6.2 分析步骤

称取$0.50\text{g} \pm 0.001\text{g}$试样，置于25mL比色管中，加10mL水溶解。试验溶液浊度应低于标准比浊溶液。

标准比浊溶液：移取1.2mL测浊度用标准溶液，置于25mL比色管中，加水至20mL，加1mL硝酸溶液，0.2mL可溶性淀粉溶液，1mL硝酸银溶液，摇匀，放置15min。

附录5：专业术语

（1）除尘

从废气中将颗粒物分离出来并加以捕集、回收的过程。实现除尘过程的设备装置称为除尘器。

（2）颗粒污染物

固体或液体细小颗粒状分布于空气流中，包括烟尘和气溶胶。烟尘是固体颗粒由于受较大机械力作用，而暂时悬浮于介质中，通常比气溶胶颗粒大些，烟尘的直径在 0.5～500μm 之间；气溶胶是固液微粒分散于气态介质体中，在可见状态叫作烟或雾。升华过程和冷凝过程以及通过化学反应（粒子的直径在 1.0～0.01μm）都会产生气溶胶，气溶胶是悬浮于气体介质中的胶体。

（3）收尘效率（%）

含尘烟气流经除尘器时，被捕集的粉尘量与原有粉尘量之比称为收尘效率，它在数量上近似等于额定工况下除尘器进、出口烟气含尘浓度的差与原入口烟气含尘浓度之比。

（4）电晕放电

在相互对置着的放电极和收尘极之间，通过高压直流电建立起极不均匀的电场，当外加电压升到某一临界值，即电场达到了气体击穿的强度时在放电极附近很小范围内会出现蓝白色辉光，并伴有"嘶嘶"的响声，这种现象称为电晕放电。它是由于放电极外的高电场强度，使其通过的气体被局部击穿所引起的。

（5）吸收

使混合气体与适当的液体接触，气体中的一个或几个组分溶解于液体中形成溶液，将原混合气中的气体组分进行分离，这种利用各组分在溶液中溶解度不同而分离的操作称为吸收。气体吸收是将气体混合物中的可溶组分（简称溶质）溶解到某种液体（简称溶剂或吸收剂）中去的一类单元操作。吸收系统是烟气脱硫装置（flue gas desulfurization，FGD）中最复杂的系统。

（6）吸收尾气

混合气体中能溶解的气体即为溶质又称吸收质，用字母 A 表示；不能被溶解或对于溶质而言溶解度较小的气体即为惰性组分又称载体，用字母 B 表示；用来吸收溶质的液体为吸收剂又称溶剂，用字母 S 表示；吸收完成后由溶质（A）和溶剂（S）组成的溶液称为吸收液或溶液，主要成分为溶质 A 和溶剂 S；吸收完成后，从吸收系统排出的气体，其主要成分为 B 和未溶解的 A，称为吸收尾气。

（7）结晶

固体物质以晶体状态从蒸气、溶液或熔融物中析出的过程。结晶过程可分为溶液结晶、熔融结晶、升华结晶、反应沉淀四种类型。

（8）晶体

晶体是内部结构中的质点元（原子、离子、分子）做三维有序规则排列的固态物质。如果晶体成长环境良好，则可形成有规则的多面体外形，称为结晶多面体，该多面体的表面称为晶面。

（9）晶体粒度分布

粒度分布是晶体产品的一个重要的质量指标，它是指不同粒度的晶体质量（或粒子数目）与粒度的分布关系。通常用筛分法（或粒度仪）加以测定，一般将筛分结果标绘为筛下（或筛上）累计质量分数与筛孔尺寸的关系曲线。

（10）结晶包藏

结晶包藏是指在结晶内包含有固体、液体或气体杂质的现象。由于含有杂质的母液往往不能彻底地脱除，而被包藏在晶体中，使晶体不纯。在晶体产品存储时，某些破碎的晶体中包藏的少量液体流出，就会引起结块。

（11）晶核

在结晶过程中，溶液中首先要产生微观的晶粒作为结晶的核心，这些核心称为晶核，产生晶核的过程称为成核。

（12）溶解度

固体与其溶液达到固、液相平衡时，单位质量的溶剂所能溶解的固体的质量，称为固体在溶剂中的溶解度。溶解度的单位常采用单位质量溶剂中所含溶质的量表示，但也可以用其他浓度单位来表示，如质量分数等。

（13）溶解度曲线

溶解度数据通常用溶解度对温度所标绘的曲线来表示，该曲线称为溶解度曲线。溶解度曲线表示溶质在溶剂中的溶解度随温度而变化的关系。与吸收过程相仿，在给定温度条件下，结晶过程的相平衡关系可用溶质在溶剂中的溶解度曲线来表示。

（14）饱和溶液

浓度恰好等于溶质的溶解度，即达到固、液相平衡时的溶液称为饱和溶液。

（15）过饱和溶液

溶液含有超过饱和量的溶质称为过饱和溶液。

（16）过饱和度

同一温度下，过饱和溶液与饱和溶液的浓度差，称为过饱和度。

（17）沉降分离

沉降分离是利用物质重力的不同将其与流体加以分离。空气中的尘粒在重力的作用下，会逐渐落到地面，从空气中分离出来；水或液体中的固体颗粒也会在重力的作用下逐渐沉降到池底，与水或液体分离。

（18）离心沉降

在惯性离心力作用下实现的沉降过程称为离心沉降。对于两相密度差较小、颗粒较细的非均相物系，在离心力场中可得到较好的分离。

（19）离心过滤

以离心力作为推动力。在具有过滤介质（滤网、滤布）的有孔转鼓中加入悬浮液，固体粒子截留在过滤介质上，液体穿过滤饼层而流出。最后完成滤液和滤饼分离的过滤操作。

（20）干燥分离操作

是通过应用热能将固体、半固体或液体原料中的液体成分蒸发为气相，使原料转变为固体。

（21）绝热饱和温度（T_{as}）

在绝热条件下，未饱和气体和液体蒸发到达的气体平衡的温度〔注：对气-水系统，它等于湿球温度（T_{wb}）〕。

（22）结合水

与固体基质物料（或化学）结合的水分，表现在它的蒸气压比同温度下纯水的低。

（23）恒速干燥段

在恒定干燥条件下，每个干燥区域的蒸发速率是不变的干燥阶段。

（24）露点

未饱和的空气-蒸汽混合气体到达饱和的温度。

（25）干球温度

用一（干）温度计放置于蒸汽-气体混合气中所测得的温度。

（26）平衡含水量（X^*）

在一给定温度和压力下，潮湿固体与气体-蒸汽混合气体到达平衡时的水分含量（对于非吸湿性固体为零）。

（27）临界水分含量（X_c）

恒定的干燥速率刚开始下降时的水分含量（在恒定的干燥条件下）。

（28）降速干燥段

干燥速率随时间而下降的干燥阶段（在恒定的干燥条件下）。

（29）自由水分含量（X_f）

在给定的温度和湿度下，超过平衡水分含量的水分含量。$X_f = X - X^*$。

（30）湿热容量

每单位质量的干空气和它所结合的蒸汽的温度上升 1K 所需的热量 [单位为 kJ/(kg·K)]。

（31）绝对湿度

每单位质量的干空气所含的水蒸气质量。

（32）相对湿度

在气体-蒸汽混合气体中水蒸气的分压与相同温度下的平衡蒸气压之比。

（33）非结合水

表现为蒸气压与相同温度下的纯水的蒸气压相等的固体中的水分。

（34）水分活度（A_w）

固体中水分的蒸气压与相同温度下纯水的蒸气压之比。

（35）湿球温度（T_{wb}）

当大量的空气-蒸汽混合气体与表面接触时的液体温度。在恒速干燥段纯对流干燥时，干燥表面到达的湿球温度。

（36）包装材料

用于制造包装容器和构成产品包装的材料总称。

（37）包装机械

包装机械是指完成全部或部分包装过程的机器。包装过程包括成型、充填、封口、裹包等主要包装工序，以及清洗、干燥、杀菌、贴标、捆扎、集装、拆卸等前后包装工序，转送、选别等其他辅助包装工序。

（38）包装容器

为储存、运输或销售而使用的盛装物品的容器总称。

（39）板材

宽度尺寸大于厚度尺寸四倍的木制材料。

（40）纸袋

由一层或多层扁平纸质袋筒制成的至少有一端封闭的包装容器，也可与其他韧性材料复合以达到填装及货物流通环节所要求的性能。

（41）铝箔

铝板经多次冷轧、退火加工成型的，厚度一般为 0.05～0.07mm 的包装材料。

（42）纸塑复合材料

由纸、塑料两种材料复合在一起而形成的材料。

（43）喷淋塔

喷淋塔是湿法脱硫工艺的主流塔型，多采用逆流方式布置，烟气从喷淋区下部进入吸收塔，并向上运动。碱液通过循环泵送至塔中不同高度布置的喷淋层，从喷嘴喷出的浆液雾形成分散的小液滴向下运动，与烟气逆流接触，在此期间，气流充分接触并对烟气中 SO_2 进行洗涤。

（44）循环泵

循环泵是尾气处理系统中重要的设备，通常采用离心式。它的作用是将碱液循环池中的碱液抽出进入脱酸塔进行喷淋脱酸。

（45）化学吸收和物理吸收

化学吸收时溶质和溶剂有显著的化学反应发生，化学反应能大大提高单位体积液体所能吸收的气体量并加快吸收速率，但是溶液解吸再生较难，如用氢氧化钠或碳酸钠吸收酸性气体、用稀硫酸吸收氨气等。物理吸收过程中溶质与溶剂不发生显著的化学反应，可视为单纯的气体溶解于液相的过程，如用水吸收二氧化碳、用水吸收乙醇等。

（46）单组分吸收和多组分吸收

若混合气体中只有一个组分在吸收剂中有一定的溶解度，其余组分可认为不溶于吸收剂，溶解度可以忽略，这样的吸收过程称为单组分吸收；如果混合气体中有两个或多个组分溶解于吸收剂中，这一过程称为多组分吸收。如合成氨的原料气中含有 N_2、H_2、CO 和 CO_2 等几种组分，用水吸收原料气，只有 CO_2 在水中溶解度大，该吸收过程属于单组分吸收。当用洗油吸收焦炉气时，混合气体中的苯、甲苯等多个组分都在洗油中有较大的溶解度，该吸收过程属于多组分吸收过程。

（47）等温吸收和非等温吸收

当气体溶于吸收剂时，常伴随热效应，若热效应很小，或被吸收的组分在气相中的浓度很低，而吸收剂用量很大，在吸收过程中液相的温度变化不显著，则可认为是等温吸收。若吸收过程中发生化学反应，其反应热很大，随着吸收过程的进行液相的温度明显变化，则该吸收过程为非等温吸收过程。若吸收设备散热良好，能及时引出吸收放出的热量而维持液相温度近似不变，也可认为吸收过程是等温吸收。

（48）低浓度吸收与高浓度吸收

通常根据生产经验，规定当混合气中溶质组分 A 的摩尔分数大于 0.1，且被吸收的溶质量大时，称为高浓度吸收；反之，如果溶质在气液两相中摩尔分数均小于 0.1 时，吸收称为低浓度吸收。对于低浓度吸收，可认为气液两相流经吸收塔的流率为常数，因溶解而产生的热效应很小，引起的液相温度变化不显著，故低浓度的吸收可视为等温吸收过程。

(49) 富液和贫液

富液是含有较高溶质浓度的吸收剂；贫液是从溶液中将溶质分离出来后得到的吸收剂。

(50) 溶解热

气体溶解于液体时所释放的热量。化学吸收时，还会有反应热。

(51) 液泛

在气-液两相逆流接触的吸收塔中，气体从下往上流动。当气体流速增大至某个限度，液体被气体阻拦不能向下流动，愈积愈多，最后液体被大量带出塔顶，称为液泛，亦称淹塔。液泛开始时，吸收效率急剧下降，塔的操作极不稳定，甚至会被破坏。

(52) 壁流

液体在塔壁面处的流动阻力小于中心处，从而使液体有偏向塔壁流动的现象。这种现象称为壁流。壁流将导致填料层内气液分布不均，使吸收效率下降。为减小壁流现象，可间隔一定高度在填料层内设置液体再分布装置，将沿塔壁流下的液体导向填料层中心以改善液体的壁流现象。

(53) 固废

固体废物是指人类在生产建设、日常生活和其他活动中产生的，在一定时间和地点无法利用而被丢弃的污染环境的固体、半固体废弃物质。固体废物主要来源于人类的生产和消费活动，人们在开发资源和制造产品的过程中，必然产生废物；任何产品经过使用和消耗后，最终将变成废物。

(54) 有色烟羽

有色烟羽是烟气在烟囱口排入大气的过程中因温度降低，烟气中部分气态水和污染物会发生凝结，在烟囱口形成雾状水汽，雾状水汽会因天空背景色和天空光照、观察角度等原因发生颜色的细微变化，形成"有色烟羽"，通常为白色、灰白色或蓝色等颜色。

(55) 噪声和噪声污染

噪声是指在工业生产、建筑施工、交通运输和社会生活中产生的干扰周围生活环境的声音。超过噪声排放标准或者未依法采取防控措施产生噪声，并干扰他人正常生活、工作和学习的现象，称为噪声污染。

参考文献

[1] Orozco-Mena R E, Marquez R A, Mora-Dominguez K I, et al. Implementing a sustainable photochemical step to produce value-added products in flue gas desulfurization [J]. Chemical Engineering Journal, 2022, 430: 133072.

[2] Ng K H, Lai S Y, Jamaludin N F M, et al. A review on dry-based and wet-based catalytic sulphur dioxide (SO_2) reduction technologies [J]. Journal of Hazardous Materials, 2022, 423: 127061.

[3] Tian Y S, Zhou P, Zhou X, et al. Performance and reaction mechanism of pyrite (FeS_2) -based catalysts for CO reduction of SO_2 to sulfur [J]. Fuel, 2022, 327: 125194.

[4] Li X, Han J, Liu Y, et al. Summary of research progress on industrial flue gas desulfurization technology [J]. Separation and Purification Technology, 2022, 281: 119849.

[5] Liu P, Wu X, Wang Z, et al. Numerical simulation study on gas-solid flow characteristics and SO_2 removal characteristics in circulating fluidized bed desulfurization tower [J]. Chemical Engineering and Processing-Process Intensification, 2022, 176: 108974.

[6] Zhang C, Zou D, Huang X, et al. Coal-fired boiler flue gas desulfurization system based on slurry waste heat recovery in severe cold areas [J]. Membranes, 2022, 12: 47.

[7] Zhang Z Q, Liu T, Xu Y, et al. Sodium pyrosulfite inhibits the pathogenicity of Botrytis cinerea by interfering with antioxidant system and sulfur metabolism pathway [J]. Postharvest Biology and Technology, 2022, 189: 111936.

[8] 李明波, 宋静, 徐梦. 烟气二氧化硫制焦亚硫酸钠反应器的优化研究 [J]. 节能与环保, 2022, 4: 54-56.

[9] Suo X, Yu Y, Qian S H, et al. Tailoring the pore size and chemistry of ionic ultramicroporous polymers for trace sulfur dioxide capture with high capacity and selectivity [J]. Angewandte Chemie-International Edition, 2021, 60: 6986-6991.

[10] Hao Z N, Li F S, Liu R, et al. Reduction of ionic silver by sulfur dioxide as a source of silver nanoparticles in the environment [J]. Environmental Science & Technology, 2021, 55: 5569-5578.

[11] Chen J Y, Fu P, Lv D F, et al. Unusual positive effect of SO_2 on Mn-Ce mixed-oxide catalyst for the SCR reaction of NO_x with NH_3 [J]. Chemical Engineering Journal, 2021, 407: 127071.

[12] Zhang X M, Xiong W J, Shi M Z, et al. Task-specific ionic liquids as absorbents and catalysts for efficient capture and conversion of H_2S into value-added mercaptan acids [J]. Chemical Engineering Journal, 2021, 408: 127866.

[13] Zhang Y, Qian W, Zhou P, et al. Research on red mud-limestone modified desulfurization mechanism and engineering application [J]. Separation and Purification Technology, 2021, 272: 118867.

[14] Liu F, Cai M, Liu X, et al. O_3 oxidation combined with semi-dry method for simultaneous desulfurization and denitrification of sintering/pelletizing flue gas [J]. Journal of Environmental Sciences, 2021, 104: 253-263.

[15] Sun Z, Chen H, Zhao N, et al. Experimental research and engineering application on the treatment of desulfurization wastewater from coal-fired power plants by spray evaporation [J]. Journal of Water Process Engineering, 2021, 40: 101960.

[16] Wang Y, Hang Y, Wang Q, et al. Cleaner production vs end-of-pipe treatment: Evidence from industrial SO_2 emissions abatement in China [J]. Journal of Environmental Management, 2021, 277: 111429.

[17] Sarkar S, Debnath T, Das A K. Reduction of sulfur dioxide using superalkalis: A theoretical perspective [J]. Computational and Theoretical Chemistry, 2021, 1202: 113317.

[18] 方民兵. 垃圾焚烧行业烟气净化系统超低排放技术新路线研究 [J]. 低碳环保与节能减排, 2021, 4: 57-59.

[19] Pi X, Sun F, Qu Z, et al. Producing elemental sulfur from SO_2 by calcium loaded activated coke: Enhanced activity and selectivity [J]. Chemical Engineering Journal, 2020, 401: 126022.

[20] Xuan Y, Yu Q, Wang K, et al. Evaluation of Mn-based sorbent for flue gas desulfurization through isothermal chemical-looping system [J]. Chemical Engineering Journal, 2020, 379: 122283.

[21] Cheng T, Zhou X, Yang L, et al. Transformation and removal of ammonium sulfate aerosols and ammonia slip

from selective catalytic reduction in wet flue gas desulfurization system [J]. Journal of Environmental Sciences, 2020, 88: 72-80.

[22] Xia X, Zhao X, Zhou P, et al. Reduction of SO_2 to elemental sulfur with carbon materials through electrical and microwave heating methods [J]. Chemical Engineering and Processing-Process Intensification, 2020, 150: 107877.

[23] Wu F, Yue K, Gao W, et al. Numerical simulation of semi-dry flue gas desulfurization process in the powder-particle spouted bed [J]. Advanced Powder Technology, 2020, 31: 323-331.

[24] Ma J, Rout K R, Sauer M, et al. Investigations of molybdenum-promoted manganese-based solid sorbents for H_2S capture [J]. Biomass & Bioenergy, 2020, 143: 105843.

[25] Hekmat F, Hosseini H, Shahrokhian S, et al. Hybrid energy storage device from binder-free zinc-cobalt sulfide decorated biomass-derived carbon microspheres and pyrolyzed polyaniline nanotube-iron oxide [J]. Energy Storage Materials, 2020, 25: 621-635.

[26] Feng T, Zhang S, Li J, et al. Experimental and thermodynamic study on SO_2 reduction to elemental sulfur by activated coke and pyrolysis gas: Influence of the reaction atmosphere [J]. International Journal of Hydrogen Energy, 2020, 45: 20120-20131.

[27] Wu F, Bai J, Yue K, et al. Eulerian-eulerian numerical study of the flue gas desulfurization process in a semidry spouted bed reactor [J]. ACS Omega, 2020, 5: 3282-3293.

[28] Chen C, Cao Y, Liu S, et al. The effect of SO_2 on NH_3-SCO and SCR properties over Cu/SCR catalyst [J]. Applied Surface Science, 2020, 507: 145153.

[29] Yang L, Zhong W, Sun L, et al. Dynamic optimization oriented modeling and nonlinear model predictive control of the wet limestone FGD system [J]. Chinese Journal of Chemical Engineering, 2020, 28: 832-845.

[30] Ren W, Zhou P, Tian Y, et al. Catalytic performance and reaction mechanism of an iron-loaded catalyst derived from blast furnace slag for the $CO-SO_2$ reaction to produce sulfur [J]. Applied Catalysis A: General, 2020, 606: 117810.

[31] Ma J, Liu C T, Chen K Z. Removal of Cr(Ⅵ) species from water with a newly-designed adsorptive treatment train [J]. Separation and Purification Technology, 2020, 234: 116041.

[32] 曹立强, 裴群岭, 孙跃宗, 等. 浅谈硫化氢燃烧法生产焦亚硫酸钠工艺控制 [J]. 中国石油和化工标准与质量, 2020, 40: 181-183.

[33] Han X, Yang S H, Schroder M. Porous metal-organic frameworks as emerging sorbents for clean air [J]. Nature Reviews Chemistry, 2019, 3: 108-118.

[34] 王永兴, 刘庆广, 刘义, 等. 我国现阶段大气污染主要特征及其防治对策 [J]. 安徽农学通报, 2019, 25: 146-149.

[35] 何暮春, 傅月梅, 刘静. 活性焦脱硫脱硝系统再生气输送问题及解决方案 [J]. 硫酸工业, 2019, 1: 43-45.

[36] 吴振山. 基于湿法焦亚硫酸钠合成机理的分析——探讨降低其单位综合电耗的措施 [J]. 硫酸工业, 2018, 11: 19-22.

[37] 吴振山, 李瑛. 新型焦亚硫酸钠生产工艺的探讨 [J]. 硫酸工业, 2018, 11: 5-8.

[38] 吴绍清, 何鑫. SO_2 尾气纯碱吸收液的综合回收应用 [J]. 大众科技, 2017, 19: 52-54.

[39] 吴曰丰. 某垃圾焚烧发电厂烟气净化系统优化方案比较 [J]. 电力科技与环保, 2017, 33: 22-25.

[40] 杨德鑫, 艾新桥, 杨晶丽. 离子液循环吸收法在尾气脱硫中的应用 [J]. 硫酸工业, 2015, 4: 60-64.

[41] 韩继明, 袁宁卫, 杨兴志, 等. 重庆三圣 20kt/a 焦亚硫酸钠装置设计与生产实践 [J]. 硫酸工业, 2015, 2: 9-11.

[42] 王大卫. 活性焦干法烟气净化技术应用于燃煤电厂的适应性分析 [J]. 中国电力, 2015, 48: 153-156.

[43] 付圣江. 活性焦脱硫系统再生气低温输送管道改造 [J]. 铜业工程, 2012, 6: 9-11.

[44] 刘睿劼, 张智慧. 中国工业二氧化硫排放趋势及影响因素研究 [J]. 环境污染与防治, 2012, 34: 100-104.

[45] 斯洪良, 吴斌. 垃圾焚烧炉烟气净化系统的工艺分析 [J]. 电力科技与环保, 2011, 27: 32-34.

[46] 刘玉玲. 焦亚硫酸钠的生产工艺与改进 [J]. 科学论坛, 2010, 14: 49-50.

[47] 段富生，岳峰杰．磨机料浆缓冲槽的系统改造 [J]．矿上机械，2004，3：84-85.

[48] 陶卫华，王柏林．焦亚硫酸钠生产中离心机的选用及故障分析 [J]．化工装备技术，2004，25：49-50.

[49] 周飚，戴如康．焦亚硫酸钠生产工艺的改进与提高 [J]．硫酸工业，2002，4：30-32.

[50] 丁锁根．气液反应双膜论吸收速率及计算应用 [J]．化学工业与工程技术，2000，21：4-6.

[51] 朱建飞，朱方平．影响焦亚硫酸钠质量的几个因素 [J]．化工时刊，2000，3：38-41.

[52] 孙轶．焦亚硫酸钠及其生产工艺 [J]．化工生产与技术，2000，7：44-46.

[53] 徐耀荣．利用焙烧硫化锌矿炉气中 SO_2 生产焦亚硫酸钠 [J]．无机盐工业，1997，4：30-31.

[54] 朱尧．浅谈焦亚硫酸钠的湿法生产装置 [J]．纯碱工业，1992，5：25-29.

[55] 吴发洪．离子液体法治理硫酸尾气的工艺研究 [D]．杭州：浙江工业大学，2020.

[56] 呼书迪．烟气脱硫用活性焦成型机制及脱硫性能研究 [D]．西安：西安建筑科技大学，2020.

[57] 田晋平．负载型离子液体脱除烟气中 SO_2 的研究 [D]．太原：太原理工大学，2017.

[58] 顾雅韵．社会生态视角下的城市大气污染防治对策研究 [D]．南京：南京林业大学，2017.

[59] 冯贵霞．中国大气污染防治政策变迁的逻辑 [D]．济南：山东大学，2016.

[60] 朱惠峰．活性焦的制备及其烟气脱硫的实验研究 [D]．南京：南京理工大学，2011.

[61] 翟林智．可再生胺类吸收剂烟气脱硫的研究 [D]．南京：南京理工大学，2010.

[62] 吕群．烟气除尘技术及应用 [M]．北京：中国电力出版社，2021.

[63] 张振涛，杨俊玲．热泵干燥技术与装备 [M]．北京：化学工业出版社，2020.

[64] 王志魁．化工原理 [M]．5 版．北京：化学工业出版社，2019.

[65] 李俊华．工业烟气多污染物深度治理技术及工程应用 [M]．北京：科学出版社，2019.

[66] 江晶．大气污染治理技术与设备 [M]．北京：冶金工业出版社，2018.

[67] 唐照勇．亚硫酸钠生产技术与问答 [M]．北京：化学工业出版社，2017.

[68] 都健．化工原理 [M]．3 版．北京：高等教育出版社，2015.

[69] 罗运柏．化工分离-原理、技术、设备与实例 [M]．北京：化学工业出版社，2013.

[70] 邓修．化工分离工程 [M]．2 版．北京：科学出版社，2013.

[71] 刘筱霞．包装机械与设备 [M]．北京：化学工业出版社，2012.

[72] 薛建明．湿法烟气脱硫设计及设备选型手册 [M]．北京：中国电力出版社，2011.

[73] 吴德荣．化工工艺设计手册：上册 [M]．北京：化学工业出版社，2009.

[74] 朱廷钰．烧结烟气净化技术 [M]．北京：化学工业出版社，2008.

[75] 叶铁林．化工结晶过程-原理及应用 [M]．北京：北京工业大学出版社，2006.

[76] 胡定安．石油化工厂设备常见故障处理手册 [M]．北京：中国石化出版社，2005.

[77] 夏清．化工原理：下册 [M]．天津：天津大学出版社，2005.

[78] 高文翰．有色烟羽形成机理及治理技术综述 [C]．中国环境科学学会科学技术年会，2018.

[79] 涂瑞，李强，葛帅华．太钢烧结机烟气脱硫富集烟气制酸 [C]．2011 年全国硫酸工业技术交流会，2011.

[80] 张文辉，王岭，李书荣，等．烟气脱硫用柱状活性焦试验研究 [C]．第六届全国新型材料研讨会，2003.

[81] 徐海涛，陈任远，徐延忠，等．一种生产焦亚硫酸钠的系统及制备方法 [P]．中国专利，201911285309.9.